Claudia Piemont

Businessorientierte Programmierung mit Java

Professional Computing

Die Reihe „Professional Computing" des Verlags Vieweg richtet sich an professionelle Anwender bzw. Entwickler von IT-Produkten. Sie will praxisgerechte Lösungen für konkrete Aufgabenstellungen anbieten, die sich durch Effizienz und Kundenorientierung auszeichnen. U.a. sind erschienen:

Management von DV-Projekten
von Wolfram Brummer

Die Feinplanung von DV-Systemen
von Georg Liebetrau

Microcontroller-Praxis
von Norbert Heesel und Werner Reichstein

**Windows 95
Anwendungs- und Systemprogrammierung**
von Frank Eckgold

Die Kunst der objektorientierten Programmierung mit C++
von Martin Aupperle

SQL
Eine praxisorientierte Einführung
von Jürgen Marsch und Jörg Fritze

DB2 Common Server
von Heinz Axel Pürner und Beate Pürner

Objektorientierte Programmierung mit VisualSmalltalk
von Sven Tietjen und Edgar Voss

Softwarequalität durch Meßtools
von Reiner Dumke, Erik Foltin u.a.

QM-Verfahrensanweisungen für Softwarehersteller
von Dieter Burgartz und Stefan Schmitz

Die CD-ROM zum Software-Qualitätsmanagement
von Dieter Burgartz und Stefan Schmitz

Businessorientierte Programmierung mit Java
von Claudia Piemont

Vieweg

Claudia Piemont

Businessorientierte Programmierung mit Java

Der Weg zur effizienten Entwicklung
von Geschäftsanwendungen
im Intranet und Internet

Herausgegeben von Frederik Ramm

Das in diesem Buch enthaltene Programm-Material ist mit keiner Verpflichtung oder Garantie irgendeiner Art verbunden. Die Autorin, der Herausgeber und der Verlag übernehmen infolgedessen keine Verantwortung und werden keine daraus folgende oder sonstige Haftung übernehmen, die auf irgendeine Art aus der Benutzung dieses Programm-Materials oder Teilen davon entsteht.

Alle Rechte vorbehalten
© Friedr. Vieweg & Sohn Verlagsgesellschaft mbH, Braunschweig/Wiesbaden, 1997
Softcover reprint of the hardcover 1st edition 1997

Der Verlag Vieweg ist ein Unternehmen der Bertelsmann Fachinformation GmbH.

Das Werk einschließlich aller seiner Teile ist urheberrechtlich geschützt. Jede Verwertung außerhalb der engen Grenzen des Urheberrechtsgesetzes ist ohne Zustimmung des Verlags unzulässig und strafbar. Das gilt insbesondere für Vervielfältigungen, Übersetzungen, Mikroverfilmungen und die Einspeicherung und Verarbeitung in elektronischen Systemen.

http://www.vieweg.de

Gedruckt auf säurefreiem Papier

ISBN-13: 978-3-322-84944-1   e-ISBN-13: 978-3-322-84943-4
DOI: 10.1007/978-3-322-84943-4

Vorwort

Die kommerzielle Nutzung des Internet durch Firmen und Wirtschaftsorganisationen erlebt einen immensen Aufschwung. Viele deutsche Unternehmen sind heute mit einer eigenen Home Page im World Wide Web vertreten und kommunizieren mit Kunden und Geschäftspartnern über das Internet. Die große Bedeutung und der Erfolg der objektorientierten Programmiersprache Java liegt in der heute möglichen Integration von betrieblichen Anwendungen in das World Wide Web. Unternehmen, die ihre Geschäftsprozesse zukünftig im Intranet beziehungsweise über das Internet, abwickeln wollen, kommen am Thema Java nicht vorbei. Deshalb ist es für IT-Verantwortliche und Softwareentwickler gleichermaßen wichtig, sich mit den folgenden Aufgabenstellungen zu befassen:

- Welche speziellen Eigenschaften besitzt Java ?
- Was unterscheidet Java von den anderen Internet-Technologien (zum Beispiel HTML, CGI oder JavaScript) ?
- Welche Anwendungsgebiete gibt es, und welcher wirtschaftliche Nutzen ist damit verbunden ?
- Wie setze ich Java in der Praxis effizient ein ?

Die Antwort auf alle diese Fragen finden Sie in diesem Buch. Es wendet sich sowohl an Spezialisten der Informationstechnologie als auch an Unternehmensberater, Web-Designer und Marketingfachleute, eben an alle Personen, die den Internet-Auftritt von Unternehmen mitgestalten.

Im Anschluß an die eher business-orientierten Kapitel ist ein großer Teil dieser Publikation besonders für Softwareentwickler und Projektverantwortliche bestimmt, die mit Java Projekte durchführen, das heißt also in Java programmieren wollen. Die Zielrichtung liegt dabei auf der Erstellung von Applikationen für das World Wide Web, sogenannten Java-Applets, um die Abwicklung von Geschäftsprozessen intern (Intranet) und extern (Extranet und globales, offenes Internet) zu unterstützen. Die Kapitel

Vorwort

erläutern schrittweise die Programmierung in Java an praktischen Beispielen und gehen anhand der Beispiel-Applikationen auf alle wesentlichen Bestandteile der Java-Klassenbibliothek ein. Schwerpunkt dieses Java-Lehrbuchs – man könnte es auch als Kochbuch für Java-Entwickler bezeichnen – sind dabei die Erstellung von kundenorientierten Anwendungen und der Einsatz von Java als multimediale Internet-Präsentationstechnik. Ein Kapitel widmet sich speziell der Anbindung von relationalen Datenbanken an Java-Softwaresysteme mit Hilfe des JDBC-API. Basis des Java-Programmierteils ist durchgängig das Java-API in der aktuellen Version 1.1 von 1997.

Ein Unterkapitel im ersten Teil des Buchs befaßt sich ferner mit einer zu Java verwandten Technologie, den Web-Browser-Skriptsprachen JavaScript und Visual Basic Script.

Ziel meines Buchs ist es, dem Leser einen fundierten Leitfaden an die Hand zu geben, mit dem er sich in einem Schritt über die betriebswirtschaftlichen Anwendungsgebiete von Java informieren und zugleich die Sprache selbst erlernen kann. Zur Zeit befindet sich Java auf dem Weg hin zur Standardisierung, jedoch arbeitet die Firma Sun mit tatkräftiger Unterstützung von Partnerfirmen an einer Ergänzung und Erweiterung des vorliegenden Sprachumfangs (der Klassenbibliothek). Damit dürften sich in nächster Zeit neuartige Programmiertechniken und weitere Einsatzfelder von Java ergeben. Ich hoffe, daß dieses Buch einen Grundstein in Ihrer Literatursammlung bildet, mit dem Sie im unvermeidlichen Wandel, in dem sich Java derzeit noch befindet, erfolgreich bestehen können.

Dies ist nun mein Buch-Erstling, den ich mit viel Mühe und Zeitaufwand zustande gebracht habe. Jetzt, nach dem ich diesen Berggipfel erfolgreich bestiegen habe, reifen schon wieder neue Pläne für andere Projekte. Ich wünsche mir, Sie auch zukünftig als Leser meiner Bücher und Fachaufsätze in Computerzeitschriften gewinnen zu können.

Danken möchte ich meinem Ehemann Klaus für seine Hilfe bei der Erarbeitung der Beispiele und für seine unermüdliche Ausdauer beim Korrekturlesen des Manuskripts. Eine große Unterstützung war auch mein Herausgeber Frederik Ramm, der mir manch hilfreiche Tips gab und das Layout in Rekordzeit leserfreundlich gestaltet und für den Druck aufbereitet hat.

Hattersheim, im August 1997

Claudia Piemont

Reiseführer durch das Buch

Dieses Buch bietet wissenswerte Fakten sowohl für Entwickler, die mit Java Neuland betreten, als auch für fortgeschrittene Anwender. Es ist für Softwareentwickler gedacht, die Java erlernen möchten, richtet sich aber ebenso an Personengruppen, die sich vor allem über die wirtschaftlichen Anwendungsgebiete von Java näher informieren wollen. Wegen der immensen Bedeutung des Internet-Einsatzes von Java bildet diese Thematik den Schwerpunkt dieses Buchs.

Java wirtschaftlich einsetzen

Java in der Anwendung

Kapitel 1 „Internet-Technologie im Unternehmen" und Kapitel 2 „Erfolgreicher Business-Einsatz von Java – Eine Beispielsammlung" beschreiben die Einsatzfelder von Java und zeigen, in welchen Punkten Java sich von anderen Internet-Techniken, zum Beispiel den Browser-Skriptsprachen, unterscheidet. Dabei übernimmt Kapitel 1 die detaillierte Einführung in die Internet-Technologie und das technische Konzept von Java. Kapitel 2 zeigt, wie Unternehmen schon heute Java erfolgreich nutzen, und wie man damit Geschäftsprozesse über das WWW abwickeln kann.

Kapitel 8 „Blick nach vorn" berichtet über die zukünftigen Pläne der Firma Sun, die Java erfunden hat. Dieser Teil schildert, wie Sun sich die weitere Entwicklung des Java-API vorstellt, und an welchen Projekten man dort gerade arbeitet.

Programmieren mit Java

Java-Programme selbst erstellen

Das business-orientierte Praxisbuch für Java-Entwickler, mit der Beschreibung der Sprache, der Anwendung der Klassenbibliothek und vielen, praktischen Beispielen, besteht aus den Kapiteln 3 bis 7. Hier finden Sie alle Informationen, die Sie benötigen, um eine eigene Java-Applikation für das World Wide Web, ein sogenanntes Java-Applet, zu gestalten. Wesentlich für ein gutes Verständnis des Programmierteils ist die Kenntnis einer beliebigen höheren Programmiersprache und etwas Basiswissen im Bereich der Softwareentwicklung. Kenntnisse über Java werden nicht vorausgesetzt.

Reiseführer durch das Buch

Grundlage dieses Hauptabschnitts ist die Java-Klassenbibliothek (oder auch das Java Development Kit) in der Version 1.1. Dieser Teil führt schrittweise in die Java-Programmierung ein, von einem ersten Applet bis hin zu komplexeren Programmen. Er erläutert alle wichtigen Bestandteile des Java-Release 1.1 mit Hilfe von praktischen Anwendungen und gibt wichtige Hinweise für eine effiziente Softwareentwicklung mit Java. Auch fortgeschrittene Entwickler können hier ihr Wissen erweitern und sich neue Themenbereiche erschließen. Daher stellt der Programmierteil nicht nur für Java-Neulinge eine wichtige Informationsquelle dar.

Ziel des Buchs ist ein effizienter Umgang mit der Programmiersprache Java. Deshalb wurden viele Beispiele mit einer modernen Java-Entwicklungsumgebung erstellt, die nicht von Sun selbst, sondern von einem externen Softwarehaus stammt. Welche Vorzüge mit dem Einsatz dieses speziellen Werkzeugs verbunden sind, schildert ausführlich Kapitel 3 „Die Java-Entwicklungsumgebung Parts for Java". Die Nutzung einer komfortablen Entwicklungsumgebung vereinfacht die Softwareentwicklung mit Java erheblich und führt somit zu einem effizienteren und schnelleren Projektablauf. Alle Kapitel enthalten jedoch Hinweise und Beispiele, wie man die wesentlichen Programmschritte auch ohne dieses Werkzeug allein mit dem Java Development Kit von Sun bewerkstelligen kann, so daß für das Verständnis der Programmiertechniken eine integrierte Java-Entwicklungsumgebung mit umfangreichen Zusätzen nicht notwendig ist.

Kapitelaufbau des Programmierteils

Kapitel 4 enthält eine Einführung in die Grundlagen der Programmiersprache Java und ist vor allem für Java-Neulinge gedacht. Die weiteren Programmierkapitel beschäftigen sich daran anschließend mit den Inhalten und Fähigkeiten der Java-Klassenbibliothek. Kapitel 5 „Lebendige Java-Applets" erklärt alle wichtigen Fertigkeiten, die man für das Entwickeln eines Java-Applets benötigt. Es beschreibt den Einbau von Java-Applets in eine Webseite und erläutert den Aufbau und die Programmierung von Benutzeroberflächen mit Java. Kapitel 6 „Java für Fortgeschrittene" behandelt einige weiterführende Themen, allen voran der Multimedia-Bereich, die parallele Verarbeitung über Threads und die Netzprogrammierung. Schließlich erklärt Kapitel 7 „Datenbankzugriff mit Java – JDBC API" den integrierten Zugriff auf relationale Datenbanken über SQL-Anweisungen aus einer Java-Applikation heraus.

Inhalt

1. Internet-Technologie im Unternehmen 1
  1.1 Internet: Dienste und Werkzeuge 7
  1.2 Java bringt betriebliche Softwareanwendungen
       ins WWW 20
  1.3 Browser-Skriptsprachen: JavaScript und VBScript 27

**2. Erfolgreicher Business-Einsatz von Java –
Eine Beispielsammlung** 41
  2.1 Marketing und Vertrieb 45
  2.2 Kundenorientierte Informationsverarbeitung 53
  2.3 Forschung und Entwicklung 58
  2.4 Controlling und Management 63
  2.5 Information und Kommunikation 67

3. Die Java-Entwicklungsumgebung „Parts for Java" 75

4. Basis-Java 83
  4.1 Ein erstes Applet 84
  4.2 Prozedurale Programmanweisungen 89
  4.3 Objektorientierte Programmierung mit Java 102
  4.4 Fehlerbehandlung mit Exceptions 130

5. Lebendige Java-Applets 139
  5.1 Möglichkeiten und Einschränkungen von
       Java-Applets 140
  5.2 Einbindung von Applets in HTML-Seiten 148
  5.3 Applet-Lebenszyklus 152
  5.4 Grafische Benutzeroberfläche 154
  5.5 Ausgabe von Meldungen 197

6. Java für Fortgeschrittene **201**
6.1 Threads 201
6.2 Grafik und Bilder 216
6.3 Sounds 228
6.4 Höfliche Multimedia-Applets 231
6.5 Java Beans 232
6.6 Netz-Kommunikation 234
6.7 Internationale Applets 253

7. Datenbankzugriff mit Java – JDBC-API **267**
7.1 JDBC im Java-Applet 268
7.2 Sicherheitsrestriktionen 299
7.3 Andere Techniken für persistente Objekte 302

8. Blick nach vorn **303**
8.1 Neue, geplante Java-APIs 305

A Strukturen des Java-API **309**

B Literaturverzeichnis **321**

C Glossar **325**

Index **333**

1 Internet-Technologie im Unternehmen

Das Internet ist ein globales Wide Area Network (abgekürzt WAN), das sich im Laufe der Zeit von einem forschungsorientierten Zusammenschluß zu einem Netz mit Jedermann-Zugang gewandelt hat. Anfang der neunziger Jahre begann die echte Kommerzialisierung, da verstärkt Handels- und Industrieunternehmen das Internet für sich entdeckten. Zunächst nutzten die Firmen das Netz hauptsächlich als Instrument für ihre Öffentlichkeitsarbeit. Das ist auch heute noch sehr oft der Fall.

Informationen, Dokumente und Dateien lassen sich zentral auf dem Unternehmens-Webserver hinterlegen. Weltweit kann dann jeder Nutzer des Internet diese Daten auf seinen PC herunterladen, zu jeder Tages- oder Nachtzeit. Wenn in Deutschland die Geschäfte schließen, kann der Kollege oder Kunde in Übersee die Informationen lesen und bearbeiten. Geschäfte und Informationsaustausch via Internet sind so weltweit zu jeder Zeit möglich, von zuhause aus, unterwegs beim Kunden oder am Arbeitsplatz im Büro. Selbstverständlich kann ein Unternehmen Dateien und Dokumente auch auf mehrere Standorte verteilen und diese miteinander verschalten. Eine sinnvolle Netzarchitektur hält die Daten in der Regel in lokaler Nähe dort vor, wo sie am häufigsten abgefragt werden.

Das World Wide Web (kurz Web oder WWW) ist heute der prominenteste Dienst des Internet; die meisten Informationen sind hier gespeichert. Nicht nur Texte, sondern auch multimedialer Inhalt, wie Grafiken und Klänge, sowie Softwareapplikationen lassen sich in ein Web-Dokument einbetten. Ein standardisierter Web-Browser genügt als Werkzeug, um die Dokumente auf dem eigenen Bildschirm darzustellen (siehe auch Abschnitt 1.1 „Internet: Dienste und Werkzeuge"). Die Internet-Technologie ist unabhängig von Hardwareplattformen und Betriebssystemen. Bei der Kommunikation im Internet spielt es keine Rolle, welcher Rechnertyp als Webserver fungiert. Ob der Client-PC auf der Basis von Windows, Unix oder einem anderen Betriebssystem arbeitet, ist ebenfalls unerheblich. Dies ist ein zentraler Vorteil, der die Verbreitung des Internet stark gefördert hat.

Intranet

Die Plattformunabhängigkeit, der Web-Browser als kostengünstiges Standardtool und der kontinuierliche Preisrückgang für Server-Rechner machen das Internet auch als Informations- und Kommunikationsmedium innerhalb eines Konzerns attraktiv. Ein aktueller Trend ist daher der Aufbau eines firmeneigenen Intranet, das nur für Mitarbeiter der eigenen Organisation zugänglich ist. Es basiert auf dem gleichen technischen Konzept wie das globale Netz, dem TCP/IP-Protokoll (TCP/IP ist die Abkürzung für Transmission Control Protocol/Internet Protocol) und verwendet die gleichen Dienste und Werkzeuge. Ein Unternehmens-Intranet operiert in einer geschlossenen Umwelt. Es kann allerdings über Softwarebrücken, sogenannte Gateways oder Proxy-Server, mit einen Ausgang nach draußen in die weite Welt des Internet ausgestattet sein. Intranets besitzen stets einen eingeschränkten Zugang, der durch Hardwarestrukturen – zum Beispiel über eigene, getrennte Rechnersysteme – und softwaretechnische Konzepte – wie etwa Kontrolle von Benutzerkennung und Paßwort – gewährleistet wird.

Nach einer Umfrage des Marktforschungsinstituts IDC vom Dezember 1996 gibt es in fast allen Unternehmen erste Ansätze oder sogar schon konkrete Pläne, Intranets aufzubauen. Einige global operierende Konzerne in Deutschland betreiben bereits Intranets, in denen die Mitarbeiter miteinander kommunizieren. Informationen sind sekundenschnell und gleichzeitig für jeden Teilnehmer abrufbar. Dies verkürzt firmeninterne Entscheidungs- und Durchlaufprozesse, führt also zu Zeit- und Kostenersparnis und verbessert die Qualität von Produkten und Dienstleistungen. Es entsteht eine „Informationsdemokratie" innerhalb der Belegschaft. Bestimmte mittlere Managementebenen sind bei einem funktionierenden Intranet eventuell sogar entbehrlich. Informationsverteilung, Abstimmung innerhalb eines Teams und Aufgabenorganisation lassen sich weltweit auch über das Internet abwickeln.

In Zukunft werden viele Firmenmitarbeiter das Intranet auch als Zugang zu betrieblichen Standardsystemen verwenden, zum Beispiel für die Auftragsabwicklung, das Rechnungswesen oder für das Personalmanagement. Nach Schätzungen der Firma Hewlett-Packard spart die Nutzung des Intranet jährlich etwa 200 Millionen Dollar an Betriebskosten ein.

Internet: Dienste und Werkzeuge

Abbildung 1.1:
Zusammenspiel von Internet, Intranet und Extranet

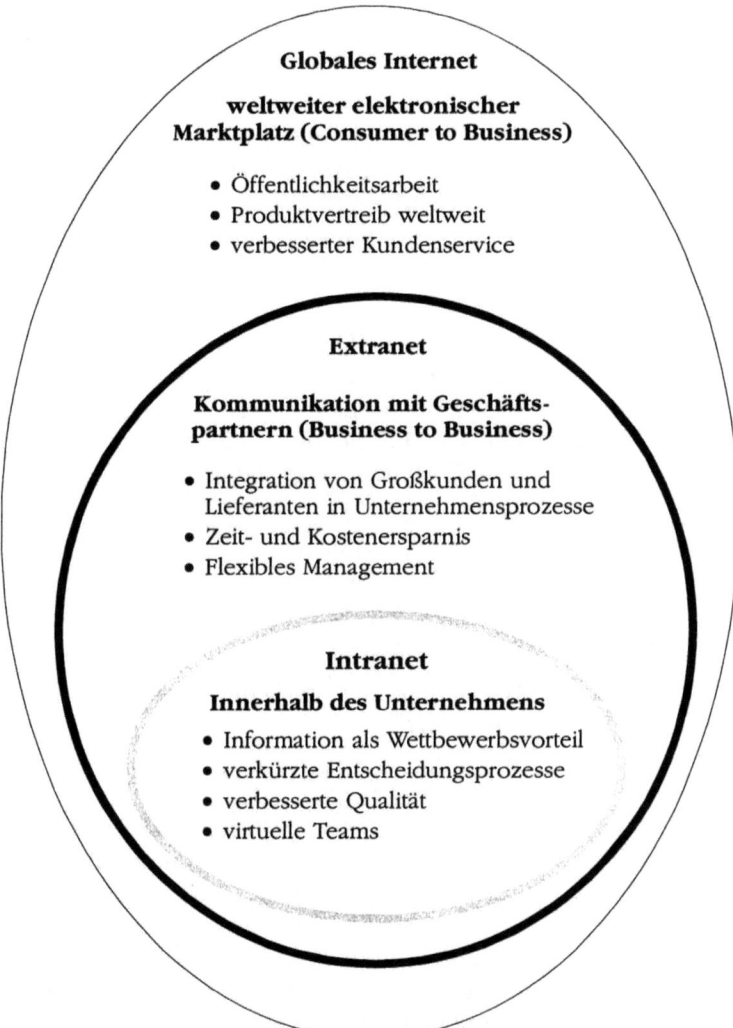

Extranet

Ein Extranet ist die Ausdehnung des Intranet auf die mit dem Unternehmen verbundenen Geschäftspartner, zum Beispiel Distributoren, Händler und Lieferanten. Es verbindet mehrere kooperierende Organisationen miteinander und verlängert die firmeninternen Informationskanäle in befreundete Unternehmen hinein. Hierbei handelt es sich wiederum um ein geschlossenes Netz, zu dem nur autorisierte Nutzer Zugang haben. Extranets dienen oft als schneller und direkter Ersatz für die langsame schriftliche Kommunikation. Produkt- und Preisinformationen können die Teilnehmer durch das Extranet sofort an ihre Geschäftspartner weitergeben. Technologisch gesehen gibt es zwischen einem Intranet und einem Extranet so gut wie keine Unterschiede.

Viele Unternehmen denken heute zunächst daran, ein Intranet aufzubauen. Extranets sind in Deutschland eher selten anzutreffen. Wichtige Erfolgsfaktoren in unserer globalen Wirtschaft sind schnelle Information und Kommunikation. In Zukunft werden sicherlich weitaus mehr Firmen ihr Intranet zum Extranet ausbauen.

In den nachfolgenden Kapiteln werden die Begriffe Internet, Intranet und Extranet synonym gebraucht, falls die charakteristischen Unterschiede dieser Netztypen keine wichtige Rolle spielen. Die Bezeichnung Internet meint also sinngemäß auch die geschlossenen Netze Intranet und Extranet.

Wie Unternehmen das WWW heute nutzen

Elektronische Post (Electronic Mail) und das World Wide Web sind die wesentlichen Dienste, die Firmen heute im Internet nutzen: EMail zur Kommunikation und das WWW für die Bereitstellung von Informationen sowie zur Abwicklung von Geschäftsprozessen.

Bisher haben Unternehmen das WWW überwiegend wie folgt eingesetzt:

- Am meisten verbreitet in Deutschland ist wohl die Nutzung im PR-Bereich. Fast jeder große Konzern hat mittlerweile Seiten mit einer Firmenpräsentation im Netz. Unternehmen stellen ihre Organisation vor, informieren ihre Aktionäre und veröffentlichen Stellenangebote und Kontaktadressen. Oft wird auch eine EMail-Adresse angegeben, an die Besucher ihre Anfrage senden können. Zum Beispiel lassen sich über einen solchen Kommunikationskanal häufig Firmeninformationen und Produktkataloge ordern, wenn diese nicht sogar bereits direkt online verfügbar sind.

- Elektronische Zeitungen haben im Web ebenfalls einen großen Anteil. Man kann hier zwischen Publikationen kommerzieller Verlage, Mitarbeiterzeitungen und elektronischen EZines unterscheiden, die oft von Hobbyisten betrieben werden. Nicht alle Veröffentlichungen sind frei zugänglich. Das Wall Street Journal zum Beispiel vergibt eine Kundenzulassung nur gegen eine zu entrichtende Abonnementgebühr. Wer dort keinen Benutzer-Account hat, bleibt außen vor.

- Inhouse-Publikationen richten sich nur an die eigene Belegschaft und verbleiben im Intranet. Diese Form der Mitarbeiterzeitung wird sich in Zukunft weiter durchsetzen. Unter der Voraussetzung, daß jeder Mitarbeiter an das Intranet angeschlossen ist, kann ein Unternehmen Informationen schnell und weltweit verbreiten und spart außerdem die Papier- und Versandkosten ein.

- Der Bereich der Kommunikation mit Kunden und Lieferanten (Business to Business) sowie der Kundenservice allgemein (Consumer to Business) gewinnt stark an Bedeutung.
- Über das Intranet und Extranet geben Unternehmen Informationen an Mitarbeiter, Vertriebsleute und Geschäftspartner weiter. Durch schnelle und direkte Information lassen sich viele Abläufe beschleunigen und Zeit und Kosten sparen. Mitarbeiter, die im Außendienst tätig sind, werden in ihrer Tätigkeit besser unterstützt und leisten dadurch einen Beitrag zur Verbesserung des Kundenservice.
- Echte Aufträge werden erst vereinzelt über das WWW abgewickelt. Die überwiegend statische Natur dieses Mediums hat die weitere Ausbreitung des Electronic Commerce bisher erschwert. Einige Direkt-Versender handeln aber heute schon über das Web. Neue Konzepte wie das Internet-Banking und der Online-Wertpapierhandel gewinnen ebenfalls an Bedeutung. Einige Firmen nutzen bereits ihr Intranet, um interne Bestellungen abzuwickeln oder Reisekostenabrechnungen durchzuführen.
- Viele Unternehmen setzen jetzt auch auf OLAP-Anwendungen (OLAP ist die Abkürzung für Online Analytical Processing) via Internet. Datenbankabfragen und die Auswertung von Unternehmensinformationen werden zunehmend im Intranet abgewickelt.
- Vereinzelt nutzen Firmen bereits das WWW auch zur Darstellung virtueller Welten, zum Beispiel in der Architektur zur Planung und Einrichtung von Gebäuden oder in der Verfahrenstechnik zur Simulation von Produktionsprozessen.
- Weiterbildung (Tele-Teaching) via WWW steckt in Deutschland noch in den Kinderschuhen. Aber auch hier sind erste Ansätze zu sehen. Ein Vorreiter ist das Projekt „Virtuelle Universität (VU)", das die Fernuniversität Hagen ins Leben gerufen hat.

Nach Meinung der Boston Consulting Group wird das Internet in einigen Branchen für große wirtschaftliche Umwälzungen sorgen. Die Experten denken dabei besonders an die folgenden Geschäftsfelder:

- Verlage
- Finanzdienstleister
- Touristik
- Handelsunternehmen; dabei liegen beim Direktvertrieb und im Versandhandel die größten Veränderungspotentiale
- Unterhaltung
- Computerhersteller

Wie aktuelle Studien zeigen, ist der Web-Surfer im Internet in der Mehrzahl akademisch gebildet und verfügt über ein recht hohes Einkommen. Viele Firmen versuchen nun, durch ihre Web-Präsenz diese innovative und kaufkräftige Klientel als Kunden zu gewinnen. Nach einer Untersuchung der Gartner Group werden im Jahr 2000 mehr als 60 Prozent der global tätigen Firmen kommerzielle Transaktionen über elektronische Märkte abwickeln. Der deutsche Unternehmensberater Peter Eichhorst glaubt, daß Unternehmen das Internet dann für Produktangebote, Preis- und Produktvergleiche, Auftragserteilung und Zahlungsverkehr nutzen werden. Die Kölner Unternehmensberatung BBE schätzt, daß in Deutschland bis zum Jahr 2010 bis zu acht Prozent des gesamten Einzelhandelsvolumens, rund 100 Milliarden Mark, online umgesetzt werden.

Java

Java ist eine vom Hardware-Produzenten Sun entwickelte objektorientierte Programmiersprache. Kleine Softwareanwendungen, die mit Java erstellt wurden, lassen sich als sogenannte Applets in WWW-Seiten einbetten. Vor Java war das Internet in der Hauptsache ein Kommunikationsmittel und Werkzeug zur Publikation und Verbreitung von überwiegend statischen Informationen. Java ermöglicht es nun, das Internet auf effiziente Weise als Trägersystem für weltweit-verteilte Client/Server-Systeme zu verwenden. Dies ist ein wesentlicher Strukturwandel, der weitere, interessante Einsatzfelder für einen Internet-Auftritt von Firmen und Organisationen eröffnet. Dort, wo es stark auf interaktive Geschäftsprozesse ankommt, kann Java seine Vorteile voll einbringen.

Abschnitt 1.2 „Java bringt betriebliche Softwareanwendungen ins WWW" erläutert die wichtigsten Java-Einsatzgebiete. Kapitel 2 „Erfolgreicher Business-Einsatz von Java – Eine Sammlung von

Beispielen" zeigt eine breit angelegte Palette unterschiedlicher Fallbeispiele von Firmen und akademischen Organisationen auf, die bereits heute mit Java Internet-Softwaresysteme entwickelt haben. Nach der eher Business-orientierten Darstellung im ersten Teil des Buchs gehen wir ab Kapitel 4 zur Technik über. Von da an erfahren Sie ausführlich, wie man mit Java Applets selbst programmiert.

Wie die zitierten Studien zeigen, steigt im Zeitalter des Electronic Commerce und des Intranet der Bedarf an aktiven Inhalten im WWW weiter an. Deshalb darf man wohl vermuten, daß der Anteil der Web-Angebote, die auf Java basieren, deutlich zunehmen wird.

JavaScript und VBScript

Die Programmiersprache Java wird häufig den Scripting-Services JavaScript und VBScript gegenübergestellt. JavaScript und VBScript sind Makrosprachen, die in Web-Browser integriert sind. Ihr Einsatzgebiet überschneidet sich teilweise mit den Möglichkeiten von Java. Abschnitt 1.4 stellt beide Skriptsprachen an einem Beispiel näher vor und beschreibt die Architektur und das Einsatzfeld beider Techniken.

1.1 Internet: Dienste und Werkzeuge

Abbildung 1.2 vermittelt einen Überblick der heute am meisten genutzten Internet-Dienste. Die Zeichnung listet die wesentlichen Anwendungen aus der Perspektive des Internet-Nutzers im Unternehmen auf.

EMail

EMail (elektronische Post) ist der am weitesten verbreitete Internet-Dienst. Durch den EMail-Client, ein Programm auf dem Client-Rechner des Anwenders, tauschen Personen weltweit asynchron text-basierte Nachrichten aus. Der Briefkasten des einzelnen Anwenders liegt dabei auf dem Server des eigenen Internet-Providers oder in einem zentralen Firmen-Postfach.

Textnachrichten sind schnell verschickt und belasten das Trägermedium Internet kaum. In der Regel ist die Nachricht nach wenigen Sekunden im Briefkasten des Empfängers, egal, wo sich dieser auf der Erde befindet. Zur Adressierung des Gesprächspartners verwendet man die EMail-Adresse, ein Beispiel dafür ist die fiktive Adresse:

```
claudia.piemont@kaffee.tee.de
```

Abbildung 1.2:
Architektur der Internet-Werkzeuge

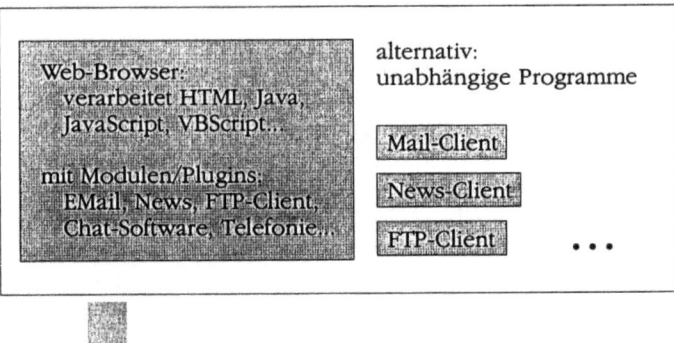

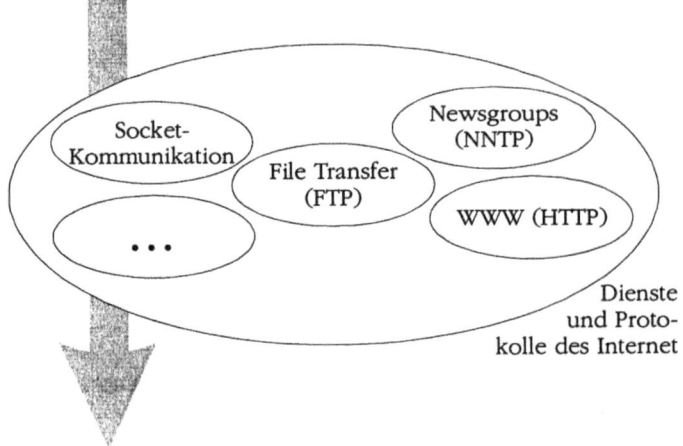

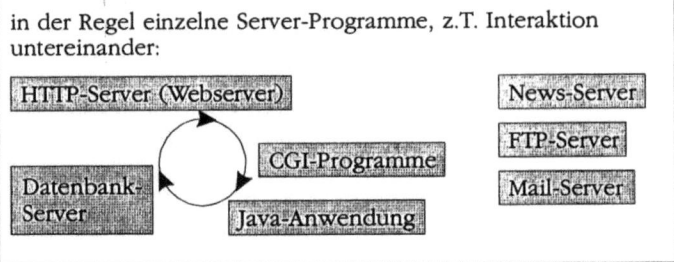

Abbildung 1.3:
EMail-Client von Netscape

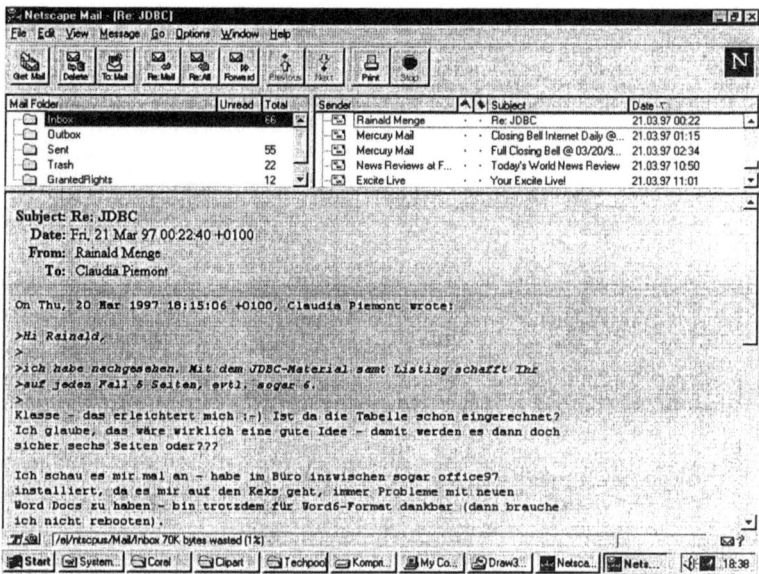

File-Transfer (FTP)

Wenn man Dateien von einem Internet-Host auf den eigenen Client-Rechner übertragen will, benötigt man das Software-Werkzeug FTP. Die Abkürzung FTP (engl. für File Transfer Protocol) kommt vom Namen des Übertragungsprotokolls, mit dem der Dateitransfer ausgeführt wird. Viele Universitäten und auch kommerzielle Organisationen betreiben eigene, öffentlich zugängliche FTP-Server. Sie halten je nach dem verfolgten Zweck Dateien verschiedenster Art zum Herunterladen bereit, zum Beispiel Shareware-Programme, Dokumentationen und Werbematerialen. FTP-Programme präsentieren die vorhandenen Informationen häufig in Form eines Verzeichnisbaums, etwa wie Sie es zum Beispiel vom Dateimanager in MS-Windows kennen (siehe auch Abbildung 1.4).

In der Regel ist der Zugang zu einem FTP-Server nur über die Eingabe einer zugelassenen Benutzerkennung (User-ID) mit Paßwort möglich. Systeme, die einen öffentlichen Zugang für jeden Anwender vorsehen, verwenden das Konzept des „Anonymous FTP". Als Benutzerkennung gilt anonymous oder ftp, als Paßwort gibt man üblicherweise die eigene EMail-Adresse an.

Im World Wide Web kann durch ein spezielles Adressenformat (URLs, die mit „ftp://" oder „mailto://" beginnen) auch die Dienste FTP und eMail ansteuern, sofern der benutzte Browser dies unterstützt – mehr zu URLs im Abschnitt über das WWW.

Abbildung 1.4:
FTP-Software

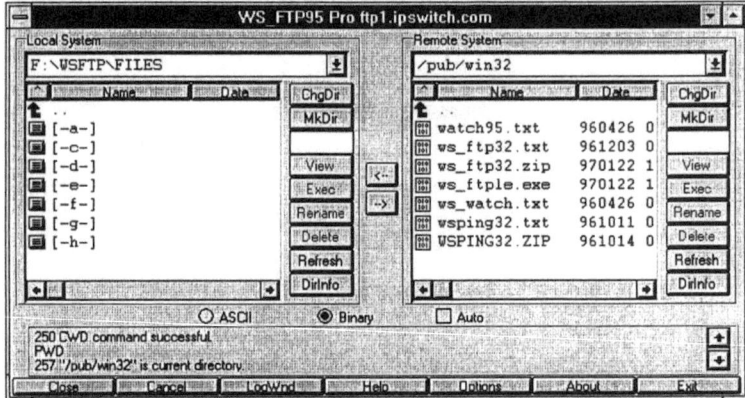

Newsgroups

Mit einem News-Client können Sie an den weltweiten Diskussionsforen (Newsgroups) teilnehmen, die über das Internet verbreitet werden. Newsgroups bieten die Möglichkeit des weltweiten, themenorientierten Meinungsaustausches. Einige Foren widmen sich natürlich Fragestellungen aus der Informatik selbst. Die Mehrzahl beschäftigt sich allerdings mit ganz allgemeinen Fragen, wie zum Beispiel Politik, Sozialwissenschaften, Finanzen, Musik und Hobbies jeder Art. Für die berufliche Karriere interessant sind die Online-Stellenbörsen mit den unterschiedlichsten Jobangeboten. Der Schwerpunkt liegt hier immer noch in der Computerbranche, sei es Hardware oder Software. Die Beteiligung an bestimmten Themenrunden ist allerdings oft so groß, daß man regelrecht von Nachrichten überflutet wird.

Eine Newsgroup funktioniert ähnlich wie ein schwarzes Brett. Auch gibt es viele Gemeinsamkeiten zwischen elektronischer Post und den News. Wie EMail arbeiten die News asynchron. Statt an einen bestimmten Gesprächspartner sendet („posted") man mit einem News-Client eine Nachricht an die Newsgroup. Diesen Beitrag kann dann jeder Abonnent dieses Diskussionsforums lesen. Newsgroups erfordern keine aktive Beteiligung, und viele Teilnehmer lesen lediglich die Informationen der anderen User, ohne selbst je etwas zu schreiben. Im Internet stehen eine Vielzahl von hierarchisch gegliederten Nachrichtengruppen zur Verfügung, die meisten davon in englischer Sprache (ca. 10 000). Die Zahl der deutschsprachigen Gruppen liegt etwa bei 2000, und fast täglich kommen neue hinzu.

Internet: Dienste und Werkzeuge

Abbildung 1.5:
News-Client von Netscape

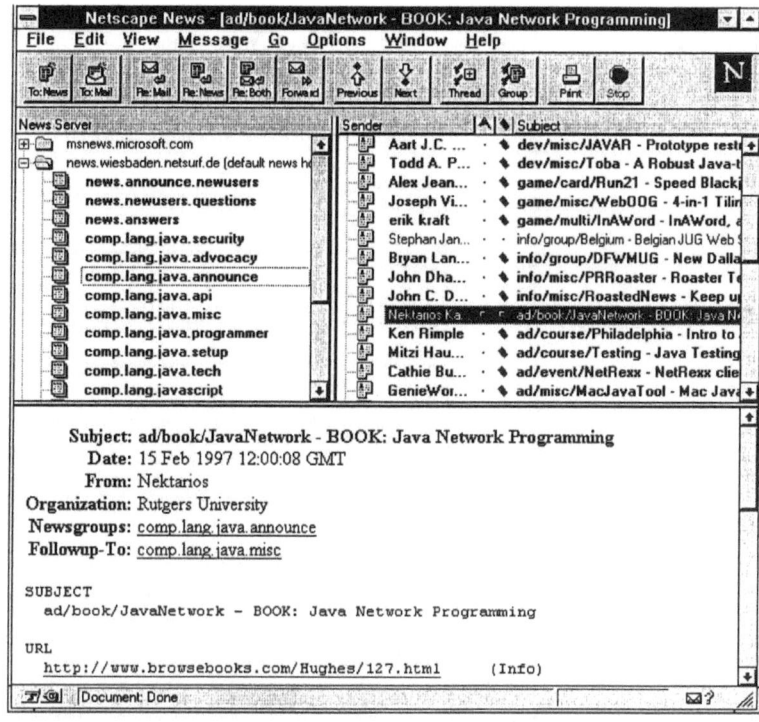

Talk-Systeme Internet Relay Chat (IRC)

Im Gegensatz zu den asynchron arbeitenden Kommunikationssystemen stehen die synchronen Verfahren wie Talk-Systeme, Internet Relay Chat (IRC) und die Internet-Telefonie. Talk-Systeme und IRC ermöglichen eine rein textbasierte Verbindung. Die Gesprächspartner tippen ihre Nachricht ein, die fast in Echtzeit beim Gegenüber ankommt. Talk-Systeme ermöglichen meist private Punkt-zu-Punkt-Gespräche zwischen den Teilnehmern. Die Verbindung wird über den Rechnernamen, gegebenenfalls zusätzlich über den Benutzernamen, oder über die IP-Adresse geschaltet. Das IRC ist ein Chat-System, sozusagen eine Echtzeit-Diskussionssystem. Das englische Verb „to chat" kann man ungefähr mit „plaudern" übersetzen.

Statt von Newsgroups spricht man hier von einzelnen Channels, in die sich die Teilnehmer einwählen können. Neben öffentlichem Meinungsaustausch sind auch private Gespräche möglich. IRC wird heute meist von Privatpersonen als Freizeitvergnügen genutzt. Talk-Systeme und IRC benötigen eine ständig bestehende Online-Verbindung. Für einen IRC-Begeisterten kann daher die Telefonrechnung recht teuer werden.

Internet-Technologie im Unternehmen

Abbildung 1.6:
Shareware IRC-
Client mIRC

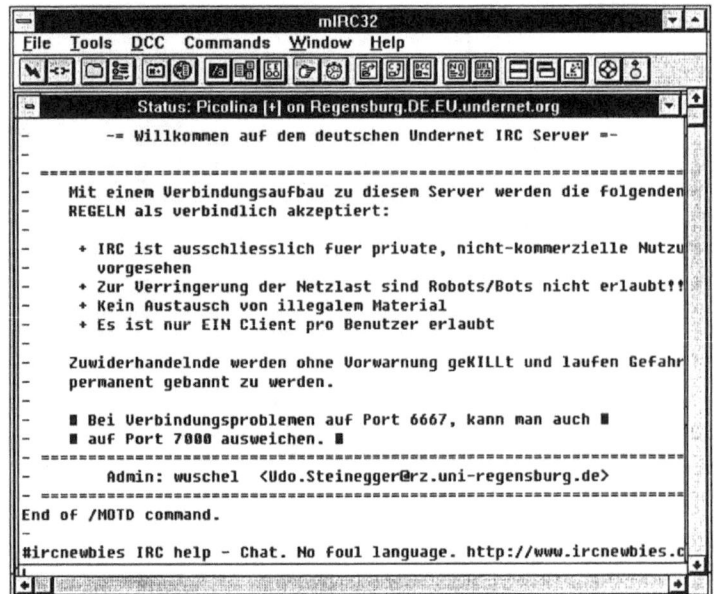

Internet-Telefonie

Die Internet-Telefonie ist ein sehr innovativer Zweig der Internet-Nutzung, der momentan ebenfalls eher dem Hobbybereich zuzuordnen ist. Telefonieren über das Internet verlangt vor allem eine schnelle Internet-Verbindung und einen leistungsfähigen Computer, der mit einer Soundkarte und einem Mikrofon ausgestattet sein muß. Beide Kommunikationspartner müssen zur selben Zeit online sein und die gleiche Software verwenden. Es handelt sich immer um eine sogenannte Punkt-zu-Punkt Verbindung zwischen den Rechnern der Gesprächsteilnehmer. Einige Anbieter betreiben Telefon-Server, die analog zur herkömmlichen Telefonauskunft arbeiten und die die gerade gesprächsbereiten Online-Teilnehmer auflisten. Die Erreichbarkeit eines gewünschten Gesprächspartners ist also anders als beim normalen Telefon nicht gewährleistet. Ebenso kann die Qualität der Verbindung mit den Leistungen traditioneller Telekommunikationsanbieter derzeit in keiner Weise mithalten. Durch das hohe Verkehrsaufkommen im Internet passiert es manchmal, daß Datenpakete auf dem Weg verloren gehen. Entsprechend mühsam fällt dann die Verständigung bei der Internet-Telefonie aus.

Abbildung 1.7:
Internet-Telefon aus dem Produktportfolio von Netscape

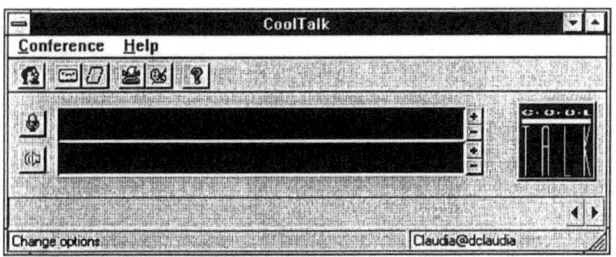

World Wide Web

Das World Wide Web ist die bahnbrechende Erfindung des CERN in Genf, die das Internet erst zu einem modernen, kommerziellen Netz gemacht hat. Das Web besteht aus einer Menge von Hypertext-Dokumenten, die weltweit miteinander vernetzt sind. Auf jedem Web-Server liegt eine bestimmte Anzahl von Dokumenten, die intern und auch extern verschaltet sein können. Um ein bestimmtes Dokument auf einem Web-Server zu adressieren, verwendet man die sogenannte URL (Uniform Resource Locator). Die Informationen von Sun zum Thema Java finden Sie zum Beispiel unter der folgenden URL:

http://www.javasoft.com/

Ein Hypertext-Dokument kann neben reinem Text auch Bilder, Eingabeformulare sowie Audio-Informationen enthalten (siehe Abbildung 1.8). Über Querverweise (sogenannte Links), die im Dokument angegeben sind, hängen die verschiedenen Webseiten miteinander zusammen. Bei der Darstellung eines Dokuments erscheinen die Verweise hervorgehoben. Wenn man sie mit der Maus anklickt, verzweigt man zu dem angegebenen Dokument. So kann man sich durch das WWW hangeln und Informationen sammeln. Umgangssprachlich ist diese Beschäftigung unter der Bezeichnung „Web-Surfen" bekannt.

HTML

Web-Dokumente sind in einer speziellen Skriptsprache zur Erstellung von Textlayouts formuliert. Sie heißt HTML (Hypertext Markup Language). Webseiten bezeichnet man daher auch als HTML-Dokumente (siehe auch Beispiel 1.1). HTML funktioniert durch in den Text eingestreute Auszeichnungskommandos.

Software-Tools, die in der Lage sind, HTML-Dokumente von Web-Servern zu laden und anzuzeigen, nennt man Web-Browser. Bekannte Produkte sind zum Beispiel der Navigator von Netscape oder der Microsoft Internet Explorer. Die heute als Web-Browser vertriebenen Softwarepakete gehen oft über das reine Darstellen von HTML-Seiten weit hinaus. Der Netscape Navigator und der Internet Explorer von Microsoft integrieren zum Beispiel EMail- und News-Clients und bieten auch ein Telefonie-Modul.

Abbildung 1.8:
Struktur eines HTML-Dokuments

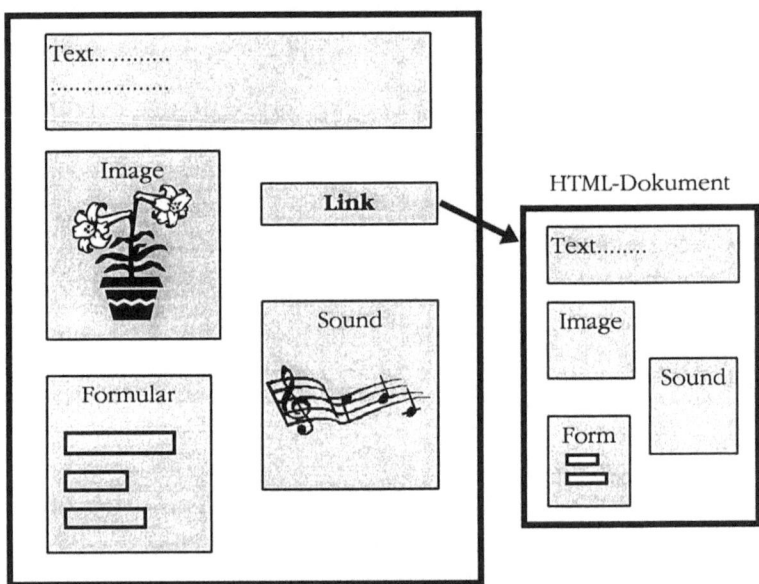

Betrachten wir nun den Aufbau und die Struktur eines HTML-Dokuments an einem kleinen Beispiel. Abbildung 1.9 zeigt das Dokument im Web-Browser Netscape Navigator.

Durch die Angabe der fiktiven URL:

http://www.kaffee-tee.de/claudia/home.htm

wählt man dieses bestimmte Dokument an.

Eine URL läßt sich generell in drei Teile zerlegen:

1. Das Protokoll, mit dem im Web HTML-Dokumente übertragen werden, ist HTTP (Hypertext Transfer Protocol). Allgemein kann eine URL auch einige andere Protokolleinträge enthalten, zum Beispiel ftp für das Übertragen von Dateien per File Transfer Protocol.

Internet: Dienste und Werkzeuge

2. Nach den Trennsymbolen „://" folgt der Name des Web-Servers, auf dem das Dokument liegt. Im Beispiel:

   www.kaffee-tee.de.

3. Zuletzt gibt man den Verzeichnispfad und den Namen der Webseite an, genauso wie bei einem herkömmlichen Dateisystem.

Abbildung 1.9:
Webseite im Netscape Navigator

Die in Abbildung 1.9 dargestellte Webseite enthält einen konstanten Text, ein Foto, ein Formular mit einem Kommentarfeld und eine Schaltfläche (Button). Beispiel 1.1 zeigt den Aufbau des Dokuments in HTML. Mit HTML lassen sich die Struktur der Seite und die Hyperlink-Querverweise beschreiben. Dabei arbeitet HTML darstellungsunabhängig, da es nur die Struktur des HTML-Dokuments beschreibt, aber nicht die genaue Formatierung bis ins Detail festlegt. Die technische Umsetzung bleibt dem Web-Browser überlassen.

HTML besteht neben dem eigentlichen Dokumenteninhalt aus speziellen HTML-Kommandos, die in den Text eingebettet sind.

Diese Steuerinformationen nennt man Tags. Ein ähnliches Konzept ist Ihnen vielleicht von anderen Textverarbeitungssystemen bereits bekannt (beispielsweise TeX oder DCF). Sie können jedes HTML-Dokument mit einem normalen Texteditor erstellen. Verschiedene Hersteller bieten auch speziell dafür eingerichtete HTML-Editoren an. Beispielsweise erlaubt die Gold-Version des Netscape Navigator ebenfalls das Bearbeiten von HTML-Quelltexten.

Beispiel 1.1:
HTML-Dokument zu Abbildung 1.4

```
<HTML>
<HEAD>
<TITLE>
Claudia Piemonts Home Page
</TITLE>
</HEAD>

<BODY>
<H1>
Willkommen
</H1>
<HR>
<IMG SRC = "claudi1.gif"   HEIGHT=175 WIDTH=175> </A>
<P>
<FORM  METHOD="POST"  ACTION="/cgi-bin/comments">
<TEXTAREA  NAME="kommentar"  ROWS=5 COLS= 40>
</TEXTAREA>
<P>
<INPUT TYPE="submit"   VALUE="Kommentar abschicken">
</FORM>
</BODY>
</HTML>
```

Es ist jetzt nicht notwendig, daß Sie den Aufbau von Beispiel 1.1 in allen Einzelheiten nachvollziehen können. HTML-Kenntnisse benötigen Sie allerdings später beim Einbau von Java-Applets in HTML-Dokumente und beim Schreiben von Skriptfunktionen in JavaScript oder VBScript (siehe den nächsten Abschnitt und speziell das Programmierkapitel 5 „Lebendige Java-Applets"). Die Beispiele und Erläuterungen in meinem Buch reichen jedoch als erste Baupläne für HTML-Anfänger durchaus aus.

Grundsätzlich teilt sich ein HTML-Dokument in einen Kopfteil mit der Titelangabe (<HEAD> und <TITLE>) und dem eigentlichen Inhalt der Seite (<BODY>). Die meisten Layout-Tags haben ein passendes Ende-Tag, das mit einem Schrägstrich beginnt. Zum Beispiel trennt man den Kopfteil durch <HEAD> und </HEAD> von der BODY-Sektion. Fließtext, der auf der Webseite erscheinen soll, schreibt man einfach so im Klartext. Nur deutsche Umlaute sollte man speziell kodieren. Einige Tags dienen als Formatanweisungen, zum Beispiel <H1> zum Setzen eines Überschriftformats. Mit dem <IMG>-Tag verweist man auf eine Grafikdatei, die dann in der Seite als Bild erscheint. Eingabeformulare leitet man mit dem <FORM>-Tag ein. Einfache Benutzeroberflächenelemente lassen sich dann über HTML darstellen. Eingaben des Benutzers in ein Formular können von HTML selbst allerdings nicht behandelt, sondern allenfalls weitergeleitet werden, da HTML diese Fähigkeit nicht hat. Als moderne Verfahren stehen dafür heute JavaScript oder Java zur Verfügung.

CGI Die in der Zeit vor Java hauptsächlich benutzte Methode, um vom Client aus mit dem Web-Server zu kommunizieren, bestand in der Verwendung von CGI-Skripts. CGI ist die Abkürzung für Common Gateway Interface. Der Einsatz von CGI hat sich keineswegs überholt. Es ist auch heute noch ein sehr gebräuchliches Verfahren.

Eine wichtige Anwendung ist die Übertragung von Benutzereingaben aus HTML-Formularen an den Web-Server. Dort können die Informationen dann interpretiert und verarbeitet werden. Das CGI-Skript, ein kleines, in einer beliebigen Programmiersprache geschriebenes Programm, liegt auf dem Web-Server. Es wertet die transferierten Daten aus und sendet bei Bedarf an den Web-Browser entweder ein neues HTML-Dokument oder eine andere vom Browser interpretierbare Datei, zum Beispiel ein Bild (GIF-File), zurück. Dieses Verfahren setzt man oft ein, wenn auf einer ansonsten statischen Seite veränderliche Informationen (z.B. ein „Web-Counter") eingeblendet werden sollen.

Das Standardvorgehen besteht darin, im HTML-Formular durch die Angaben:

```
<FORM METHOD="POST" ACTION="URL des CGI-Skripts">
```

das Anstoßen eines CGI-Skripts zu programmieren (wie Beispiel 1.1 zeigt). Durch die Belegung eines Buttons mit dem Typ submit überträgt der Web-Browser die Daten an den Web-Server, wenn der Anwender den Button klickt. Dort führt der Web-Server anschließend das angeforderte CGI-Programm aus.

Hieran wird deutlich, daß bei CGI jeglicher Programmprozeß auf dem Web-Server stattfinden muß. HTML allein läßt die Verarbeitung von Daten auf dem Client nicht zu. CGI ermöglicht nur eine Einmal-Transaktion. Der Web-Browser und das CGI-Skript können sich keine Zustände merken. Jeder neue Aufruf des Skript verhält sich so, als wäre es das erste Mal. Da auch Rückmeldungen nur eingeschränkt machbar sind (siehe oben), führt eine CGI-Anwendung häufig zu einem schwerfälligen „Ping-Pong"-Prozeß zwischen Client und Web-Server, bei dem oft eine Menge an Informationen über das Internet hin- und herfließen. Für Applikationen mit vielen Interaktionsanforderungen des Kunden ist CGI heute nicht mehr das Mittel der Wahl. Hier bietet sich vielmehr der Einsatz von Java an.

Cookies

Cookies sind kleine Informationseinheiten, die der Web-Browser in einer speziellen Cookie-Datei auf dem Client-Rechner ablegt. In der einfachsten Form speichern Cookies Daten in Schlüsselwort-Variablen ab; das sind „name=wert"-Paare. Mit Hilfe von Cookies kann ein HTML-Dokument oder ein JavaScript-Programm Statusinformationen innerhalb einer CGI-Transaktion festhalten. Damit sind die Fähigkeiten des CGI-Verfahrens erweiterbar. Cookies können permanent auf dem Client-PC erhalten bleiben, auch zwischen Internet-Sitzungen.

Sensible Daten, wie zum Beispiel Paßwörter, sollten Sie nicht in einer Cookie-Variable ablegen, da die entsprechende Datei auf dem Client-Rechner üblicherweise mit einem einfachen Texteditor lesbar ist. Cookies sind auch sonst nicht irgendwie geschützt. Daher ist der Einsatz von Cookies bereits eingeschränkt. Einige Internet-Benutzer halten sie für ein Risiko, da sie möglicherweise die Privatsphäre des einzelnen verletzen können. Über Cookies lassen sich beliebige Informationen zwischenspeichern. Zum Beispiel kann die Sitzung festhalten, welche Webseiten der Anwender besucht hat, was er ausgewählt hat und welche Anzeigen von Werbekunden weiterverfolgt wurden. Ein JavaScript kann diese Informationen dann zu einem späteren Zeitpunkt an ein CGI-Programm auf einem Web-Server übertragen. Aus diesem Grund schalten manche Web-Surfer die Cookies über eine entsprechende Einstellung im Web-Browser ab. Geschäftsprozesse in Webseiten, die Cookies für die Durchführung voraussetzen, sind dann nicht mehr ausführbar.

Sichere Web-Server

Anbieter und Kunden elektronischer Handelssysteme tauschen während der Geschäftsabwicklung häufig sensible Daten aus. Das gilt insbesondere für Authentisierungsmerkmale wie Benutzerkennung, Paßwort oder Kreditkartennummer, um nur einige Beispiele zu nennen. Viele Anwender möchten auch während der Kommunikation ihre Privatsphäre schützen und das Mithören durch andere Personen verhindern. Informationen sollen nur zwischen den Teilnehmern des Geschäftsprozesses fließen und nicht in dritte Hände gelangen. Ein besonders sensibler Bereich in dieser Hinsicht ist das Home-Banking über das Internet. Auch in geschlossenen Intranets und Extranets kann es sinnvoll sein, weitergehende Sicherheitsmaßnahmen zu ergreifen.

Aus diesem Grund wurde das SSL-Protokoll (SSL ist die Abkürzung für Secure Socket Layer) entwickelt, das heute als quasi Industriestandard zur Verfügung steht. SSL nutzt Kryptographie-Verfahren und digitale Zertifikate, um den Internet-Kommunikationsweg vom Anwender zum Anbieter abzusichern. Zusätzlich zur Verschlüsselung aller Nachrichten wird gewährleistet, daß die Information unverändert beim Empfänger ankommt. Der Server identifiziert sich durch ein elektronisches Zertifikat und bestätigt so seine Identität. Optional kann sich auch der Client beim Server ausweisen.

Mit SSL lassen sich transparent alle Internet-Protokolle schützen. Wichtig in unserem Zusammenhang sind die sogenannten sicheren Web-Server. Sie setzen ein SSL-ähnliches Protokoll im WWW ein und schaffen eine sichere HTTP-Verbindung. Einen sicheren Web-Server erkennt man unter anderem auch an der URL. Diese beginnt dann mit dem Kürzel `https` statt mit `http`, zum Beispiel:

`https://sicher.kaffee-tee.de/`

Weiterführende Literatur

In diesem Abschnitt konnte ich Ihnen nur einen ersten Überblick zum Thema Internet vermitteln. Den Aufbau und praktischen Umgang mit HTML und CGI erläutert detailliert das Buch von Frederik Ramm:

Recherchieren und Publizieren im World Wide Web, 2. Auflage, Vieweg Verlag, 1996.

Wenn Sie sich darüber hinaus informieren wollen, welche wirtschaftlichen Vorteile Unternehmen bisher aus der Nutzung des Internet gewonnen haben, dann ist vielleicht der folgende Text hilfreich:

Frank Lampe: Business im Internet, Vieweg Verlag 1996.

1.2 Java bringt betriebliche Softwareanwendungen ins WWW

In diesem Abschnitt erfahren Sie, warum sich die objektorientierte Programmiersprache Java für die neuen Internet-orientierten Geschäftsfelder und Organisationsformen wie Electronic Commerce, Online-Kundenservice und virtuelles Team-Management besonders gut eignet und welche wirtschaftlichen und technischen Randbedingungen bei der Anwendung von Java zu beachten sind.

Java besitzt Sprachelemente aus verschiedenen, bereits existierenden, objektorientierten Sprachen, zum Beispiel C++ und Smalltalk, und enthält eine umfangreiche, integrierte Klassenbibliothek, die man als Java-API bezeichnet. Das Net-API ermöglicht die „Programm zu Programm"-Kommunikation im Internet mit Hilfe des Übertragungsprotokolls TCP/IP (Socket-Kommunikation). Deswegen nennt man Java auch umgangssprachlich den „Internet-Dialekt".

Neben der Erstellung von ganz konventionellen Softwaresystemen lassen sich mit Java nun auch Softwaremodule in HTML-Seiten integrieren, sogenannte Java-Applets. Diese kleinen Softwaresysteme führt der Web-Browser auf der Client-Maschine aus.

Die große Bedeutung und der Erfolg von Java bestehen in der nun realisierbaren Integration von betrieblichen Anwendungen in das WWW. Um aktiven Inhalt in Webseiten einzubauen, gibt es heute verschiedene Verfahren, zum Beispiel den bereits diskutierten Aufruf von CGI-Programmen oder die Skriptfunktionen in JavaScript sowie Microsofts Active X. Der große Vorteil von Java liegt in den vielfältigen Möglichkeiten, die eine vollständige Programmierumgebung nun einmal bietet. Die meisten grafikfähigen Web-Browser unterstützen heute Java. Als prominenteste Vertreter sind hier der Netscape Navigator und der Microsoft Internet Explorer zu nennen.

Java ist plattformunabhängig

Es ist weitgehend unerheblich, unter welchem Betriebssystem der Web-Client läuft und welchen Browser Sie einsetzen: Java arbeitet plattformunabhängig. Alles zusammengenommen, kann heute keine andere „aktive" Internet-Technologie mit den Fähigkeiten von Java mithalten.

Wichtig im Internet ist die strenge Beachtung von Sicherheitsregeln, die einen fahrlässigen Umgang oder einen Mißbrauch krimineller Art ausschließen sollen. Dieser in Java direkt eingebaute softwaretechnische Schutz, das sogenannte „Sandbox-Model", schränkt jedoch den zur Verfügung stehenden Funktionsumfang für Java-Applets erheblich ein. Im jetzt aktuellen Java-Standard (JDK 1.1) läßt sich dieser Sicherheitsmechanismus für Anwendungen in Intranets außer Kraft setzen. Dadurch verfügen Java-Applets dann über den gleichen Funktionsumfang wie herkömmliche Softwaresysteme, die lokal auf einem Rechner installiert sind (sogenannte „Stand-Alone"-Anwendungen, die auch mit Java herstellbar sind). Allerdings nimmt in diesem Fall der Anwender auch alle Risiken des Einsatzes in Kauf, zum Beispiel den unbeschränkten Zugriff auf lokale Daten. Als weiteren Schutzmechanismus bietet Java die Zertifizierung von Java-Applets mit Hilfe einer elektronischen Unterschrift. Wie die modernen Web-Browser mit diesem Verfahren umgehen werden, war zum Zeitpunkt der Drucklegung dieses Buchs noch offen.

Mit Java lassen sich auch komplette Client/Server-Anwendungen über das Web realisieren. Das Java-Applet ist der Client-Teil. Ein herkömmliches Programm auf dem Web-Server fungiert als Server-Anwendung. Oft besteht der Server-Teil ebenfalls aus einem Java-Programm. Client/Server-Applikationen geben einem Java-Applet mehr Raum für erweiterte Funktionen, die durch den Sicherheitsmechanismus bei Applets unterbunden sind. Risikobehaftete Vorgänge lagert man dabei auf den Server-Teil aus. Daneben sind natürlich auch eigenständige Java-Anwendungen möglich, die das TCP/IP-Protokoll als Träger nutzen.

Wirtschaftlicher Nutzen von Java

Einen Überblick, für welche Einsatzgebiete Java besonders geeignet ist, zeigt Abbildung 1.10. Internet-Kernanwendungen sind hier den verfügbaren Netz-Technologien gegenüber gestellt.

Für die Darstellung rein statischer Informationen genügt der Aufbau von HTML-Seiten. Einfache Benutzeranfragen oder eine Recherche in Produktkatalogen und Datenarchiven wickelt man häufig über HTML in Kombination mit CGI-Modulen und Skriptsprachen ab. Auch Internet-Suchmaschinen arbeiten meist auf diese Weise. Allerdings bietet der Suchdienst Altavista auf seiner Homepage bereits ein Java-Applet an, mit dem der Anwender Suchkriterien auf grafische Weise einschränken kann, statt verschachtelte logische Ausdrücke zu formulieren.

Der wirtschaftliche Nutzen von Java zeigt sich vor allem bei Anwendungen, die einen hohen Grad an Interaktivität zwischen Web-Benutzer und Seiten-Anbieter verlangen. Wenn sich zudem der Informationsgehalt ständig verändert, dann sollte man unbedingt eine Realisierung durch Java in Betracht ziehen. Will man interaktive und dynamische Software-Applikationen plattformunabhängig über das Web betreiben, dann bleibt häufig nur Java als allein mögliche technische Umsetzung eines solchen Vorhabens.

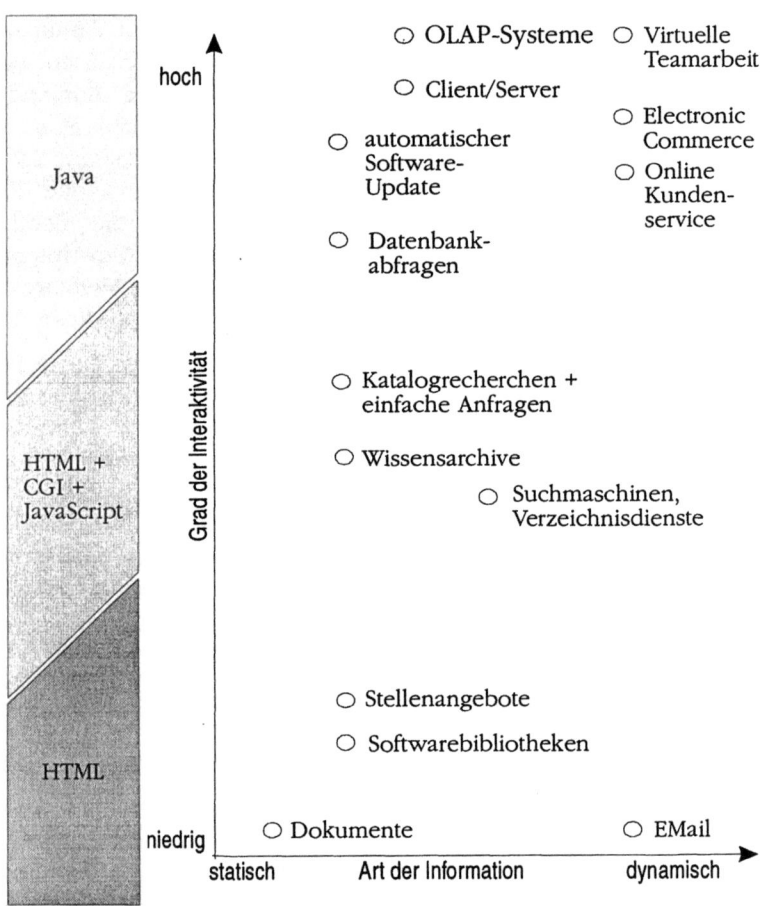

Abbildung 1.10: Sinnvolle Einsatzfelder von Java im Vergleich

Vince Giuliano, Präsident der Electronic Publishing Group in Boston, sieht die Möglichkeiten des Internet im Business-Bereich noch nicht einmal ansatzweise als ausgeschöpft an. Er vermutet ein weiteres großes Potential in den Rechtswissenschaften, bei Sicherheitsbehörden und in der Finanzbranche. Die besten Chancen bietet das Internet dort, wo rascher Informationsfluß notwendig ist. Gerade hier liegt auch das wirtschaftlich sinnvolle Anwendungsfeld von Java.

Was ist nun mit Java im WWW machbar, was bisher schwierig oder gar nicht realisierbar war?

- Sie können komplette Software-Applikationen in eine Webseite einbetten. Java verfügt über eine umfangreiche Klassenbibliothek zum Erstellen grafischer Benutzeroberflächen. Diese Möglichkeiten kann man durch externe API-Pakete anderer Hersteller noch ergänzen. Die Fähigkeiten von Java sind um ein vielfaches größer als das, was Sie bisher mit einem HTML-Formular erreichen konnten. Sie können zum Beispiel Systeme bauen, die benutzergesteuert Teile und Produkte zusammenstellen und konfigurieren, Versicherungsbeiträge kalkulieren und grafische Simulationen ausführen. Jede kleine Software-Anwendung läßt sich jetzt in Ihre Web-Präsenz integrieren.

- Die grafischen Fähigkeiten von Java verführen geradezu, Java auch als Werkzeug für interaktive Werbung und Public Relations einzusetzen. Ein klassisches Beispiel sind die aus HTML bekannten ImageMaps sowie interaktiv vom Benutzer gesteuerte Handlungsabfolgen. Java ermöglicht zum Beispiel eine direkte benutzerangepaßte Reaktion auf die Mauseingaben des Anwenders. Grafische Abläufe lassen sich beliebig gestalten und steuern. Sämtliche grafische Verarbeitung findet in der Regel auf dem Client-Rechner statt. Eine Kommunikation mit dem Web-Server entfällt.

- Im Gegensatz zu CGI erlaubt Java ein echtes Client/Server-Processing. Das Java-Applet in der Webseite fungiert als Client und wird auf dem Rechner des Web-Users ausgeführt. Der Server-Teil ist ein Anwendungsprogramm, das sich auf dem Web-Server befindet. Client- und Server-Teil sind während einer Sitzung auf zwei Wegen in einer durchgehenden Kommunikationsverbindung miteinander verknüpft. Beide Softwaresysteme sind in der Lage, sich den Zustand der aktuellen Transaktion zu merken und adäquat auf Programmanfragen zu reagieren.

- Ein Ping-Pong-Transfer von HTML-Dokumenten wird durch die „echte" Client-/Server-Verarbeitung vermieden. Bei Systemen, die Kundenanfragen abwickeln, Bestellungen bearbeiten oder Berechnungen durchführen (zum Beispiel Reisekostenabrechnung, Kalkulation eines Versicherungstarifs und so weiter) ist der Einsatz eines Java-Systems in der Regel wesentlich effizienter als die bisherige Technik via CGI-Skripts.

- Mit dem JDBC-API können Sie auf relationale Datenbanken zugreifen, die auf dem Web-Server liegen. Damit lassen sich komplette OLAP-Anwendungen erstellen.
- Faßt man die geschilderten Fähigkeiten von Java zusammen, so ergeben sich für Unternehmen weitere interessante Geschäftsfelder, in denen der Einsatz von Java sinnvoll erscheint:
  - Electronic Commerce; damit ist allgemein das Durchführen von Geschäften im Internet gemeint (Consumer to Business), also zum Beispiel der Vertrieb an Endkunden sowie das Home-Banking und der Online-Wertpapierhandel. Ein deutscher Pionier im Home-Banking via Java ist die Firma Brokat, deren Java-Applets unter anderem beim Direkt-Finanzdienstleister Bank 24 im Einsatz sind (siehe Kapitel 2 „Erfolgreicher Business-Einsatz von Java").
  - Online Kundenservice
  - Virtuelle Teamarbeit

Die verschiedenen Nutzungsformen des WWW reichen von einfacher Informationspräsentation bis hin zu kompletten Client/Server-Systemen. Abbildung 1.10 zeigt diesen Zusammenhang aus einem anwendungsorientierten Blickwinkel. Wenn man die Einsatzarten aus technischer Sicht zusammenfaßt, gelangt man zur einer komprimierten Darstellung (Abbildung 1.11). Jeweils drei Kategorien erklären den Zusammenhang zwischen geforderter Anwendungsform, Grad der interaktiven Nutzung und dazu sinnvoll und wirtschaftlich passender Internet-Technologie.

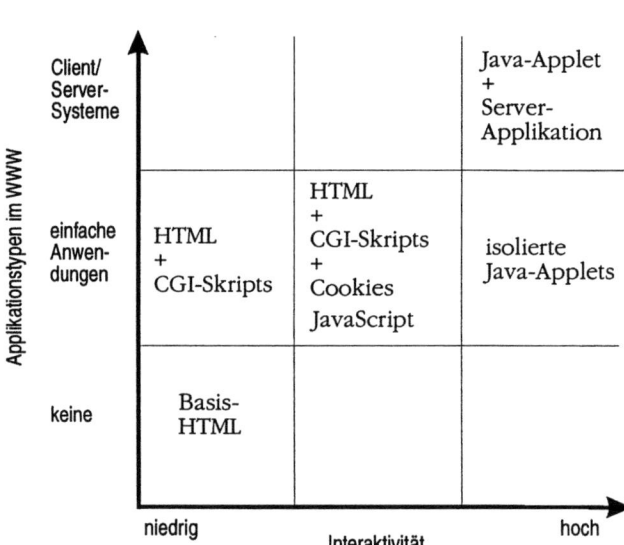

Abbildung 1.11: Internet-Techniken gruppiert nach Applikationstypen

Diese Abbildung macht noch einmal deutlich, daß sich der Einsatz von Java vor allem dann lohnt, wenn der Geschäftsprozeß einen ständigen Informationsaustausch zwischen Kunde und Anbieter erfordert. Für Business-Anwendungen reicht das alleinige Installieren eines Java-Applets oft nicht aus, insbesondere dann, wenn man sich dem Sicherheitsmechanismus des Sandbox-Model unterwirft. Hier werden oft umfangreiche Client/Server-Systeme eingesetzt.

Java als Werkzeug zur Entwicklung von Individualsoftware

Heute verwendet man Java hauptsächlich zur Entwicklung von Individualsoftware. Das hat einen einfachen Grund: Betriebliche Standardsoftware auf der Basis einer Client/Server-Java-Anwendung für das WWW gibt es noch gar nicht. Der Standardsoftwarehersteller SAP baut gerade sein operationales System R/3 für eine Nutzung im Internet um (ab R/3 Release 3.1). Die Web-Funktionalität wird dabei in das bereits existierende R/3-System integriert. Das Verbindungsglied zwischen Web-Server und R/3-System ist ein sogenannter Internet-Transaction-Server, der den Zugriff aus dem Internet auf SAP-Transaktionen und -Reports ermöglicht. Programmierer können auf diese proprietäre SAP-Architektur aufsetzen und eigene, individuelle Applikationskomponenten entwickeln. SAP R/3 eröffnet den Zugang zu den betriebswirtschaftlichen Funktionen über die Business Application Programming Interfaces (BAPIs). Sie sind das SAP-Konzept zur Bereitstellung standardisierter R/3-Schnittstellen. Einzelne Internet-Geschäftsprozesse lassen sich so über externe Java-Applets visualisieren oder erweitern. Java-Applets fungieren hier also als kundenspezifische Ergänzung der SAP-Internet-Funktionalität.

In Richtung Standardanwendung geht auch die neue Produktschiene „Applications im Web" des Datenbankproduzenten Oracle. Mit Hilfe des Entwicklungswerkzeugs Developer 2000 können Applikationen gleichzeitig für herkömmliche Client/Server-Architekturen im LAN als auch für den Internet-Einsatz entwickelt werden. Eine eigens für diesen Zweck erstellte Java-Engine erlaubt es, Oracle Forms-Anwendungen direkt für das Web zu generieren. Die Applikationslogik, die die Benutzeroberfläche unterstützt, wird dynamisch als Java-Applet geladen. Die Laufzeitsysteme befinden sich nach wie vor auf dem Forms-Server. Ein Einsatz dieser Technik ist gleichermaßen im firmeneigenen Intranet wie auch im öffentlichen Internet möglich.

Softwareentwicklung mit Java

Gehen wir nun davon aus, daß Sie selbst Java-Applets erstellen wollen. Für die Programmentwicklung von Java-Applets benötigen Sie entweder das JDK von Sun oder eine andere Java-Entwicklungsumgebung. Das JDK können Sie kostenlos von Suns Web-Server herunterladen (http://www.javasoft.com). Es enthält die Java-Klassenbibliothek, die entsprechende Dokumentation und verschiedene Werkzeuge für die Programmentwicklung. Die Versionsnummer des JDK gibt den Stand der Klassenbibliothek an und dient sozusagen als Standard-Zeitstempel und Gütesiegel, auf den sich alle anderen Tool-Hersteller beziehen. Heute ist das JDK 1.1 aktuell und sozusagen brandneu. Web-Browser und Java-Entwicklungstools werden dieses neue Release erst im Verlauf des Jahres 1997 vollständig unterstützen.

Für größere Projekte eignen sich besser die integrierten Java-Entwicklungsumgebungen (IDEs), die von verschiedenen Softwarehäusern inzwischen angeboten werden. Im Rahmen dieses Buchs verwenden wir die Entwicklungsumgebung „Parts for Java" des kalifornischen Softwarehauses Parcplace-Digitalk. Einen kurzen Überblick zu diesem Werkzeug finden Sie in Kapitel 3. Dort gehe ich auch noch einmal auf die verschiedenen Programmiertools im JDK ein. In den Kapiteln 4 bis 7 lernen Sie, wie man Applets entwickelt und einsetzt. In Kapitel 5 „Lebendige Java-Applets" steht dieser spezielle Aspekt im Mittelpunkt.

Geschwindigkeitsprobleme

Wenn Sie mit Java selbst entwickeln, sollten Sie die Ladezeiten, die ein Applet benötigt, im Auge behalten. Wenn ein Anwender lange warten muß, bis er den Inhalt der Webseite ansehen und einsetzen kann, haben Sie ihn vielleicht bald als Kunden verloren. Besser ist es in jedem Fall, ein Applet klein und schlank zu halten und die Datenübertragung via Internet möglichst zu minimieren.

Komplette Client/Server-Systeme schaffen hier Abhilfe. Das Laden von Source Code und Daten sowie die Kommunikation mit dem Server-Teil beschränkt das Applet auf das Notwendige. Die Massenverarbeitung übernimmt dann das Server-Programm, das auf dem Web-Server arbeitet. Auch Kompressionsverfahren beim Datentransfer können hier hilfreich sein.

Außerdem werden Sie später in diesem Buch erfahren, wie mit Multithreading-Techniken Parallelverarbeitung in Java realisiert werden kann. Damit kann ein Applet bereits aktiv sein, während es im Hintergrund noch Daten überträgt oder komplexe Berechnungen durchführt.

Applets "von der Stange"

Wenn Sie nun selbst kein Entwickler sind, trotzdem aber Bedarf für eine Java-Anwendung haben, so bleibt Ihnen natürlich die Möglichkeit, einen Entwicklungsauftrag an ein externes Softwarehaus zu vergeben. Einige Hersteller vertreiben Java-Applets, die sich über Programmparameter von außen via HTML-Kommandos konfigurieren lassen. Solche Applets können also „von der Stange" gekauft und sofort eingesetzt werden. Außerdem bieten verschiedene Applet-Produzenten vorgefertigte Rahmen-Applets an, die sie gegen entsprechendes Entgelt an Kundenwünsche anpassen, also durch kleine Eingriffe am Java-Programm die Anwendung speziell auf den Kunden hin zuschneiden.

Eine andere Technik ist der Zusammenbau eines Java-Applets über ein entsprechendes Konfigurationstool. Ein Web-Designer kann mit einem solchen Werkzeug ohne jegliche Programmierung leicht und einfach die Benutzeroberfläche einer Anwendung entwickeln und ein Java-Applet aus vorhandenen Komponenten zusammenstellen. Das Tool generiert dann anschließend Java-Klassen, die man in eigene Webseiten integriert. Ein Entwickler kann hier häufig nur aus dem angebotenen Funktionsumfang des Werkzeugs auswählen. Es gibt wenig Schnittstellen nach außen. Die Fähigkeiten dieser Werkzeuge liegen daher weit hinter den Möglichkeiten einer regulären Programmierung in Java und sind damit nicht vergleichbar. Ein typisches Beispiel für ein Konfigurationstool ist Jamba von der Firma Aimtech. Oftmals werden diese Werkzeuge genutzt, um Multimedia-Applets zu erstellen. Für die Entwicklung ganzer Client/Server-Systeme eignen sich diese Produkte in der Regel nicht.

1.3 Browser-Skriptsprachen: JavaScript und VBScript

JavaScript, JScript und VBScript sind Makrosprachen für Web-Browser. Genau wie Java integrieren sie aktive Inhalte in ein Web-Dokument, dies allerdings in einem stark eingeschränkten Umfang. Sie sind einfach zu lernen und zu beherrschen, da ihre Syntax und Befehlsmenge übersichtlich ist. Für einen Web-Designer dürfte es wahrscheinlich einfacher sein, Skripting einzusetzen als mit Java zu programmieren. Hier liegt vor allem der große Anziehungspunkt dieser Browser-Technologie.

In der Regel verbindet man entsprechende Skript-Funktionen mit Oberflächenelementen in einem HTML-Formular (siehe die Beispiele in diesem Abschnitt). Der Quelltext bezieht sich auf ein bestimmtes HTML-Dokument und ist meist in dieses integriert. Der Web-Browser lädt das Skript genauso wie das HTML-Dokument selbst. Durch eine Benutzeraktion, zum Beispiel durch das Klicken eines Buttons, kann eine Funktion gestartet werden. Daraufhin interpretiert der Web-Browser die Programmanweisungen in dieser Routine. Im Gegensatz zu Java oder zu anderen bekannten Programmiersprachen gibt es hier keine Übersetzung (Compilation) in effizienten Zwischen- oder Maschinencode. Die Möglichkeiten und Fähigkeiten hinsichtlich der Benutzeroberfläche beschränken sich auf die Elemente, die HTML bereits anbietet. (Für VBScript ist diese Aussage nicht ganz richtig, wie Sie später sehen werden.)

JavaScript, Jscript und VBScript im Überblick

Warum gibt es drei unterschiedliche Implementationen, und was bedeutet das für den Anwender?

- JavaScript ist eine Entwicklung von Netscape unter der Beteiligung von Sun. Diese Makrosprache funktioniert zunächst nur im Netscape Navigator selbst. Es ist eine objektbasierte Sprache, die sich in den Sprachkonstrukten an Java anlehnt. Sie kennt Objekte, Objekteigenschaften (engl. properties), Methoden und Ereignisse (engl. events). Im Gegensatz zu Java verzichtet JavaScript allerdings auf Vererbung und die Spezifikation von Datentypen (Strong Typing, Type Checking). Das Sicherheitskonzept von JavaScript ist identisch mit den Maßnahmen bei Java (siehe auch Abschnitt 5.1 „Möglichkeiten und Einschränkungen von Java-Applets). Wenn Sie nicht mit dem Navigator arbeiten, dann sollten Sie die Dokumentation Ihres Web-Browsers konsultieren, ob JavaScript unterstützt wird.

- Die JavaScript-Implementation von Microsoft nennt sich JScript. Sie ist in Microsofts Web-Browser Internet Explorer 3.0 enthalten. Microsoft hat den JScript-Interpreter zu großen Teilen aus einem Reengineering der JavaScript-Spezifikation von Netscape gewonnen. Laut Aussagen von Microsoft soll JScript voll kompatibel zur aktuellen JavaScript-Version sein.

- VBScript, kurz für Visual Basic Script, ist die proprietäre Skriptingsprache von Microsoft. Kurz gesagt, handelt es sich um ein „Visual Basic Light". Auch in VBScript sind einem Datenelement Eigenschaften (properties) und gegebenenfalls Ereignisse (events) zugeordnet. Ähnlich wie in JavaScript arbeitet VBScript ohne Strong Typing.

- Microsoft verfolgt ein eigenes Sicherheitskonzept, das sich von Javas Sandbox-Model unterscheidet (siehe Abschnitt 1.3.2 „VBScript"). Meines Wissens läuft VBScript derzeit nur im Internet Explorer. Ob auch andere Hersteller diese Scriptsprache unterstützen werden, hängt wohl stark von den zukünftigen Wünschen der Anwender ab.

Da es sich bei JavaScript und VBScript um Interpreter-Sprachen ohne Strong Typing handelt, treten Programmfehler häufig erst zur Laufzeit in Erscheinung. Der Web-Browser öffnet ein zusätzliches Dialog-Fenster und gibt eine Fehlermeldung aus. Die Problemfälle lassen sich nur durch ausgiebiges Testen des HTML-Dokuments aus dem Skript herausfiltern. Unschön wird es nämlich dann, wenn sich ein echter Anwender mit einem solchen PopUp-Window konfrontiert sieht.

Etwas später gehe ich anhand je eines Beispiels detaillierter auf die Besonderheiten von JavaScript und VBScript ein.

Einsatzmöglichkeiten von Browser-Skriptsprachen

Der Anwendungsbereich der zitierten Browser-Skriptsprachen ist in etwa gleich, so daß wir uns nun die wichtigsten Einsatzgebiete anschauen wollen:

- Eine wichtige und sinnvolle Anwendung der Skriptsprachen ist die Validierung von Formularinhalten, bevor diese an ein CGI-Programm auf dem Web-Server gesendet werden. Dadurch entlastet man den Web-Server von den Prüfungsaufgaben und vermeidet unnötiges Ping-Pong zwischen Browser und Server. Der Browser weist den Benutzer direkt auf Probleme in der Eingabe hin, die dieser dann korrigieren kann, bevor es zum Weitertransport kommt. Bei umfangreicheren Aufgaben, die zum Beispiel zusätzliche Datenbankabfragen benötigen, sind die Skriptsprachen jedoch überfordert.

- Genauso wie Prüfungen kann man auch einfache Berechnungen und Benutzer-Interaktionen über Skriptsprachen erledigen. Standardbeispiel ist hier der JavaScript-Taschenrechner.

- Über sogenannte Cookies kann sich ein JavaScript-Programm Statusinformationen zwischen CGI-Transaktionen merken und so den Prozeß steuern. Dieses Client/Server-Light ist allerdings eher der Internet-Trickkiste zuzuordnen. Es kann mit den Fähigkeiten eines in Java betriebenen Systems nicht mithalten.

- Eine weiteres Einsatzgebiet des Scripting liegt in der Vernetzung und Steuerung von anderen aktiven Elementen (engl. active content), zum Beispiel Java-Applets und ActiveX-

Controls aus der Microsoft-Welt. Mit ActiveX bezeichnet Microsoft die Internet-Erweiterungen des Component Object Model (COM), verwandt mit den OCX- und VBX-Elementen.

Generell sind Skriptsprachen Java durchaus vorzuziehen, wenn die geforderte Aufgabe einfach, übersichtlich und ohne weiteren Aufwand an Daten zu erledigen ist.

Zu beachten ist jedoch, daß Skriptsprachen im Gegensatz zu Java an einen speziellen Web-Browser als Host-Applikation gebunden sind und daher keine Plattformunabhängigkeit gewährleisten. Im abgeschlossenen Intranet, in dem man selbst bestimmen kann, welche Browser zum Einsatz kommen, ist das kein Problem. Im öffentlichen Internet kann man sich allerdings nicht darauf verlassen, daß alle Anwender die Skripte tatsächlich nutzen können.

1.3.1 JavaScript

Momentan sieht es so aus, als hätte JavaScript gegenüber anderen Skriptsprachen die Nase vorn. Viele Firmen und Universitäten setzen es in ihren Webseiten bereits ein. Da der Netscape Navigator weit verbreitet ist, vertraut man darauf, daß die Internet-Gemeinde die bereitgestellten Seiten ohne Schwierigkeiten nutzen kann. Man bittet meistens nur darum, bei Bedarf die aktuelle Netscape Version herunterzuladen, falls Schwierigkeiten mit dem Inhalt des Dokuments entstehen.

Was Java besser kann

JavaScript ist eine recht einfache Programmiersprache, die gegenüber Java einige Nachteile besitzt:

- JavaScript ist eine Interpreter-Sprache.
- Es gibt kein Strong Typing und auch keine Typüberprüfung.
- Das objektorientierte Modell wird nur teilweise implementiert. Die objektorientierten Sprachkonstrukte sind nicht so übersichtlich wie in Java. Es gibt keine Klassen, nur so etwas wie Objekttypen. Auch eine Spezialisierung von Objekten (Vererbung) findet nicht statt.
- Die eingebaute Objektbibliothek ist weniger umfassend als die Fähigkeiten von Java.

Ein Nachteil von JavaScript besteht darin, daß die Sprache nicht genormt ist. Netscape hat beim Wechsel vom Release 2.0 auf 3.0 sowohl Erweiterungen als auch Änderungen an der Sprachdefinition vorgenommen. Als Resultat ergibt sich ein gewisser Update-Zwang für den Anwender und den Web-Designer. Um mit JavaScript problemlos arbeiten zu können, benötigt man stets die aktuelle Programmversion des Browsers. Sonst kann es passieren, daß manche Webseiten nicht korrekt arbeiten. Hier stellt sich allerdings auch die Frage, welche Systemanforderungen man als Web-Designer an die potentiellen Leser der Web-Dokumente stellen will.

Ein Referenzhandbuch für JavaScript finden Sie auf dem Web-Server von Netscape, momentan unter der URL:

```
http://home.netscape.com/eng/mozilla/3.0/handbook/javascript/index.html
```

Microsofts Informationen zu JScript gibt es hier:

```
http://www.microsoft.com/jscript
```

Inzwischen sind auch mehrere Bücher zum Thema erschienen, zum Beispiel:

R. Wagner et. al.: JavaScript Unleashed, Sams.net Publishing, 1996

JavaScript im Beispiel

Eine typische Anwendung von JavaScript ist das Anklinken von kleinen Programmteilen an Elemente in HTML-Formularen. Abbildung 1.12 zeigt eine Anwendung, in der die Summe der Werte aus zwei Eingabefeldern ermittelt wird. Wenn der Anwender den Button anklickt, dann erscheint das Resultat im Ergebnisfeld. Um beispielhaft darzustellen, wie man mit JavaScript die Validierung einer Benutzereingabe löst, erlaubt die Applikation nur positive Summanden.

Die Aufgabe in Abbildung 1.12 wird zunächst über ein Formular (<FORM>-Tag in HTML) gelöst. Mit HTML erzeugt man also die Benutzeroberfläche der Applikation in der <BODY>-Sektion der Seite. Beispiel 1.2 enthält den Quelltext des HTML-Dokuments.

JavaScript arbeitet auf der Basis von Ereignissen und Funktionen, die anschließend solche Ereignisse verarbeiten, sogenannte Event-Handler. Ein typischer Event für ein Textfeld ist ONCHANGE. Dieses Ereignis tritt ein, wenn sich durch eine Benutzereingabe der Inhalt des Textfeldes geändert hat. Man baut den Aufruf des Event-Handlers in das HTML-Formular ein, und zwar genau dort, wo man das Eingabefeld deklariert (siehe Beispiel 1.2). Zusammen mit dem Event nennt man die JavaScript-Funktion, die ausgeführt werden soll, wenn das Ereignis eintritt. Im Beispiel-

31

Programm ist das die Routine validate. Es ist auch möglich, Parameter an die Funktion zu übergeben. Der Aktual-Parameter this enthält hier das Textfeld, in dem der Event aufgetreten ist.

Abbildung 1.12:
JavaScript-Beispiel

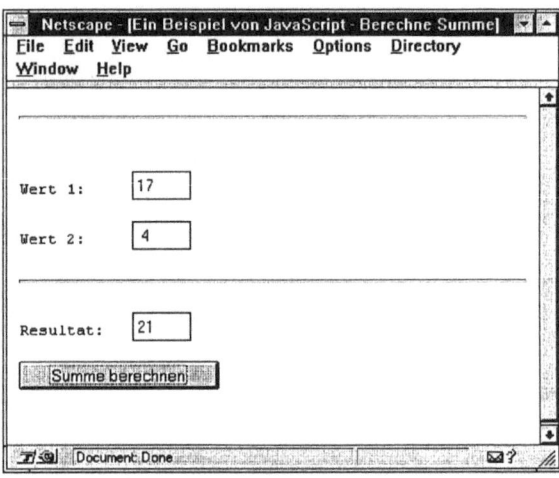

JavaScript-Funktionen erscheinen in HTML in der Anweisungsklammer:

```
<SCRIPT LANGUAGE="JavaScript">
</SCRIPT>
```

Funktionen, die man in einem Formular benötigt, integriert man am besten in die <HEAD>-Sektion des HTML-Dokuments, damit der Web-Browser sie gleich zu Anfang lädt.

Wie Sie sehen werden, ist die Syntax von JavaScript den Programmiersprachen C oder Java sehr ähnlich. Die Funktion validate prüft, ob die Inhalte der Eingabefelder korrekt sind. Die Untersuchung, ob ein Feld tatsächlich einen numerischen Wert enthält, ist in JavaScript etwas länglich, da die Bibliothek hier keine geeignete Routine zur Verfügung stellt. Dieses Programmstück fehlt noch im Beispielskript.

Viele Benutzeroberflächenelemente besitzen die Properties value und name. Value enthält den Inhalt des Benutzeroberflächenelements, und name faßt die Bezeichnung des Objekts. Durch den Punkt-Operator (.) kann man auf die Eigenschaften eines Objekts zugreifen, etwa:

```
inputField.value
inputField.name
```

Beispiel 1.2:
HTML-Dokument
zu Abbildung 1.12

```html
<HTML>
<HEAD> <TITLE>
Ein Beispiel von JavaScript - Berechne Summe
</TITLE>
<SCRIPT  LANGUAGE="JavaScript">

function validate (inputField) {
   // Hier die komplette Eingabepruefung einbauen
   // noch nicht vollstaendig implementiert

   if (inputField.value  <  0) {
     alert (inputField.name +
          ": Bitte eine Zahl > 0 eingeben");
   }
}

function summe (aForm) {
   var    summand1, summand2, resultat;

   // Wert von Textfeld summand1
   summand1 =parseFloat ( aForm.summand1.value);

   // Wert von Textfeld summand2
   summand2 = parseFloat (aForm.summand2.value);
   resultat = summand1 + summand2;
   aForm.resultat.value = resultat;          // Resultat setzen
}

</SCRIPT> </HEAD>

<BODY>
<HR> <PRE>
<FORM>
Wert 1:      <INPUT   TYPE="text"   NAME="summand1"   SIZE=5
     VALUE = 0   ONCHANGE="validate (this)">
<P>
Wert 2:      <INPUT   TYPE="text"   NAME="summand2"   SIZE=5
     VALUE=0    ONCHANGE="validate (this)">
<P>
<HR>
Resultat:    <INPUT  TYPE="text"    NAME="resultat"  SIZE=5>
<P>
<INPUT   TYPE="button"   NAME="pb"   VALUE="Summe berechnen"
   ONCLICK="summe (this.form)">
</FORM> </PRE>
</BODY>
</HTML>
```

Die `validate`-Funktion macht hier also nichts anderes, als den Inhalt des Textfeldes auf „kleiner Null" zu testen. Falls die Methode eine negative Zahl erwischt, gibt sie über die `alert`-Routine von JavaScript eine Fehlermeldung in einem Dialog-Fenster (Message-Box) aus.

Die Funktion `summe` tritt in Aktion, wenn der Benutzer den Button geklickt hat.

Mit der var-Anweisung vereinbart man lokale Variable (die Angabe eines Datentyps entfällt):

```
var    summand1, summand2, resultat;
```

Mit der Standardroutine `parseFloat` verwandelt man beide Summanden von einem String in eine Zahl. Wenn man das unterläßt, führt der Operator + zu einer Konkatenation von Strings und nicht zu einer Summation numerischer Werte. Anschließend wird die Addition durchgeführt und das Ergebnis in das Resultatsfeld eingeblendet. Denn ähnlich wie man Properties liest, kann man sie auch setzen und damit den Inhalt von Objekten ändern.

1.3.2 VBScript

Microsofts Konzept zielt klar auf eine Unterstützung der eigenen Technologien und Betriebssystemplattformen. Damit verbunden ist sicher auch der Wunsch, den Markt der Web-Browser und der Skriptsprachen für sich einzunehmen.

Einsatzgebiete von VBSkript

VBScript ist ein vereinfachtes Visual Basic, das auf Internet-Anforderungen zugeschnitten wurde. Ein Hauptanwendungsfeld dieser Sprache dürfte in geschlossenen Intranets liegen, in denen durchgängig der Internet Explorer von Microsoft als Web-Browser eingesetzt wird. Neben den Möglichkeiten, die JavaScript bietet, kann man mit VBScript Microsoft-Technologien wie OLE, OCX oder ActiveX in HTML-Seiten integrieren und diese Objekte so wie auch Java-Applets miteinander vernetzen.

VBScript wurde gegenüber Visual Basic um einige Methoden erleichtert, die potentielle Sicherheitsrisiken darstellen. Zum Beispiel ist es nicht möglich, auf lokale Dateien oder Datenbanken zuzugreifen. Die Sprache soll so robust sein, daß Abstürze nicht vorkommen. Sollte ein Skript nicht mehr reagieren oder in einen unendlichen Loop laufen, dann bemerkt der Internet Explorer dies, stoppt die Funktion und gibt eine Meldung aus. Insofern sind die Sicherheitsrestriktionen von VBScript vergleichbar mit JavaScript.

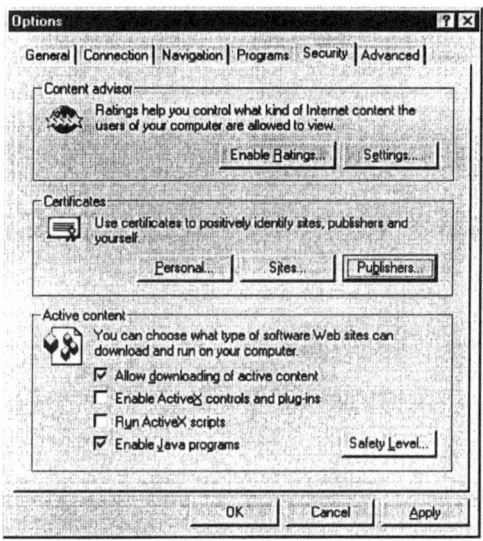

Abbildung 1.13: Sicherheitseinstellungen im Microsoft Internet Explorer

Sicherheitskonzept

Es gibt jedoch einen markanten und wesentlichen Unterschied in der Sicherheitsphilosophie beider Implementierungen. Die schon erwähnten OLE-, OCX-, oder ActiveX-Objekte, die sich entweder bereits lokal auf dem Client-Rechner befinden oder über das Internet geladen werden, haben auf dem Client-Rechner alle Rechte. Das heißt, sie könnten alles tun, vom Lesen und Schreiben von Dateien bis hin zum Löschen von Informationen oder gar dem Formatieren der Festplatte. VBScript ist nicht in der Lage, die Aktionen dieser Objekte zu kontrollieren. Allergrößte Vorsicht ist also geboten, wenn man diese Techniken im weltweiten Internet einsetzt. Microsoft propagiert verschiedene Konzepte, um die Integrität des Client-Rechners dennoch zu schützen.

Wie die Abbildungen 1.13 und 1.14 darstellen, kann man im Internet Explorer wählen, welche Typen von aktiven Inhalten der Web-Browser über das Internet herunterladen und ausführen darf. Außerdem gibt es die Möglichkeit, sogenannte Safety Levels zu setzen (Abbildung 1.14). Bei der Einstellung High fragt der Web-Browser stets den Benutzer, ob er ein Programmodul ausführen darf. Bei None erfolgen keine Prüfungen und Hinweise.

Der Web-Browser führt alle Programmstarts in den HTML-Seiten ohne weiteres aus. Diese Einstellung sollte man also nur in geschlossenen Umgebungen (Intranets) wählen, in denen alle Dokumente einer zentralen Sicherheitsüberwachung unterliegen.

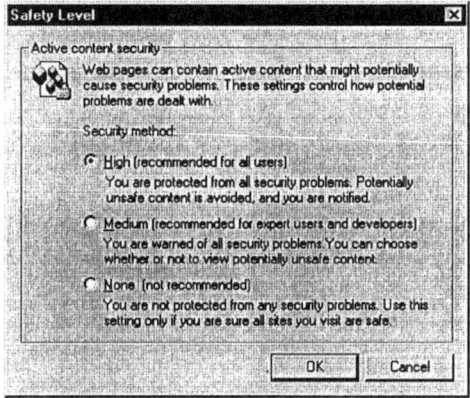

Abbildung 1.14: „Safety Levels" im Microsoft Internet Explorer

Zertifikate für Java-Applets

Das Microsoft Internet Security Framework sieht zusätzlich die Vergabe von digitalen Zertifikaten vor (sogenannte Authenticode Technology). Die Zertifikate gelten als elektronische Unterschrift. Sie stellen sicher, daß ein Objekt, zum Beispiel ein ActiveX-Control, tatsächlich vom angegebenen Hersteller stammt und seit der Veröffentlichung nicht mehr angefaßt wurde. Der Web-Surfer kann von Fall zu Fall entscheiden, ob er einem Web-Host vertraut oder nicht. Er kann das Herunterladen und Ausführen also zulassen oder möglicherweise ablehnen.

Was das weltweite und offene Internet angeht, ziehe ich persönlich das restriktive Sicherheitskonzept (Sandbox-Model) von JavaScript und Java gegenüber dem vertrauensorientierten Ansatz von Microsoft vor.

Microsofts Dokumentation über VBScript mit Referenz-Handbuch und Tutorial finden Sie hier:

http://www.microsoft.com/vbscript

Auch zu VBScript gibt es inzwischen verschiedene Publikationen, zum Beispiel:

Keith Brophy, Tim Koets: Visual Basic Script in 21 Tagen, Sams.net Publishing, 1997

Kommen wir jetzt zu einem konkreten Beispiel. Ich habe mit VBScript die gleiche Anwendung realisiert wie mit JavaScript (siehe Abbildung 1.12 und Beispiel 1.2 in Abschnitt 1.3.1). Beispiel 1.3 enthält den Quelltext zu Abbildung 1.15. Genau wie bei JavaScript erstellt man die Benutzeroberfläche der Applikation in HTML (<Form>-Tag). VBScript verwendet hier ebenfalls die gleichen Bezeichnungen für die Events, nämlich ONCHANGE und ONCLICK. Da der Internet Explorer mehrere Skriptsprachen versteht, muß man hier angeben, welche man verwenden will.

Eine weitere Analogie zu JavaScript besteht in der Einbettung der Formularfunktionen in die <HEAD>-Sektion des HTML-Dokuments. Auch die Klammerung für den Programmcode ist ähnlich:

```
<SCRIPT LANGUAGE="VBScript">
</SCRIPT>
```

Abbildung 1.15:
VBScript-Beispiel

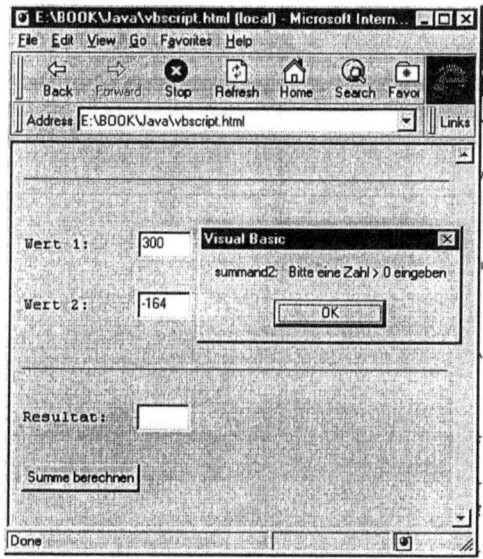

In VBScript leitet man Programmroutinen nicht mit der Bezeichnung function ein, sondern man verwendet im allgemeinen Sub für Subroutine. Der Ablauf der Funktionen entspricht dem JavaScript-Programm. Allerdings steht in VBScript mit isNumeric eine einfache Routine zum Test auf numerische Inhalte zur Verfügung. Diese habe ich hier verwendet.

Der Zugriff auf Elementeigenschaften erfolgt über den Punkt-Operator (.). Auch hier heißt der Inhalt eines Benutzeroberflächenelements value und der Name name.

Ein Meldungsfenster kann man mit der Funktion msgBox öffnen.

Beispiel 1.3:
HTML-Dokument zu
Abbildung 1.15

```html
<HTML>
<HEAD> <TITLE>
Ein Beispiel in  VBScript - Berechne Summe
</TITLE>
<SCRIPT  LANGUAGE="VBScript">

Sub validate (inputField)
   if isNumeric (inputField.value) then
      if (inputField.value < 0 )  then
         msgbox (inputField.name +
            ": Bitte eine Zahl > 0 eingeben")
      end if
   else
      msgbox (inputField.name + ": Dies ist keine Zahl")
   end if
end Sub

Sub summe   ()
   Dim   summand1, summand2, resultat
   rem        Werte der Textfelder:
   summand1 = csng (Document.SumForm.summand1.value)
   summand2 = csng (Document.SumForm.summand2.value)

   resultat = summand1 + summand2
   Document.SumForm.resultat.value = resultat
end Sub

</SCRIPT></HEAD>

<BODY>
<HR> <PRE>
<FORM  NAME="SumForm">
Wert 1: <INPUT TYPE="text"  NAME="summand1"  SIZE=5  VALUE=0
   ONCHANGE="validate (Document.SumForm.summand1)"
   LANGUAGE="VBScript">
<P>
Wert 2: <INPUT TYPE="text"  NAME="summand2"  SIZE=5  VALUE=0
   ONCHANGE="validate (Document.SumForm.summand2)"
   LANGUAGE="VBScript">
<P> <HR>
Resultat:   <INPUT TYPE="text"   NAME="resultat"  SIZE=5>
<P>
<INPUT  TYPE="button"  NAME="pb"  VALUE="Summe berechnen"
   ONCLICK="summe ()"   LANGUAGE="VBScript">
</FORM>
</PRE>
</BODY>
</HTML>
```

Wie Sie in der Routine summe sehen, deklariert man Variable in VBScript mit der Anweisung Dim:

```
Dim  summand1, summand2, resultat
```

VBScript kennt genau wie JavaScript kein Strong Typing. Daher erklärt man bei der Variablendeklaration keinen Datentyp.

Mit dem Schlüsselwort rem leiten Sie einen Kommentar ein. Die Funktion csng wandelt einen String in eine Gleitkommazahl (single precision) um.

2 Erfolgreicher Business-Einsatz von Java – Eine Beispielsammlung

Im vorhergehenden Kapitel „Internet-Technologie im Unternehmen" wurde Java einführend vorgestellt, und es wurde erläutert, welchen Platz Java im Kreis der anderen Internet-Technologien einnimmt. Dieses Kapitel beschreibt anhand einiger erfolgreicher Firmen, wie man Java wirtschaftlich und gewinnbringend einsetzen kann. Wie Sie bereits wissen, liegt der wesentliche Vorteil von Java in der integrierten Netzschnittstelle, so daß sich diese Sprache für die Realisierung von Client/Server-Applikationen im Internet oder Intranet anbietet. Echte Anwendungsprogramme in einen Web-Browser einzubetten, ist tatsächlich eine fundamentale Neuerung. Durch die Plattformunabhängigkeit von Java spielt es keine Rolle, unter welchem Betriebssystem der Web-Browser läuft und von welchem Hersteller er stammt, solange er Java unterstützt – und das tun fast alle modernen grafikfähigen Web-Werkzeuge.

Java, der Internet-Dialekt

Wer gegenwärtig in Java professionelle Projekte durchführt, erstellt in der Regel Java-Applets für den Einsatz im Internet oder im firmeneigenen Intranet. Wegen Javas Fähigkeit, multimediale Animationen auf einfache Weise in eine Webseite einzubetten, dienen viele Java-Applets auch als Marketinginstrument. Bei der Entwicklung von eigenständigen Anwendungen muß sich Java jedoch gegen eine größere Konkurrenz von bereits bekannten Sprachen behaupten, zum Beispiel gegenüber C++, Visual Basic oder Delphi. Nur wenige Firmen produzieren heute Stand-Alone-Applikationen in Java. Oft handelt es sich hier um experimentelle Projekte, die die Möglichkeiten und Grenzen der Technologie ausloten sollen. Überwiegend stehen aber auch hier die Internet-Fähigkeiten von Java eindeutig im Vordergrund.

Dieses Kapitel konzentriert sich auf das Thema Java-Applets und Internet-Anwendungen. In den folgenden Abschnitten sehen Sie eine Sammlung von ausgezeichneten Java-Applets und Java-Systemen mit der Beschreibung ihrer Einsatzgebiete. Java-Applets haben ein sehr breites Einsatzspektrum, das neben der Abwicklung von Geschäftsprozessen auch eine vielfältige Verwendung im Forschungsbereich zuläßt. Daher gibt es an vielen Universitäten Entwickler-Teams, die Java-Applets erstellt haben. In der Regel dienen diese Programme zur wissenschaftlichen Informationsgewinnung und -vermittlung. Einige Beispiele dafür habe ich in Abschnitt 2.3 „Forschung und Entwicklung" aufgelistet.

Übersicht Kapitel 2

Die nachfolgenden Abschnitte repräsentieren die verschiedenen Aufgabenfelder eines Unternehmens, in denen der Einsatz von Java-Softwaresystemen sinnvoll möglich ist. Diese Einteilung orientiert sich an den in Abbildung 2.1 dargestellten Organisationseinheiten.

Abbildung 2.1:
Unternehmen nutzen das Internet

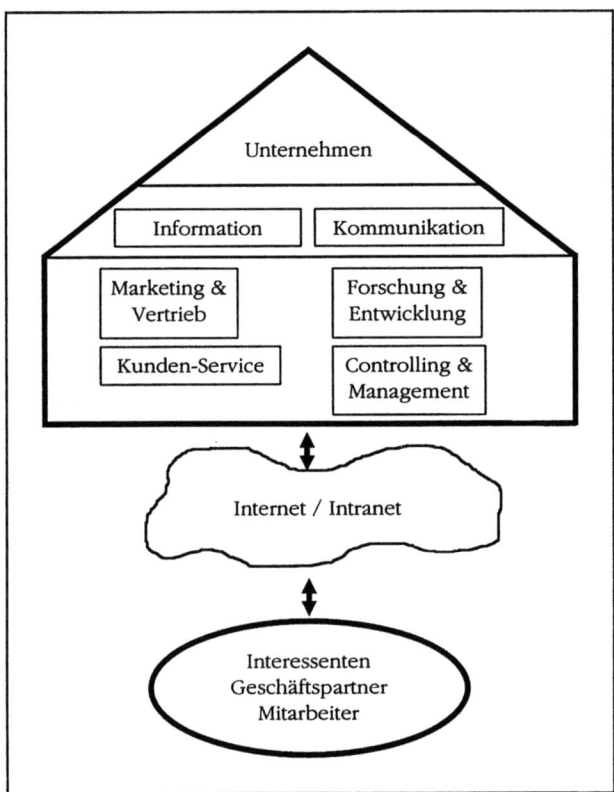

Der erste Abschnitt „Java für Marketing und Vertrieb" handelt von einem wichtigen Einsatzbereich für Java-Applets. Daher ist dieser Punkt auch besonders umfangreich ausgefallen. Am Beginn der Kommerzialisierung des Internet stand der Einsatz des

Übersicht

World Wide Web als Werbe- und Marketinginstrument. Viele Unternehmen nutzen auch heute noch das WWW ausschließlich für diesen Zweck. Auch bei der Angebotserstellung im Verkauf wird Java eingesetzt.

Abschnitt 2.2 „Kundenorientierte Informationsverarbeitung" stellt Applets vor, die mit Kunden über das Internet in Kontakt treten. Die genannten Anwendungen dienen einerseits der Information von Geschäftspartnern, zum anderen enthalten sie oft kommunikative Komponenten. Wenn es sich um größere Applikationen handelt, sind hier nicht nur reine Java-Applets im Einsatz, sondern ganze Client/Server-Lösungen. Als herausragendes Anwendungsbeispiel stellt Abschnitt 2.2 das Internet-Banking vor.

Abschnitt 2.3 „Forschung und Entwicklung" konzentriert sich auf wissenschaftliche Applets. Neben dem Einsatz in Universitäten bestehen hier natürlich auch Anwendungsmöglichkeiten in Forschungslabors von Unternehmen und Instituten.

Abschnitt 2.4 „Controlling und Management" beschreibt vor allem Informations- und Analysesysteme, die im Hintergrund eine Datenbasis abfragen, die Daten entsprechend den Vorgaben verdichten und anschließend darstellen.

Informationsbeschaffung und Kommunikation sind grundlegende Tätigkeiten, bei denen Mitarbeiter eines Unternehmens heute häufig auch das Internet nutzen. Diese Aufgaben finden sich in allen Abteilungen eines Unternehmens. Abschnitt 2.5 enthält alle universell einsetzbaren Programmsysteme, deren Hauptfunktion in diesem Anwendungsfeld liegt. Außerdem erläutert dieser Abschnitt den möglichen Einsatz von Java zur Vermittlung von Lehrinhalten in der Weiterbildung (Teleteaching).

Applet-Kataloge und Rating Services

Java-Applets werden vielfach über das Internet vermarktet. Dabei gibt es verschiedene kommerzielle Produkte sowie eine große Anzahl an preisgünstigen Klassenbibliotheken und Anwendungen als Freeware oder Shareware. Den größte Applet-Katalog im Web bildet das Gamelan-Verzeichnis (http://www.gamelan.com/, siehe auch Abbildung 2.2).

Abbildung 2.2:
Applet-Katalog bei Gamelan

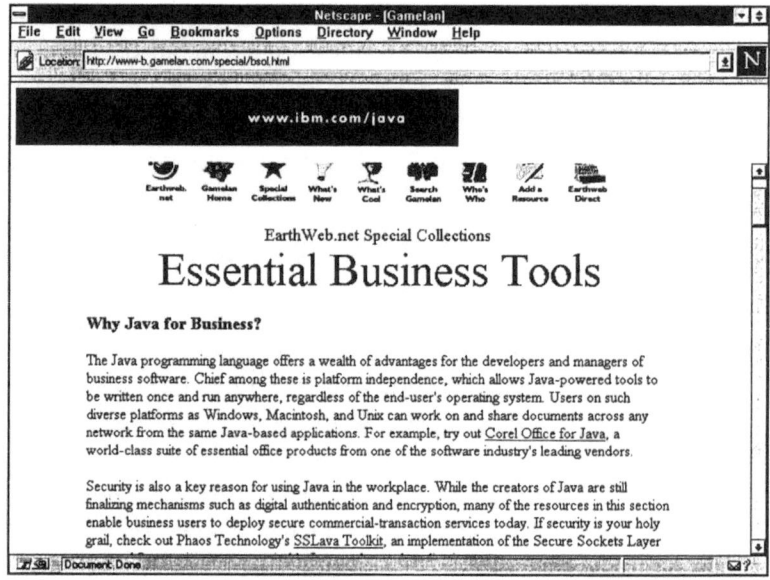

Eine Jury von anerkannten Java-Fachleuten beurteilt die beim Applet-Rating-Service JARS (http://www.jars.com/, siehe Abbildung 2.3) eingereichten Applikationen. Prämierte Java-Applets dürfen sich mit einem Apfel-Symbol schmücken.

Abbildung 2.3:
JARS beurteilt eingereichte Java-Applets

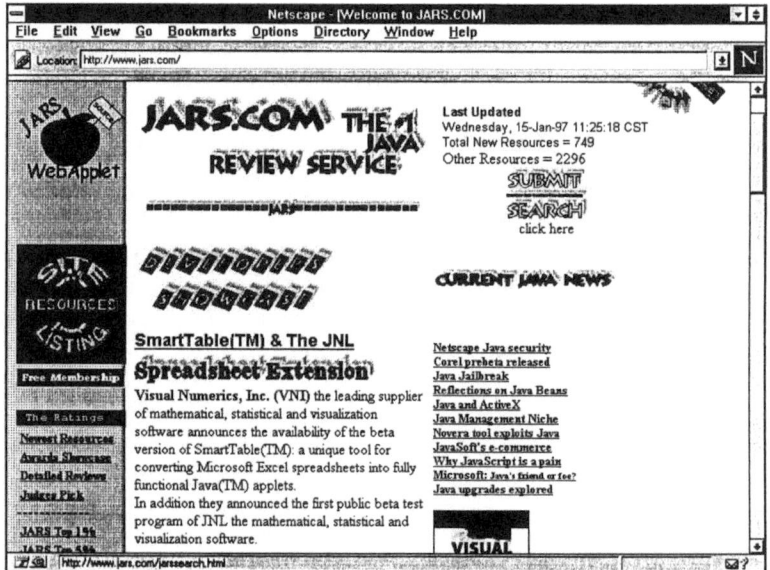

Auch Java-Konferenzen, Computermagazine und Anwendervereinigungen vergeben von Zeit zu Zeit Auszeichnungen, die dann als kleine Bildsymbole auf den Webseiten der Applet-Hersteller erscheinen. Im WWW gibt es noch weitere Auszeichnungsinstanzen. JARS ist aber die bekannteste Gruppierung und bietet seit den Anfängen von Java konstant ihren Service an. Auf diesem Server finden Sie außerdem Links zu den neuesten Nachrichten zum Thema Java.

2.1 Marketing und Vertrieb

Der Hauptaufgabenbereich vieler Java-Applets liegt in der dynamischen Gestaltung von Webseiten. Da sich Java für Anwendungen aus diesem Bereich besonders eignet, finden sich hier bereits verschiedene nützliche Multimedia-Applets. Im Gegensatz zur statischen Darstellung via HTML können Applets auf Benutzereingaben via Maus oder Tastatur reagieren und so die Bilddarstellung den Anwenderanforderungen anpassen. Mit dem gleichen Verfahren ist es auch möglich, Benutzereingaben zu interpretieren und die Darstellung von Informationen im Web-Browser entsprechend anzupassen, zum Beispiel bei dynamischen Werbeanzeigen, die entsprechend dem Verhalten des jeweiligen Web-Surfers geschaltet werden. Wie man Multimedia-Applets in Java programmiert, beschreibt ausführlich Kapitel 6 „Java für Fortgeschrittene".

Einige einfache Applets erzeugen schlicht audio-visuelle Effekte. Sie lassen sich gut als Werbemittel einsetzen. Zu einer anderen Kategorie gehören die Applets, die auf Wunsch des Benutzers grafische Karten verschiedenster Art anzeigen und Benutzereingaben dynamisch verarbeiten. Dazu finden Sie in diesem Abschnitt verschiedene Beispiele, wie Stadtpläne, U-Bahn-Pläne und Wetterkarten. Ein anderes Produkt kann Videodateien im Internet abspielen. Eine Freeware-Entwicklung bei Kodak gestattet das Einbetten von Photo-CD-Bildern in ein HTML-Dokument. Die beiden letztgenannten Applets lassen sich gut in einer Produktpräsentation innerhalb des WWW einsetzen. Die Firma Eastland Data Systems bietet Applets an, die direkt Verkaufsvorgänge abwickeln.

PowerApplets von Macromedia

Beginnen möchte ich mit einem einfachen Beispiel, den Power-Applets der Firma Macromedia (http://www.macromedia.com/). Dabei handelt es sich um eine Sammlung von Multimedia-Applets, die die Firma Macromedia auf ihrem Web-Server kostenfrei zum

Herunterladen zur Verfügung stellt. Mit diesen Applikationen kann man unterschiedliche grafische Darstellungen und Effekte auf eine Webseite bringen:

- Das Banner-Applet erzeugt ein laufendes Textband.
- Mit Bullets lassen sich eindrucksvolle Trennlinien und Markierungen in einem HTML-Dokument erstellen.
- Das Chart-Applet liest numerische Daten aus einer vorher festgelegten Datei auf dem Web-Server und stellt sie anschließend als Balkendiagramm dar. Nur die Werte werden über das Internet übertragen. Ein Transfer von umfangreichen Bilddaten, wie es bei der herkömmlichen Technik via HTML und CGI notwendig ist, entfällt hier. Das Java-Applet übernimmt die grafische Aufbereitung der Daten vollständig selbst.
- Mit dem ImageMap-Applet erzeugt man eine Grafik, die auf die Mauseingaben des Benutzers (Mausbewegungen und Mausklick) reagieren kann. Dies ist eine erst durch Java mögliche Erweiterung des aus HTML bekannten Image-Tags. Diese Verarbeitung findet ebenfalls komplett auf dem Client-Rechner statt. Nur wenn eine Benutzeraktion die Anzeige einer anderen Webseite erforderlich macht, erfolgt eine Datenübertragung zum Web-Server.

Das Chart-Applet ist eine einfache Version der Datenanalyse-Systeme, die im Abschnitt 2.4 „Controlling und Management" vorgestellt werden. Auch das ImageMap-Applet (siehe Abbildung 2.4) läßt sich in anderen Geschäftsfeldern zur Gestaltung von visuell-dynamische Präsentationen einsetzen. Durch Java kann man auf Benutzereingaben je nach Situation reagieren. Das Applet kann Grafiken variieren und austauschen, die Struktur der Selektionsbereiche ändern sowie die Ergebnisanzeige umformen, zum Beispiel durch das Darstellen eines anderen HTML-Dokuments im Web-Browser. Die Applets von Macromedia kann man von außen über vorgefertigte Parameter im HTML-Dokument konfigurieren. Diese Technik erläutert ausführlich Abschnitt 5.2 „Einbindung von Java-Applets in HTML-Seiten". Außerdem stellt die Firma Macromedia das Programm AppletAce zur Verfügung, das einem Entwickler das Anpassen der Applets an die eigenen Anforderungen erleichtert. Eine weitere Eingriffsmöglichkeit besteht hier nicht, da Macromedia den Java-Quelltext nicht veröffentlicht hat, sondern die Applets nur als fertige Class-Files zur Verfügung stellt.

Wenn Sie selbst in Java entwickeln wollen, lassen sich natürlich alle Möglichkeiten dieses Internet-Dialekts nutzen. Wie Sie eine Image-Map selbst mit Java programmieren können, erfahren Sie in Kapitel 6.2 „Grafik und Bilder".

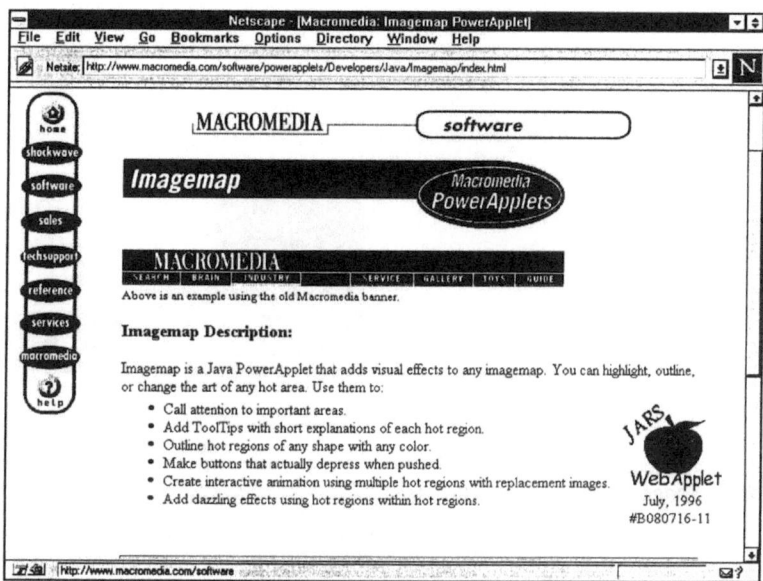

Abbildung: 2.4: ImageMap-Applet der Firma Macromedia

Abspielen von Videos mit Java

Die Firma HAMCO software vertreibt ein System, mit dem Web-Designer Echtzeit-Video in Webseiten einbetten können. Was bisher meist über Web-Browser-Plugins gelöst wurde, geht nun auch mit Java. Entwickler des Javid-Applets (siehe Abbildung 2.5) ist Steven Hugg. Vorliegende Filme in Standard-Video-Formaten wie AVI, MPEG oder Quicktime müssen vor dem Abspielen in das JAVID-Format umgewandelt werden. Die JAVID-Videos sind klein und brauchen entsprechend nur relativ kurze Ladezeiten. Es ist auch möglich, vertonte Filme abzuspielen. Da Java noch keine Komprimierungsverfahren für Sound-Files anbietet, sind die Ladezeiten hier allerdings erheblich länger. Dennoch ist die Wartezeit immer noch kürzer als bei vertonten Quicktime- oder AVI-Videos.

Abbildung 2.5:
Abspielen von Videos mit dem JAVID-Applet

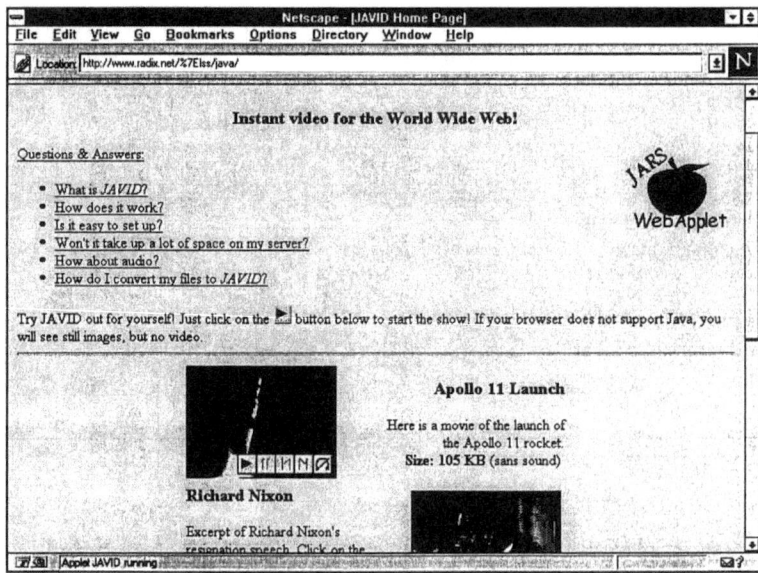

Interaktive geographische Karten

Die grafischen und interaktiven Fähigkeiten von Java nutzen auch die drei folgenden Anwendungsbeispiele. Sie alle basieren auf der Darstellung von geographischen Plänen und Karten, die sich je nach Anforderung des Anwenders dynamisch verändern.

Abbildung 2.6:
Das Interactive New York Subway Applet

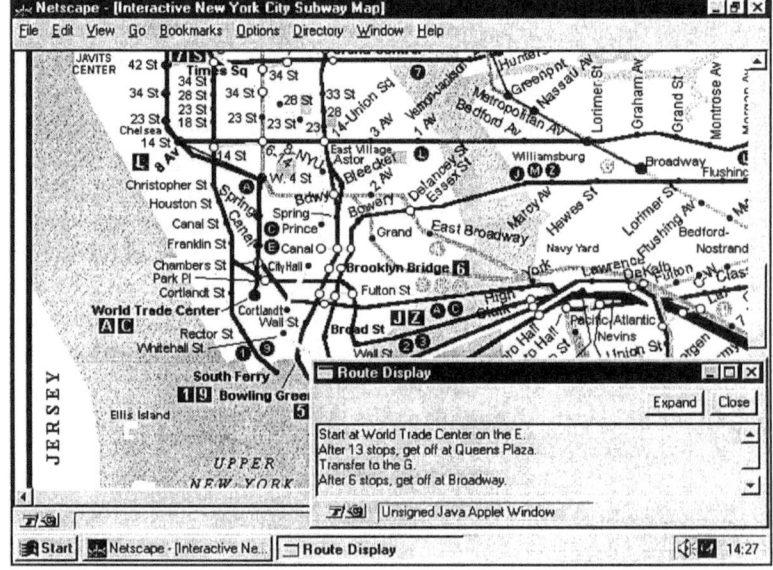

Greg Brail hat zusammen mit Michael Adler ein Applet geschrieben, das den U-Bahn-Plan von New York oder Manhattan darstellt (siehe Abbildung 2.6). Das Programm ermittelt den kürzesten Weg zwischen zwei U-Bahn-Stationen, die der Benutzer vorher durch Mausklick ausgewählt hat. Das Applet zeigt das Ergebnis der Berechnungen in einem eigenen Fenster an und markiert den schnellsten Weg mit roten Punkten in der Karte. Der Source-Code läßt sich so umformen, daß auch andere Netzpläne verwendet werden können. Dieses Applet ist heute noch eine reine Demonstration der technischen Möglichkeiten von Java. Bisher wird es noch nicht real eingesetzt. Sie finden diese Anwendung unter http://www.transarc.com/brail/transit/.

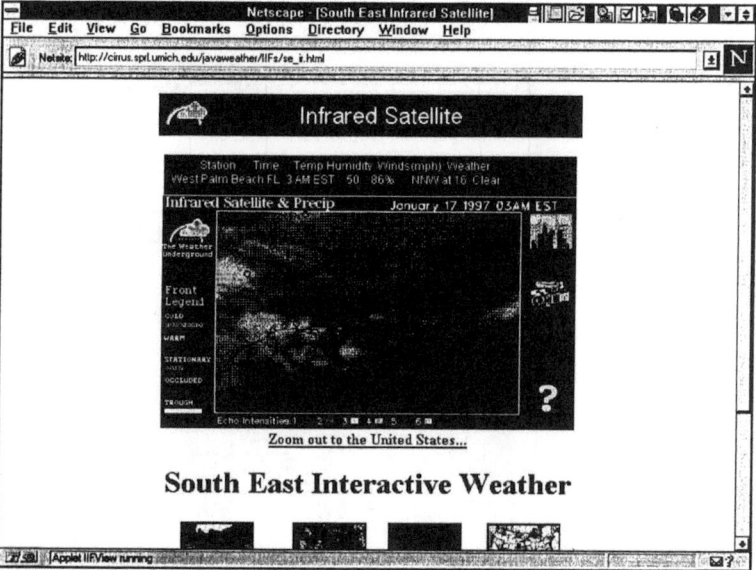

Abbildung 2.7: Java-Wetterkarten von der University of Michigan

Das System Blue Skies ist eine Entwicklung von drei Forschern an der University of Michigan, an der man schon über langjährige Erfahrung auf dem Gebiet der Publikation von US-Wetterdaten im Internet verfügt. Der kommerzielle Web-Server des Weather Underground firmiert unter http://www.wunderground.com/. Alan Steremberg und Christopher Schwerzler haben jetzt die grafische und interaktive Java-Version entwickelt, die im WWW derzeit noch auf dem Server der Universität abgelegt ist:

http://cirrus.sprl.umich.edu/javaweather/.

Die Java-Anwendung ist für die Allgemeinheit und für Wetterforscher gleichermaßen nützlich.

Das „Blue Skies"-Applet besitzt die Fähigkeit, Wetterkarten verschiedenen Typs abzurufen, wie Anzeigen der Temperatur- und Windverhältnisse, der gefallenen Niederschläge sowie die Darstellung von Satelliten- und Wetterradarbildern (siehe Abbildung 2.7). Durch den eingebauten Zoom kann man die Kartenansicht auf lokale Gebiete einschränken. Außerdem lassen sich per Mausklick die Werte für die eingezeichneten Städte abrufen. Intern verwendet das Programm ein spezielles Grafikformat, das Interactive Image Format (kurz IIF). Das Applet selbst ist eigentlich nur ein Viewer, der die Bilddaten dieses Formats anzeigt. Es läßt sich daher auch für grafische Visualisierungen aus anderen Gebieten einsetzen. Daran wird derzeit gearbeitet.

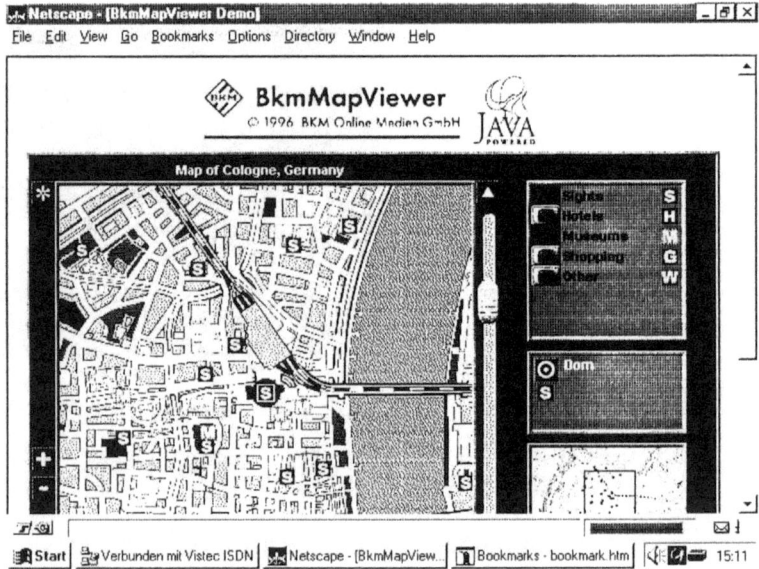

Abbildung 2.8:
Das BkmMapViewer-Applet

Das BkmMapViewer-Applet ist eine Entwicklung des deutschen Unternehmens BKM Online Medien GmbH in Sankt Augustin. Es dient ebenfalls zur visuellen Darstellung von 2D-Karten und kann auf unterschiedliche Aufgaben zugeschnitten werden. Es besteht intern aus 13 Java-Modulen mit insgesamt ca. 3500 Zeilen Quelltext. Die Stadt Köln setzt dieses Applet auf ihren Werbeseiten im Internet ein (http://www.koeln.org/mapview/). Das Programm zeigt hier den Stadtplan von Köln mit den verschie-

Marketing und Vertrieb

denen touristischen Sehenswürdigkeiten (siehe Abbildung 2.8). Man kann im Stadtplan blättern und unterschiedliche Hinweismarkierungen ein- und ausblenden.

Photo CD on the Web von Kodak

Mit der „Photo CD on the Web"-Technologie erweitert der Kamera-Produzent Kodak das Angebot an Standard-Grafikformaten im Web (http://www.kodak.com/digitalImaging/cyberScene/).

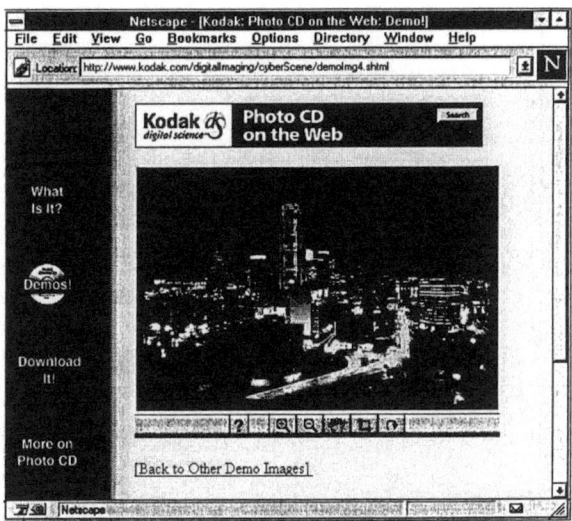

Abbildung 2.9:
Kodak Photo CD on the Web[1]

Fotos, die auf einer Kodak Photo-CD gespeichert sind, können Sie jetzt auch in ein HTML-Dokument aufnehmen. Einen interaktiven Charakter erhalten die Fotos durch ein Java-Applet, das Kodak kostenfrei zum Herunterladen bereithält. Der Web-Surfer kann die Bilder nach Wunsch vergrößern, Ausschnitte wählen und sogar die Bilder drehen.

Kommen wir jetzt zu zwei Applets der Firma Eastland Data Systems, die beide für den Direktvertrieb via Internet geeignet sind (http://www.eastland.com/java.html/).

Internet Shopping Applet

Das „Internet Shopping"-Applet kann von Versandhäusern und Distributoren eingesetzt werden, die ihre Produkte über das WWW verkaufen wollen. Das Programm läßt sich entsprechend den Anforderungen des Produktkatalogs und der Verkaufsinteressen konfigurieren. Der Internet-Kunde legt die gewünschten Waren über ein Drag- und Drop-Interface in einem virtuellen

---

[1] mit freundlicher Genehmigung der Eastman Kodak Company

Einkaufskorb ab. Ebenso kann er detaillierte Informationen zu den einzelnen Produkten abrufen. Das endgültige Auftragsformular ist an die Einkaufkorbübersicht gekoppelt. Es läßt sich ebenfalls an die Erfordernisse des Händlers anpassen.

Abbildung 2.10:
Internet Shopping Applet

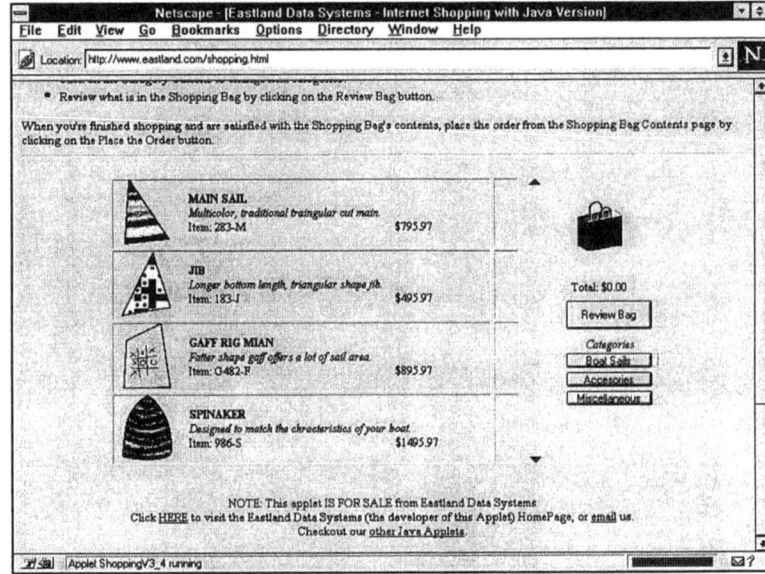

Das „Internet Shopping"-Applet hat bereits mehrere Auszeichnungen gewonnen. Allerdings verlangt es eine gute Internet-Verbindung, damit die Ladezeiten für das Applet in einem erträglichen Rahmen bleiben. Zwei amerikanische Direktvertriebsfirmen, Gourmet Direct (http://www.gourmet-direct.com/) und Virtual World Enterprises (http://www.vwenterprises.com/) setzen dieses Programm bereits im Internet-Verkauf ein.

Internet Travel Applet

Nach dem gleichen Prinzip wie das „Internet Shopping"-Applet arbeitet das „Internet Travel"-Applet, das allerdings für Reisebüros gedacht ist, die ihre Reisepakete über das WWW vertreiben wollen. Über eine geographische Karte wählt der Interessent Reiseziele aus, die anschließend näher beschrieben werden. Über das „Book Me"-Symbol gelangt man zum Bestellformular. In dieser Applikation kann der Kunde über verschiedene optische Hinweise weitere Informationen über das angebotene Produkt

Marketing und Vertrieb

abrufen und Kontakt mit der Agentur beziehungsweise direkt mit dem offerierten Objekt aufnehmen.

Abbildung 2.11:
Internet Travel Applet

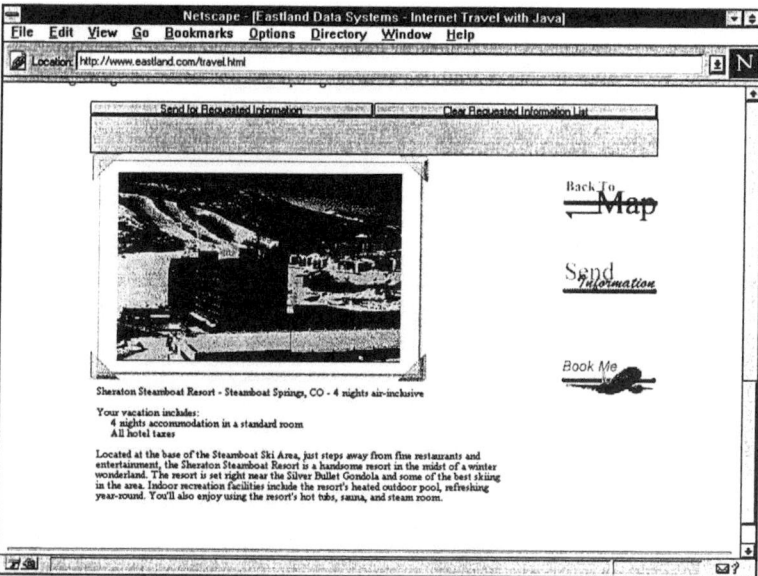

2.2 Kundenorientierte Informationsverarbeitung

Das Internet-Banking ist in Deutschland ein recht neuer und moderner Service innovativer Geldinstitute. Einige Organisationen setzen für den Kundenkontakt Java-Applets ein. Hier handelt es sich um ein Programmsystem, das sowohl Konto- und Depotinformationen bereitstellt als auch Kundenaufträge selbständig abwickelt, zum Beispiel das Buchen von Überweisungen. Als typischen Anwender möchte ich hier die Direktbank-Tochter der Deutschen Bank, die Bank 24 (http://www.bank24.de/) vorstellen. Die Deutsche Bank (http://www.deutsche-bank.de/) setzt seit kurzem ebenfalls ein Java-Applet im Online-Verkehr ein.

Internet-Banking

Über das Banking-Applet der Bank 24 (siehe Abbildung 2.12) kann man rund um die Uhr und von jedem Ort sein Konto führen und den Zahlungsverkehr erledigen. Ebenso ist der Überblick über die eigenen Wertpapierkonten und -depots möglich. Die Einführung von Online-Wertpapiertransaktionen ist als nächster Schritt geplant.

Abbildung 2.12:
Internet-Banking bei der Bank 24

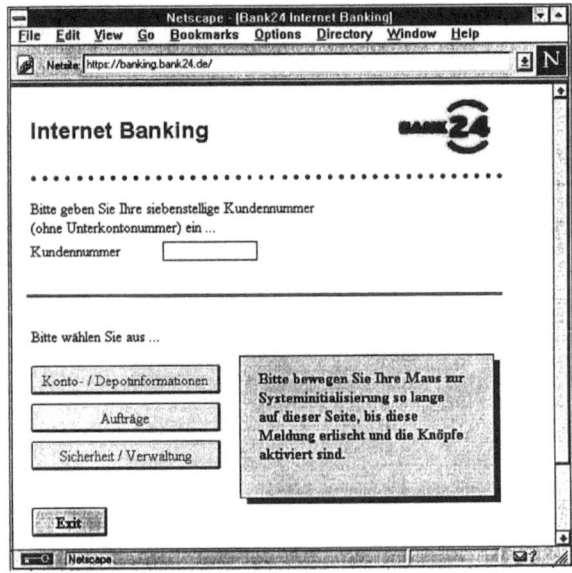

Das Applet läuft auf einem sicheren Web-Server. Bei der Kontaktaufnahme mit der Bank findet eine automatische Identifizierung statt. Sensible Kundendaten werden stets verschlüsselt übertragen. Neben den Kryptographieverfahren, die die Web-Browser zur Verfügung stellen, setzt das Geldinstitut aus Sicherheitsgründen weitere Verschlüsselungsmethoden ein. Außerdem werden vor und nach der Übertragung elektronische Fingerabdrücke erzeugt, die das System untereinander vergleicht, um Manipulationen auszuschließen. Der Kunde merkt von diesen Maßnahmen nur soviel, als daß sich die Wartezeiten für die Datenübertragung und -prüfung teilweise bemerkbar machen. Ein Kunde legitimiert sich zusätzlich über seine persönliche Identifikationsnummer (PIN) und eine einmalig verwendbare Transaktionsnummer (TAN). Diese Sicherheitstechniken sind bereits aus dem T-Online-Banking bekannt und haben sich dort bewährt.

Die hier dargestellte Internet-Software basiert auf einer Entwicklung der deutschen Firma Brokat (http://www.brokat.de/) in Böblingen. Sie ist Teil einer auf Java aufbauenden Internet-Banking-Lösung für Finanzdienstleister. Das System mit dem Namen „XPresso Security Package" wurde 1996 vom Wirtschaftsmagazin DM zum Produkt des Jahres gewählt. Zahlreiche europäische Institute setzen diese Software bereits ein. Neben der Bank 24 sind das heute u.a. die Direkt Anlage Bank (http://www.diraba.de/),

Kundenorientierte Informationsverarbeitung

der Discount-Broker Consors (http://www.consors.de/) und die britische Lloyds TSB.

Abbildung 2.13:
Brokat erstellt Java-Applets für europäische Geldinstitute

Hauptaugenmerk legt die Banking-Software von Brokat auf eine hochsichere Transaktionstechnologie, die die im Netscape Web-Browser eingebauten Sicherheitsmechanismen ergänzt. Anstatt mit PIN und TAN soll sich ein Bankkunde künftig auch über eine elektronische Unterschrift identifizieren können. Wenn die rechtlichen Fragen geklärt sind, wird dieses Verfahren voraussichtlich noch 1997 in Deutschland eingeführt.

Das Unternehmen Brokat ist Partnerfirma von Sun für eine neue, kommende Java-Klassenbibliothek, das Java Commerce Toolkit (siehe auch Kapitel 8 „Blick nach vorn"). Das Java Commerce Toolkit ist der zentrale Baustein des Java Electronic Commerce Framework, einer standardisierten Softwarearchitektur für die Entwicklung von Internet-gestützten Handels- und Zahlungsverkehrsanwendungen. Brokat wird Komponenten für das Java Wallet entwickeln, eine virtuelle Geldbörse, über die Privatpersonen elektronisch Bankgeschäfte und Bestellungen abwickeln können. Dabei konzentriert sich die Firma vorrangig auf Schnittstellen und Kryptographiemethoden für den europäischen Markt. Zu ihnen zählt auch die Online-Integration der chip-unterstützten ec-Karte.

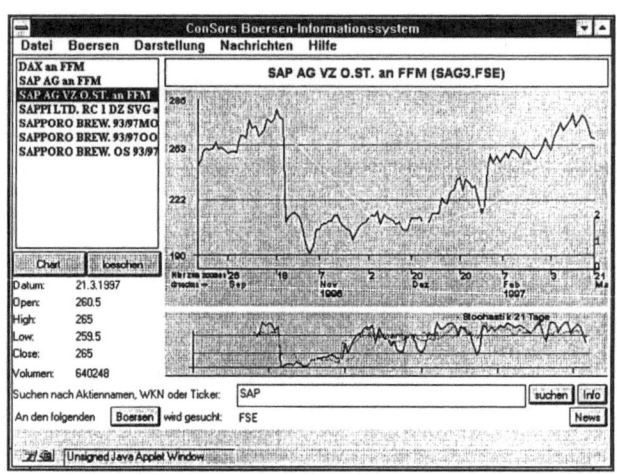

Abbildung 2.14:
Das Java-Trader-Applet präsentiert und analysiert Kursverläufe von Wertpapieren

Mit dem Applet Java-Trader können Sie sich über den Verlauf von Aktienkursen informieren. Diese Anwendung ist eine gemeinsame Entwicklung der Teledata Börsen-Informations GmbH und des Softwarehauses Innovative Software. Während die Firma Innovative Software die Modellbildung und Programmerstellung übernommen hat, brachte Teledata das Börsen-Know-How ein und stellte die Daten zur Verfügung. Die Kurswerte liegen entfernt auf einem Datenbank-Server. Java-Trader stellt den Chart einer Aktie grafisch dar und informiert über die Kurswerte. Das Applet selbst läuft unabhängig vom Web-Browser in einem eigenen Desktop-Window.

Der Benutzer wählt das gewünschte Wertpapier über ein Suchsystem aus. Durch Wahl des Börsenplatzes, des Wertpapiersymbols (Ticker), der Wertpapierkennnummer (WKN) oder des Namens des gewünschten Unternehmens bestimmt man die Aktie, deren Kurs man sehen möchte. Das Applet bietet zur Analyse des Kursverlaufs verschiedene Diagrammformen und Zeitreihendarstellungen, die man über das Fenstermenü selektieren kann. In einem anderen Fensterbereich präsentiert die Software Börsenindikatoren. Auch hier sind verschiedene Typen möglich.

Derzeit stellen die beiden Brokerhäuser Consors und Hornblower & Fischer das Java-Trader-Applet im WWW zur kostenfreien Nutzung zur Verfügung. Über die Datenbank können Sie etwa 15.000 tagesaktuelle Kurse von deutschen und amerikanischen Wertpapieren abfragen. Im Internet finden Sie die Firma Teledata unter http://www.teledata.de/, das Unternehmen Innovative Software unter http://www.isg.de/, und Hornblower & Fischer unter http://www.hornblower.de/.

Abbildung 2.15: Der amerikanische Direktanbieter Webware vertreibt das Fossila-Applet

In den USA hat Bill Giel ein Kundenservice-Applet namens Fossila entwickelt (siehe Abbildungen 2.15 und 2.16), das vom Online-Anbieter Webware (http://www.webware.com/) vermarktet wird. Fossila ist ein Programm, das neben einer Verkaufskomponente Dialog- und Informationsfunktionen für den Online-Kunden bereitstellt. Abbildung 2.16 zeigt das Fossila-Applet in Aktion. Zum Verkauf angeboten wird im Beispiel Guestbook, ein weiteres Applet von Bill Giel. Im Gegensatz zu üblichen Java-Applets startet die Fossila-Applikation ein eigenständiges, vom Web-Browser unabhängiges Fenster auf dem Desktop. Die Benutzeroberfläche von Fossila setzt sich aus fünf verschiedenen Komponenten zusammen, die über die Karteikarten-Markierungen angesteuert werden können. Die unterschiedlichen Abteilungen sehen eine Beschreibung des Produkts, Feedback- und Supportfunktionen, Lizenzinformationen und ein Bestellformular vor. Das Layout von Fossila kann an die speziellen Anforderungen jedes Web-Anbieters angepaßt werden. Zur Interaktion mit dem Web-Server verwendet Fossila CGI-Skripte. Es enthält ebenfalls Kryptographie-Module, die eine sichere Kommunikation zwischen Client und Server ermöglichen sollen. Dies läßt sich zum Beispiel für die geheime Übertragung von Kreditkartennummern verwenden.

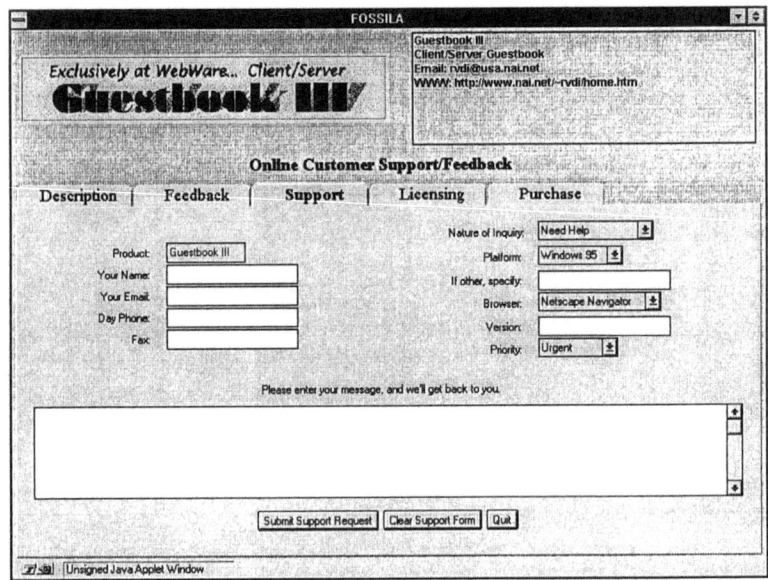

Abbildung 2.16: Fossila-Applet

2.3 Forschung und Entwicklung

In der letzten Zeit werden Java-Applets verstärkt im Bereich der Naturwissenschaften eingesetzt. Vorreiter dieser Entwicklung sind die Universitäten, vor allem in den USA. Überwiegend handelt es sich heute um sogenannte Viewer-Applets, die wissenschaftliche Daten und Informationen in geeigneter Weise in Bilder umsetzen, so daß sie anschließend weltweit im Internet publiziert werden können. Möglich sind hier 2D- und über spezielle Java-Bibliotheken auch 3D-Darstellungen, die in den Bereich der virtuellen Welten (engl. Virtual Reality oder VR) reichen. Ein Beispiel für eine flache 2D-Realisierung, das Wetterinformationssystem „Blue Skies" (siehe Abbildung 2.7), haben Sie in Abschnitt 2.1 „Marketing und Vertrieb" bereits kennengelernt.

Visible Human Project

Ein beachtenswertes Projekt aus der Medizin und Biologie ist das „Visible Human Project" der U.S. National Library of Medicine. Eine männliche und weibliche Leiche wurden komplett über anatomische Fotos, Magnetresonanztomographie (MRI) und

Controlling und Management

Computertomographie (CT) erfaßt und ausgewertet. Durch diese Untersuchungen ist es gelungen, einen Einblick in das Innere eines menschlichen Körpers zu erhalten.

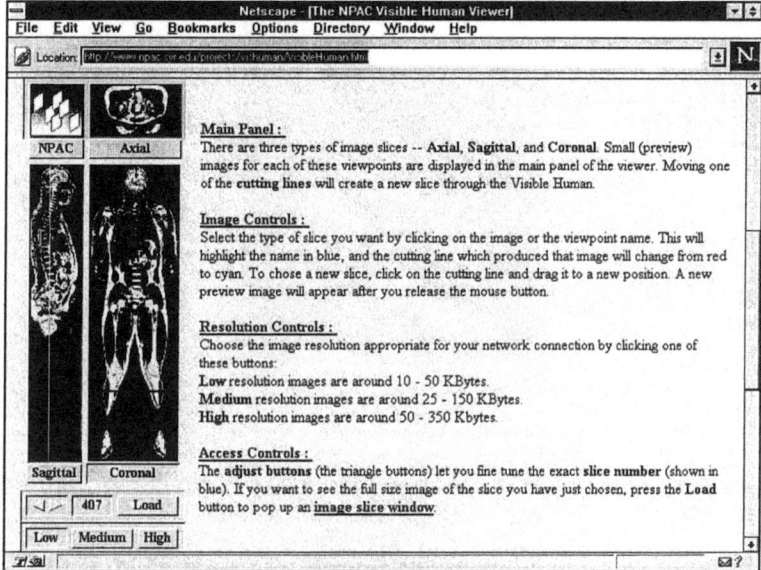

Abbildung 2.17:
NPAC Visible Human Viewer

Verschiedene Bilder lassen sich über das WWW und FTP-Server abrufen. Das Projekt ist unter der URL

http://www.nlm.nih.gov/research/visible/visible_human.html

dokumentiert. Hier finden Sie auch alle wichtigen weiteren Links zu Hintergrundinformationen und Fotoarchiven.

Der „NPAC Visible Human Viewer" ist eine große Bereicherung des „Visible Human"-Projekts. Er macht die Ergebnisse für die allgemeine Öffentlichkeit zugänglich. Entwickelt wurde das System an der Syracuse University. Auf der Client-Seite läuft ein Java-Applet, das die digitalen Bilddaten ausliest und darstellt (http://www.npac.syr.edu/projects/vishuman/VisibleHuman.html, siehe Abbildung 2.17). Zu sehen sind nur die Ansichten der männlichen Person. Für die Darstellung im WWW haben die Forscher an der Syracuse University das vorliegende Datenmaterial neu gesichtet und die Auflösung teilweise heruntergesetzt.

Abbildung 2.18:
NPAC Visible Human Viewer Vollbilddarstellung einer selektierten Scheibe

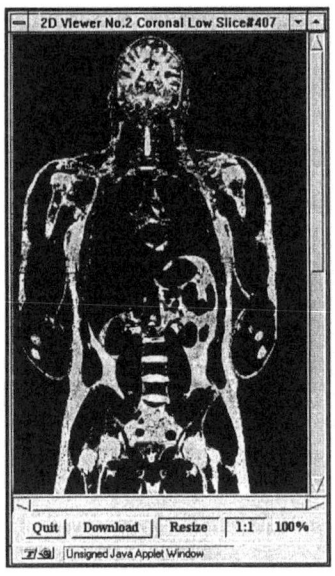

Wie Sie in Abbildung 2.17 erkennen können, zeigt das Applet die Person von drei Seiten, von vorn, von der Seite und von oben. Die männliche Person kann an einer gewählten Stelle durchtrennt und als planare Scheibe dargestellt werden. Auf diese Weise können Sie durch den gesamten Körper wandern. Die selektierte Scheibe können Sie auch in einer Vollbilddarstellung bewundern (siehe Abbildung 2.18) und auf Wunsch herunterladen und in einer lokalen Datei speichern.

An wenigen Stellen war das zugrunde liegende Datenmaterial fehlerhaft, so daß nicht alle möglichen Scheiben vorhanden sind. Dies ist aber nur für einen Mediziner oder Biologen von Belang, der einer wissenschaftlichen Untersuchung nachgeht. Für einen Laien gibt das Applet bis dahin nie gekannte Einblicke in die menschliche Anatomie.

Das Applet ist recht umfangreich und braucht in der Regel einige Zeit, bis es vollständig geladen ist. Die notwendige Wartezeit kann man verkürzen, wenn man die deutsche Mirror-Site anwählt, unter der URL

```
http://www.kardiotech.phytech.fh-aachen.de/
    visible_human/UserGuide.html
```

Zusätzlich läßt sich auch die Bildauflösung verschieden einstellen. Eine hohe Auflösung benötigt eine sehr gute Internetverbindung und einen schnellen Prozessor auf der Client-Seite.

Controlling und Management

3D-Anwendungen

Ich möchte nun zwei Anwendungen mit 3D-Grafiken vorstellen. Die amerikanische Firma DimensionX hat mit Liquid Reality ein VRML-Toolkit (VRML ist die Abkürzung für Virtual Reality Modeling Language) hergestellt, das es gestattet, mit Java 3D-Zeichnungen zu erstellen.

Bei diesem System handelt es sich um eine Java-Klassenbibliothek und um ein Java-Applet, das als VRML-Viewer fungiert. Das gesamte Toolkit wurde komplett in Java entwickelt (im Gegensatz zu ebenfalls gebräuchlichen browserspezifischen VRML-Plugin-Modulen). Die Klassenbibliothek besteht aus 250 Java-Klassen. Eine Beschreibung des Produkts finden Sie unter der URL http://www.dimensionx.com/products/lr/aboutlr.html.

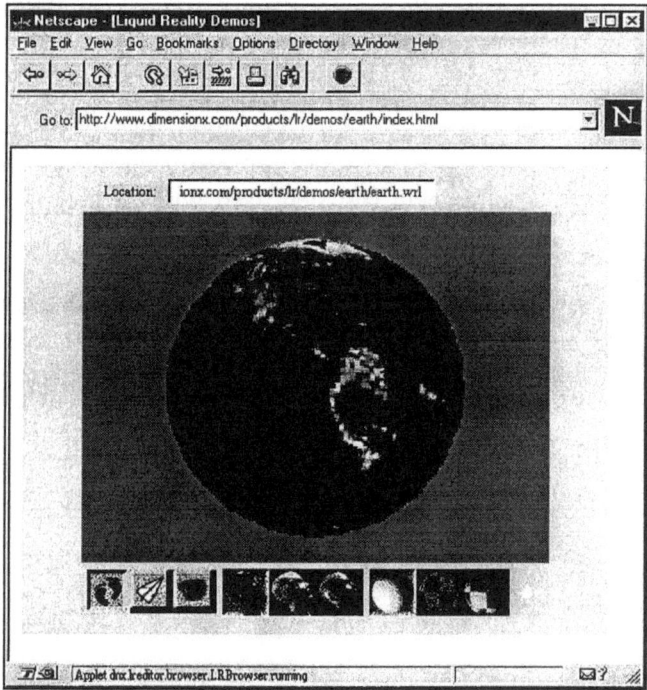

Abbildung 2.19:
Virtual Reality-Modell der Erde

3D-Grafiken und virtuelle Welten lassen sich gut zur Simulation und Anschauung in naturwissenschaftlichen Disziplinen einsetzen. Sie vermitteln einen optischen, quasi-realen Eindruck von Erlebnisfeldern und wissenschaftlichen Modellen, die in der Wirklichkeit so oft nicht möglich sind.

Oft dienen Virtual-Reality-Modelle auch zur Vorabansicht von später zu realisierenden Projekten. Daher liegt das Einsatzgebiet solcher Simulationen zum Beispiel auch in der Bauplanung und in der Innenarchitektur.

Molecular Dynamics im Java-Applet

Eine weitere interessante Anwendung der VR-Modellierung bietet die Darstellung von Molekülstrukturen in der Chemie. Der Wissenschaftler Horst Vollhardt von der TH Darmstadt präsentiert im WWW ein Java-Applet zur Simulation der Atombindung und dynamischen Bewegung in chemischen Molekülen (engl. Molecular Dynamics). Dies ist eine Eigenentwicklung und soll demonstrieren, welche Fähigkeiten Java besitzt, um über das Internet komplexe wissenschaftliche Zusammenhänge zu verbreiten. Das Java-Programm kann verschiedene Moleküle lesen und darstellen. Das Beispiel unter der URL http://www.pc.chemie.th-darmstadt.de/java/ ist nur eine Demonstrationsanwendung und entspricht keiner realen chemischen Verbindung. Die dreidimensionale Sicht auf das Molekül zeigt die einzelnen Atome in ihrer Bindung zueinander und erfaßt die Eigenbewegung der Atome. Das Molekül läßt sich nach Wunsch vergrößern und verkleinern und in alle Richtungen drehen.

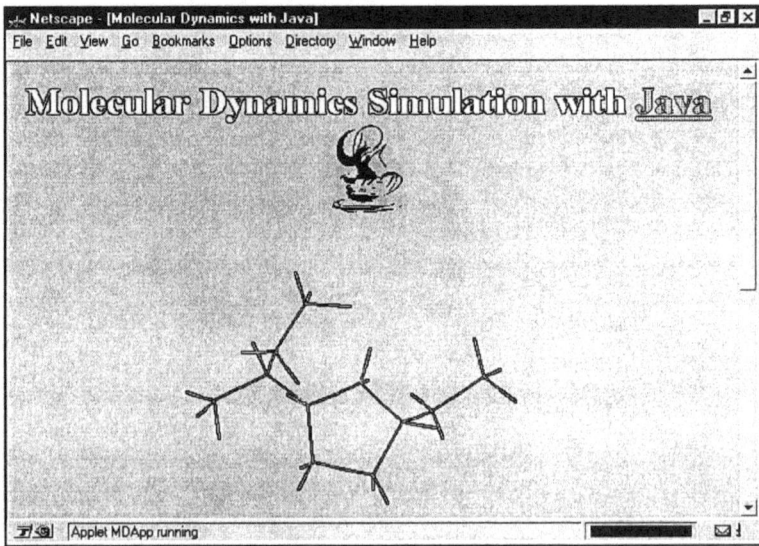

Abbildung 2.20: Molecular Dynamics an der TH Darmstadt

2.4 Controlling und Management

Heute findet man in dieser Kategorie Applets, die als grafisches Frontend für Data Warehousing-Applikationen fungieren oder die die statistische Analyse von empirischen Daten unterstützen. Diese Anwendungen enthalten Charting-Funktionen, die eine Datenbasis nach dem Wunsch des Anwenders auswerten. Je nach Ausprägung sind sie mehr oder weniger interaktiv gestaltet. Die Applets kommunizieren entweder selbst mit einer Datenbank auf dem Web-Server oder entnehmen die Daten einer Datei, die vorher zusammengestellt wurde. Oftmals arbeiten sie Hand in Hand mit einem Server-Programm, das die Datenbankabfrage übernimmt. Als Beispiele möchte ich hier die Systeme der Firmen InterNetivity und Infospace vorstellen. Beide Applikationen werden bereits als kommerzielle Produkte vermarktet.

dbProbe von InterNetivity

dbProbe ist ein Datenanalyse-Applet, das dem Endanwender verschiedene Möglichkeiten zur Darstellung der abgefragten Daten bietet. Darunter befinden sich Tabellendarstellungen sowie grafische Auswertungen wie Histogramme, Kuchen- und Liniendiagramme. Es läßt sich in ganz unterschiedlichen Bereichen einsetzen, wie zum Beispiel in der Medizin und der Pharmazie, im Controlling, in der Produktion oder auch zur Analyse von Finanzdaten. Die angezeigten Werte kann man durch die Wahl verschiedener Kategorien einschränken. Auf Knopfdruck erzeugt das Applet eine GIF-Datei der ausgewählten Ansicht, die man anschließend auf den eigenen Rechner laden kann. Das dbProbe-Applet ist von außen konfigurierbar und an verschiedene Einsatzanforderungen anpassbar. Es beansprucht insgesamt nur eine Größe von 125 K und ist daher recht schnell zu laden. Sind die Werte einmal übertragen, dann findet die Auswertung und visuelle Darstellung allein auf dem Client-Rechner statt. Der Web-Server wird von diesen Tätigkeiten entlastet.

Der Hersteller von dbProbe ist das amerikanische Unternehmen InterNetivity. Eine Beschreibung dieses Produkts finden Sie unter der URL http://www.itivity.com/java/dbProbe/dbProbe.html.

Abbildung 2.21:
dbProbe von InterNetivity

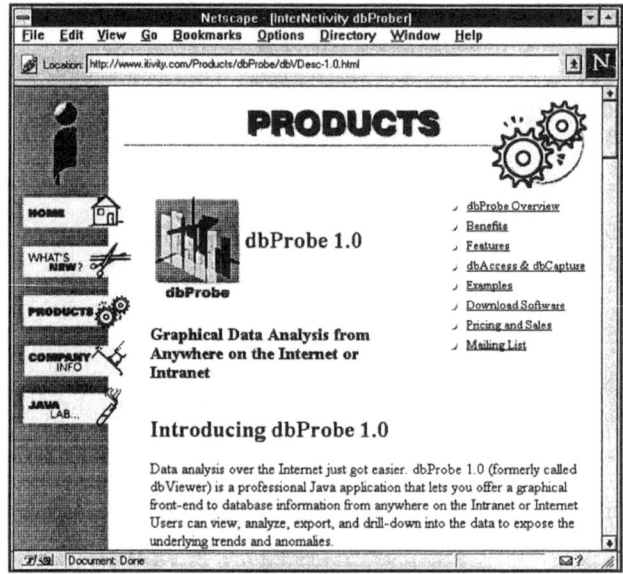

Abbildung 2.22 zeigt das Applet dbProbe bei der grafischen Analyse medizinischer Daten einer Studie. Dabei übernimmt das Applet den visuellen Teil. Die Werte stammen aus einer Datei, die auf dem Web-Server abgelegt ist. Im Hintergrund arbeitet das System mit CGI-Skripts. Eine Kopplung an eine Datenbank ist über die Backend-Applikation dbAccess möglich.

Abbildung 2.22:
dbProbe bei der Auswertung einer medizinischen Studie

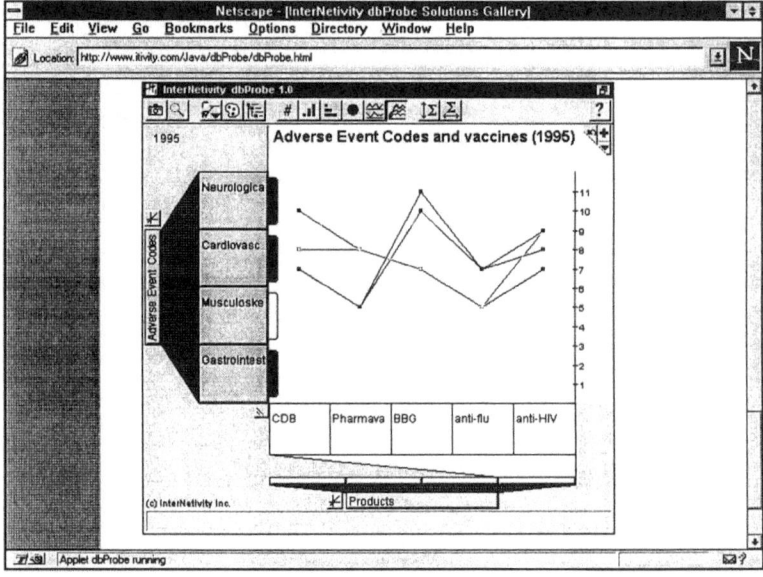

Controlling und Management

WebCharts und WebSeQueL von Infospace

Ein direkter Konkurrent von InterNetivity ist das Software-Unternehmen Infospace (http://www.infospace-inc.com/) mit den beiden Java-Anwendungen WebCharts und WebSeQueL. Web-Charts ist die Auswertekomponente. Es handelt sich um eine Java-Klassenbibliothek für Programmierer und um ein Endanwender-Applet, das man in eigene Webseiten einbauen kann. Der Java-Client übernimmt vollständig das Zeichnen der Grafiken. WebCharts bietet die für empirische, statistische Auswertungen üblichen Anzeigevarianten, wie zum Beispiel Kuchen-, Linien-, XY- und Flächendiagramm und auch Histogramme und Tabellencharts.

Alle Darstellungen werden im 2D- oder 3D-Format angeboten. Diese Auswertefunktionen lassen sich ebenfalls in einer Vielzahl unterschiedlicher Geschäftsfelder einsetzen. Auch die Anwendung in Realtime-Analysesystemen ist machbar. Die verschiedenen Diagrammtypen enthalten unterschiedliche und flexible Interaktionsfunktionen, die der Anwender durch Klicken mit der Maus aufrufen kann, zum Beispiel das Auswählen einer Beschreibung zu einem einzelnen Datensegment. WebCharts erlaubt das Speichern einzelner Auswertungen in den Formaten GIF, HTML und VRML.

Abbildung 2.23: Datenanalyse mit WebCharts

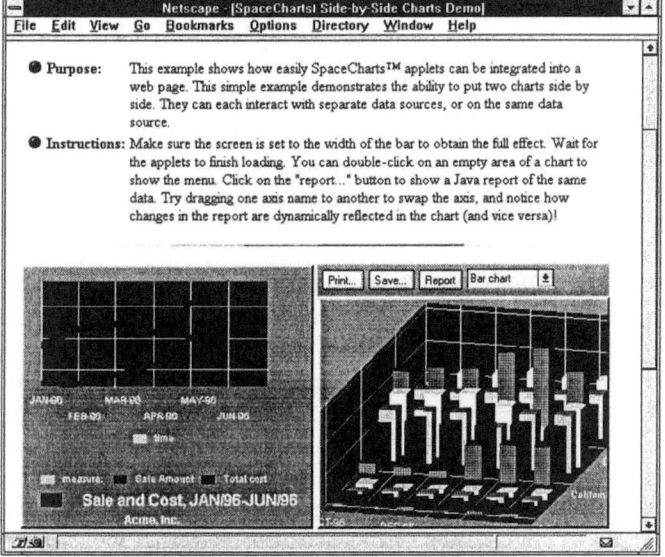

Das Applet WebCharts wird vom Datenbankhersteller Oracle im Rahmen seiner OLAP-Aktivitäten (OLAP ist die Abkürzung für Online Analytical Processing) als grafisches Frontend für den Oracle Express Server zur Verfügung gestellt.

Mit dem Applet WebSeQueL hat Infospace ein System geschaffen, das via Internet auf relationale Datenbanken zugreifen kann. In der Hauptsache unterstützt das Tool die Produkte der DB-Lieferanten Oracle, Informix und Sybase. Dabei handelt es sich um ein integriertes Client/Server-System mit Abfrage-, Report- und Charting-Funktionen. Im Web-Browser läuft das Client-Applet, während der Server-Teil auf dem Web-Server liegt.

Abbildung 2.24: Homepage von WebSeQueL

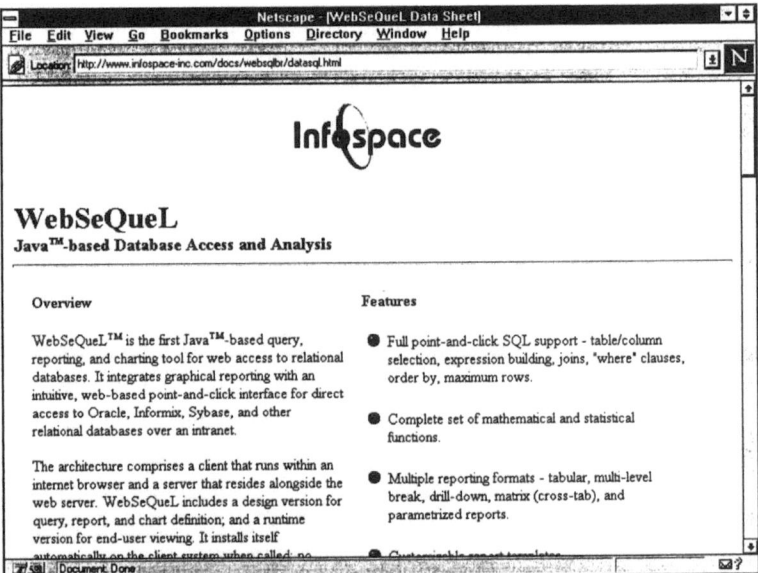

WebSeQueL kommt mit einer in Java geschriebenen Design-Komponente für den fortgeschrittenen Anwender, mit dem man die Parameter für die Abfrage, den Report oder die grafische Auswertung festlegen kann. Abfragen lassen sich mit der Maus über ein intuitives Interface oder durch einen SQL-Editor spezifizieren. Das System unterstützt verschiedene Report-Formate und verfügt über vorgefertigte Templates, die sich an die eigenen Anforderungen anpassen lassen. Für die visuelle Analyse nutzt WebSeQueL die Klassen aus dem WebChart-Paket. Erzeugte Reports und grafische Darstellungen kann der Anwender auf dem Web-Server speichern und durch WebSeQueL wieder von dort abrufen.

Controlling und Management

Wenn Sie selbst ein Applet für die Auswertung von Firmendaten erstellen möchten, so erhalten Sie alle notwendigen Kenntnisse im Programmierteil (Kapitel 4 bis 7). Wie Sie in einem Java-Applet Informationen aus einer relationalen Datenbank lesen können, beschreibe ich in Kapitel 7 „Datenbankzugriff mit Java". Die visuellen Auswerteverfahren sollten Sie nicht direkt mit den Mitteln des Java Basis-API programmieren. Es empfiehlt sich, hier eine Klassenbibliothek einzusetzen, die die grafischen Analysemethoden enthält. Eine solche Bibliothek kann man entweder von einem externen Hersteller hinzukaufen oder auch vor der Erstellung des Applets selbst entwickeln.

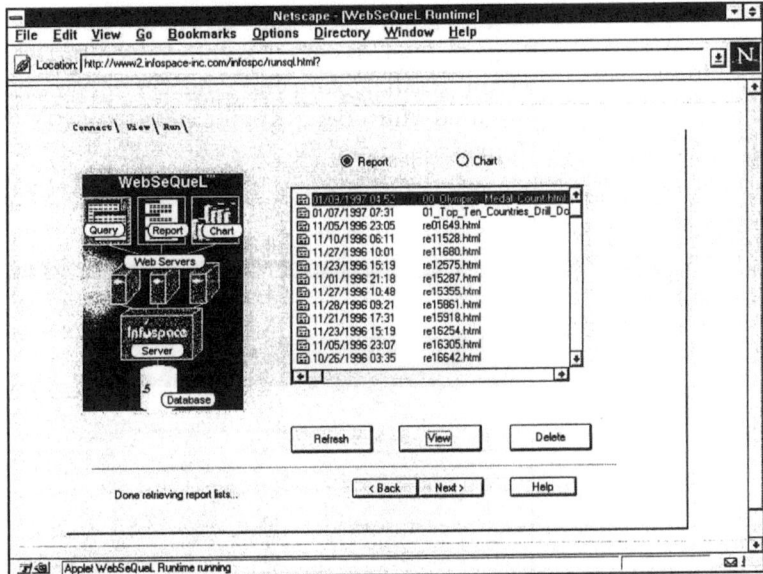

Abbildung 2.25:
Erstellen eines Daten-Reports mit WebSeQueL

2.5 Information und Kommunikation

Unternehmen nutzen das Internet verstärkt für die interne und externe Kommunikation. Üblicherweise tut man das schriftlich durch Electronic Mail. Das geht schnell und benötigt nur geringe Verbindungsressourcen. Groupware-Applikationen, die das Internet oder Intranet als Basis verwenden, gewinnen allerdings zunehmend an Popularität (zum Beispiel Lotus Notes und ähnliche Produkte). Eine einfache Ausprägung der Gruppenarbeit ist die Beteiligung an Newsgroups. Ein Hobby von Internet-Begeisterten ist der Internet Relay Chat (abgekürzt IRC) und die sehr moderne Internet-Telefonie. Trotz der noch unzureichenden Verbindungsqualität kommunizieren in den USA kleinere Firmen bei weltweiten Gesprächen teilweise schon über das Internet, um Kosten einzusparen. Experimente laufen auch in Richtung Bildtelefon und Videokonferenzen. Das WWW hat man bisher lediglich als Medium zur Wissensverbreitung und als Nachrichtenlieferanten verstanden. Mit Java-Applets als Produzenten von aktivem Inhalt ändert sich das mehr und mehr.

Groupware-Applet Promondia

Das Java-Applet Promondia ist eine gemeinsame Entwicklung des Informatik-Fachbereichs an der Universität Erlangen-Nürnberg und der 3SOFT GmbH in Erlangen. Ziel des Systems ist es, Groupware-Funktionalität in das WWW zu integrieren. Web-Surfer an unterschiedlichen Standorten können gemeinsam in Echtzeit über das Web kommunizieren. Das Java-Applet, das in einem HTML-Dokument eingebettet ist, fungiert als grafisches Frontend für den Kommunikationsprozeß. Die Promondia-Homepage finden Sie unter der URL

http://www4.informatik.uni-erlangen.de/projects/promondia/.

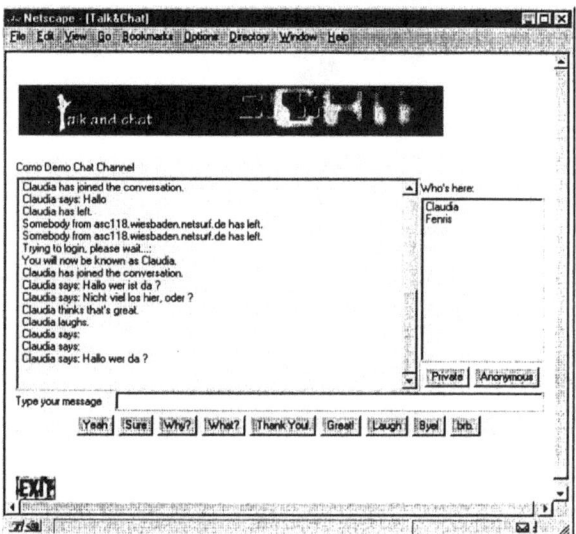

Abbildung 2.26: Chat-Applikation

Genauer betrachtet, besteht Promondia aus dem bereits erwähnten Java-Applet und einem Server-Bestandteil, der auf dem Web-Server liegt und mit dem Applet kommuniziert. Der Server ist eine Stand-Alone-Java-Anwendung. Wenn das Applet startet, nimmt das Programm Verbindung zum Server auf und registriert den Web-Surfer als Teilnehmer der gewählten Kommunikationssitzung. Innerhalb des Servers steuert und koordiniert ein Group-Management-Modul die verschiedenen Sitzungen.

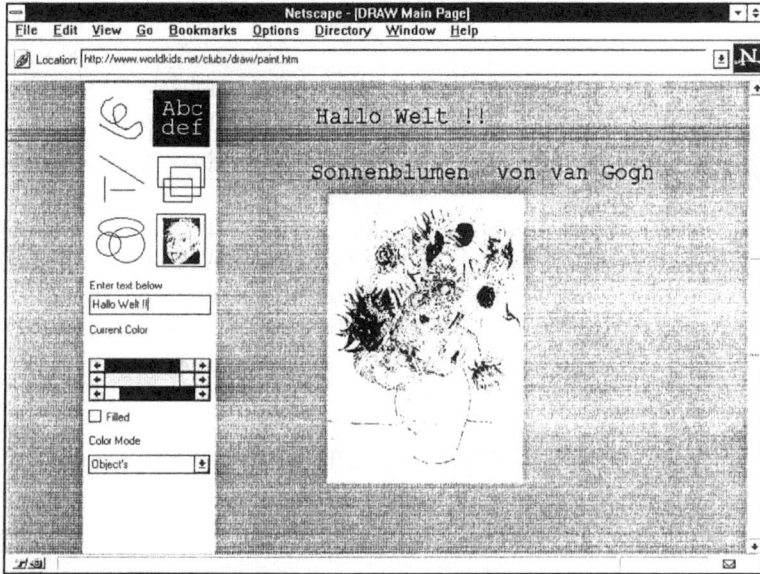

Abbildung 2.27:
Das Promondia-Applet als Multiuser-Zeichenbrett im WWW

Das Promondia-System gibt es in verschiedenen Ausprägungen:

- Ein textbasiertes Chat-Applet (siehe Abbildung 2.26) erlaubt ein Gruppengespräch via Tastatureingabe, ähnlich dem Verfahren im Internet Relay Chat. Neben öffentlichen Meinungsäußerungen, die an alle Teilnehmer übertragen werden, ist auch ein privater Austausch möglich. Außerdem kann der Server-Administrator auch einen IRC-Kanal an das Promondia-Applet anklinken. In diesem Fall läuft die gesamte Kommunikation dieses Channels auch auf der Webseite des Chat-Applets ab.

- Mit Promondia lassen sich auch Internet-Abstimmungen durchführen und Fragebogen im WWW auswerten. Soweit ich weiß, gibt es aber bisher noch keine Firma, die das System für diesen Zweck benutzt.

- Eine weitere Einsatzmöglichkeit ist das grafische Whiteboard (siehe Abbildung 2.27). Es simuliert die altbekannte Schultafel auf dem Web. Statt mit Kreide zeichnet man hier elektronisch. Die Beiträge aller Mitwirkenden sind für die gesamte Gruppe sichtbar. Dieses System ermöglicht also eine visuelle Echtzeitkommunikation mit Menschen, die sich in verschiedenen Teilen der Welt befinden.

Das Chat-Applet wird bereits produktiv bei verschiedenen Organisationen eingesetzt. Es ergänzt als Kommunikationsmittel den Online-Auftritt der Zeitschrift Chip (http://www.chip.de/). Das Zeichenbrett finden Sie auf dem Web-Server des World-Kids-Network (http://www.worldkids.net/clubs/draw/paint.htm).

Java in der Virtuellen Universität

Die „Virtuelle Universität (VU)" ist ein Forschungsprojekt an der FernUniversität in Hagen. In diesem Projekt werden alle Lehrgänge in elektronischer Form über das Internet angeboten. Neben dem Vertrieb von Lehrmaterialien liegt der Schwerpunkt auf der Kommunikation der Studierenden untereinander und mit dem jeweiligen Kursbetreuer. Derzeit befindet sich die VU noch in der Beta-Phase und ist nur für zugangsberechtigte Studenten der FernUniversität offen. Internet-User finden eine Beschreibung der Projektziele und des aktuellen Status auf dem Web-Server der FernUniversität (http://www.et-online.fernuni-hagen.de).

Die VU setzt Java ein als Hilfsmittel zur Navigation innerhalb der Webseiten sowie zur interaktiven Präsentation von Kursinhalten und Ergänzung der bisher bestehenden Kursmaterialien der FernUniversität. Ein wesentlicher Vorteil ist hierbei, daß die Java-Applets direkt in den Kurstext eingebettet werden können. Java-Applets bieten besonders bei der grafischen Darstellung komplexer Simulationen und Berechnungen Vorteile. Mitarbeiter der FernUniversität haben zum Beispiel für das Fach Elektronische Schaltungen im Lehrgebiet Elektrotechnik einige Java-Ergänzungen entwickelt. Außerdem soll Java zur Information über und zur Vermittlung von Kommunikationspartnern als auch zur Verwaltung gemeinsam erstellter Dokumente genutzt werden.

Castanet-Technologie von Marimba

Das Unternehmen Marimba ist eine Neugründung von vier ehemaligen Java-Experten der Firma Sun. Wichtigstes Produkt von Marimba ist das Client/Server-System Castanet. Es besteht aus:

- einem Sender (Transmitter), der auf einem Server im Internet installiert ist,
- einer Applikation, die resident auf dem Client-Rechner liegt (Tuner) und Channel-Software installiert sowie Daten empfängt und abspeichert,
- und einem oder mehreren Kanälen (Channels), die durch das Netz übertragen werden.

Information und Kommunikation

Web-Surfer laden einmalig den Castanet-Tuner und kommen anschließend nur mit den Castanet-Channels in Berührung. Sie enthalten Inhalte und Softwaremodule, die sich selbständig auf dem Client-System installieren. Die Programme dienen zum Abspielen der übertragenen Nachrichten. Ist ein spezieller Channel einmal installiert, dann überträgt der Sender in Zukunft nur neue Inhalte an den Kunden. Dieses System entspricht in etwa der Push-Technologie, die der Internet-Nachrichten-Versorger Pointcast verwendet. Im Gegensatz zu Pointcast hat die Firma Marimba zur Umsetzung ihres Konzepts die Java-Technologie genutzt.

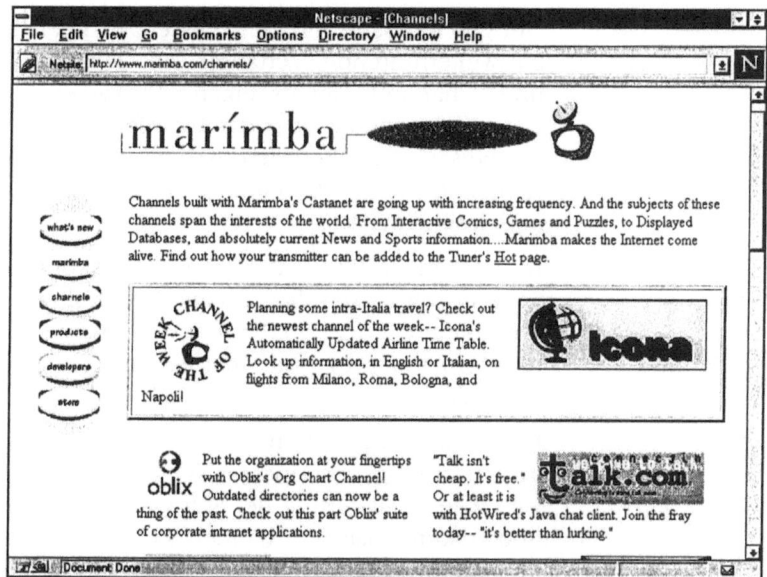

Abbildung 2.28:
Die Castanet-Technologie von Marimba

Ein Channel besteht zunächst aus einem Java-Applet. Nach erteilter Erlaubnis des Anwenders speichert das Applet via Dateitransfer (ftp) eine Java-Anwendung auf dem Client-PC ab. Wenn ein Channel einmal dort verankert ist, kann man ihn online über das Internet und offline über die bereits gespeicherten Informationen betreiben. Durch dieses Verfahren sind Castanet-Channels nicht mehr an die Web-Browser-Umgebung gebunden. Im Online-Betrieb nehmen die Software-Module eine TCP/IP-Verbindung zu ihrem entsprechenden Transmitter auf. Intern benutzt das Castanet-System ein spezielles Kommunikationsprotokoll, das die Datenübertragung verbessert und beschleunigt. Viele Firmen nutzen heute die Castanet-Technologie zur Informationsversorgung ihrer Kunden.

Castanet-Channels können aber mehr. Neben dem Abziehen von Daten auf den Client-Rechner senden Channel-Anwendungen bei Bedarf auch Rückmeldungen an den Sender auf dem Web-Server. Dadurch ist zum Beispiel eine benutzerdefinierte Anpassung des Programms an eigene Anforderungen möglich. Wenn ein Channel entsprechend konzipiert ist, dann kann er Offline-Daten erfassen und speichern, die er später dann an das Server-Programm übergibt. Mit diesen Modulen lassen sich also hervorragend Systeme für Vertriebspersonal ausstatten, das remote arbeitet und sich nur hin und wieder zur Informationsbeschaffung, -übertragung und -synchronisation in den Server einklinkt.

Um geschlossene Intranets besser zu unterstützen, bietet Marimba weiterführende Verfahren an. Für die Castanet-Transmitter und -Channels gibt es eigene Proxy-Server und Repeater, die Daten vom Sender über das Internet abholen und in ein Intranet einspeisen. Das Repeater-System verteilt dann dort die Daten schnell an interne Castanet-Channels unter Umgehung des Internet-Flaschenhalses.

Im November 1996 hat Marimba angekündigt, daß der Internet-Spezialist Netscape die Castanet-Technologie in seine zukünftige Produktfamilie integrieren will (Codename Constellation). Weitere Informationen zu Castanet erhalten Sie im Web unter der URL http://www.marimba.com/channels/.

Das kanadische Unternehmen Corel nutzt Castanet für den Vertrieb und mögliche Updates seines Produkts „Corel Office for Java". Die Auslieferung der Software und die Installation erfolgen über einen Castanet-Channel. Er übernimmt auch einen erforderlichen weiteren Transfer bei der Veröffentlichung einer neuen Software-Version. Eine Übersicht zu den vorhandenen, öffentlichen Castanet-Channels bieten der Java-Katalog Gamelan (http://www.gamelan.com/) oder die Internet-Suchmaschine Excite (http://www.excite.com/). Excite stellt auch ein Castanet-Modul zum Download zur Verfügung, das den Katalog enthält.

Corel Office for Java
Die neue Office-Software von Corel habe ich bereits erwähnt. Es handelt sich um ein umfangreiches Client/Server-System, das komplett in Java entwickelt wurde. Teile davon stehen bereits auf dem Web als Pre-Beta-Release zur Verfügung. Jedermann kann sie von dort herunterladen. Der wesentliche Unterschied von „Corel Office for Java" gegenüber anderen Office-Paketen sind der netzbasierte Ansatz und die Plattformunabhängigkeit, die durch den Einsatz der Programmiersprache Java gewonnen wurde. Das Produkt besteht aus einem Client-Teil und um-

Information und Kommunikation

fangreichen Applikationskomponenten, die auf einem Web-Server liegen. Bei Bedarf lädt der Office-Client Bestandteile vom Host auf den eigenen Rechner. Durch diese Technik entsteht eine ideale Basis für ein Workgroup-Computing. Dieses vorteilhafte Verfahren möchte der Softwarehersteller Corel nun in sein neues Paket integrieren. Anwender können dann zum Beispiel weltweit verteilte Dokumente gemeinsam nutzen.

3 Die Java-Entwicklungsumgebung „Parts for Java"

Ich möchte Ihnen in diesem Kapitel das Produkt „Parts for Java" von ParcPlace-Digitalk vorstellen. „Parts for Java" ist eine moderne Entwicklungsumgebung und vereinfacht die Erstellung von Java-Applets erheblich. Ich werde dieses Produkt zusammen mit dem Java Developers Kit (JDK) von Sun in den Programmier-Kapiteln 5 bis 7 einsetzen, um Ihnen zu zeigen, wie man heute schnell und effizient Java-Applets entwickeln kann. Das JDK von Sun enthält die Basis-Werkzeuge für die Entwicklung mit Java. Das JDK können Sie kostenlos von Suns Web-Server herunterladen. Die Werkzeuge, die im JDK enthalten sind, arbeiten alle nur im Kommandozeilenmodus und sind recht einfach. In anderen Programmiersprachen ist es schon lange üblich, mit komfortablen und integrierten Entwicklungsumgebungen zu arbeiten. Für Java sind solche Produkte gerade erst im Entstehen. Ein Beispiel dafür ist „Parts for Java" von ParcPlace-Digitalk.

Java-Entwicklungs-umgebungen

Auch andere namhafte Hersteller bieten bereits Java-Entwicklungsumgebungen an oder haben entsprechende Softwarepakete angekündigt. Wenn Sie sich über das aktuelle Angebot der verfügbaren Java-Werkzeuge informieren möchten, dann schauen Sie am besten in die bekannten Computermagazine. Entsprechende Literaturhinweise finden Sie im Anhang.

„Parts for Java" verwendet im Hintergrund die Werkzeuge, die im JDK enthalten sind. Deshalb möchte ich die wichtigsten hier noch einmal aufführen:

JDK-Werkzeuge

javac   Java-Compiler, der Java-Quelltext (*.java-Datei) in Java-Byte-Code übersetzt (Objektcode in *.class-Datei)

appletviewer   Laufzeitumgebung für Java-Applets. Der Appletviewer führt Java-Applets aus, die durch das Applet-Tag in HTML-Dokumente eingebettet sind. Jedes Applet auf der HTML-Seite wird in einem eigenen Fenster dargestellt. Allerdings ignoriert der Appletviewer alle anderen HTML-Anweisungen.

java	Laufzeitumgebung für eigenständige Java-Anwendungen
jdb	Primitiver Kommandozeilen-Debugger für Java
javadoc	Erzeugt aus speziellen Kommentaren im Java-Quelltext eine Dokumentation im HTML-Format. Ein Beispiel dafür ist die im JDK enthalte Java-API-Dokumentation.

In „Parts for Java" läßt sich aber auch eine Java-Entwicklungsumgebung eines anderen Herstellers integrieren.

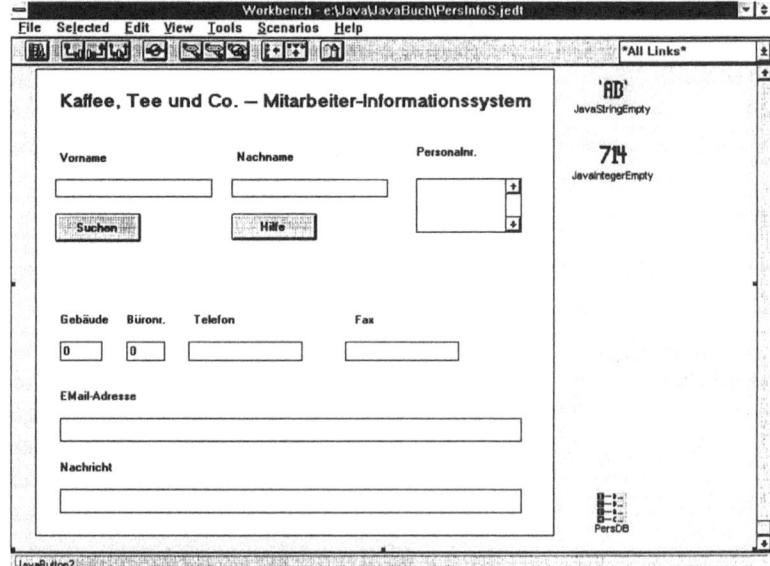

Abbildung 3.1: Gestaltung des Layouts eines Java-Applets mit „Parts for Java".

„Parts for Java" vereinfacht vor allem die Gestaltung und Erstellung einer Benutzeroberfläche in WYSIWYG-Technik (Abkürzung für „What you see is what you get"). Im Workbench-Fenster bauen Sie das Layout des Java-Applets auf (siehe Abbildung 3.1). Aus dem in „Parts for Java" gestalteten grafischen Programm generiert das Werkzeug anschließend den Java-Quelltext. Die generierte Datei kann vom Entwickler durch eigene Java-Methoden und -Anweisungen ergänzt werden. Durch weitere, eigene Java-Klassen entsteht so eine komplette Anwendung.

Die Java-Entwicklungsumgebung „Parts for Java"

Abbildung 3.2:
Der Objekt-Katalog von „Parts for Java"

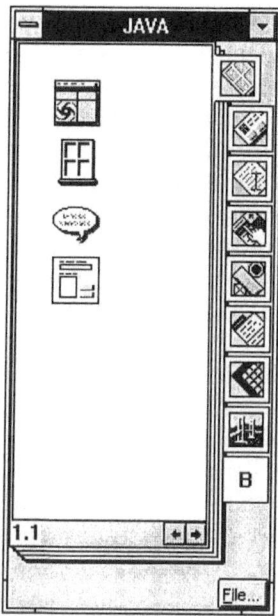

Das Catalog-Window enthält alle Objekte, die „Parts for Java" zur Entwicklung einer Anwendung zur Verfügung stellt. Da es sich bei diesen Objekten um Softwarekomponenten handelt, werden sie in „Parts vor Java" als Parts bezeichnet. Der Objekt-Katalog kann durch den Entwickler beliebig erweitert werden. Auch neue Kataloge mit Standards für eigene Projekte können hergestellt werden. Ein Entwickler wählt das Objekt, das er gerade benötigt, aus und plaziert es mit der Maus im Workplace-Fenster. Dort können die Oberflächenelemente wie gewünscht neu positioniert und in der Größe verändert werden. Funktionen zur automatischen Angleichung von Oberflächenelementen (Alignment-Funktionen) stehen ebenfalls zur Verfügung.

Grafische Programmierung in „Parts for Java"

„Parts for Java" arbeitet mit der Technik der grafischen Programmierung. So können Sie mit diesem Produkt neben der Gestaltung des Layouts auch das Verhalten eines Java-Applets beschreiben. Aus diesem Grund bietet „Parts for Java" sowohl sichtbare als auch nicht sichtbare Parts:

sichtbare Parts	sind die Objekte der Benutzeroberfläche wie Fenster, Buttons, Listboxen oder Radio-Buttons.
nicht sichtbare Parts	dienen dazu, das Verhalten des Java-Applets zu bestimmen und Daten zwi-

schenzuspeichern. Außerdem können nicht sichtbare Parts beliebige Java-Objekte repräsentieren. Dadurch bieten sie eine Schnittstelle zwischen der Programmbeschreibung in Parts und weiteren Java-Objekten im Programmsystem. Typische nicht sichtbare Parts sind das CGI-Interface, Datenobjekte wie zum Beispiel ein Vektor oder eine boolsche Variable oder das URL-Objekt.

Um das Verhalten eines Java-Applets zu erzeugen, verwenden Sie die Link-Technik. Links sind Verbindungen zwischen zwei Parts. Sie sind im Workbench-Fenster als Linien dargestellt (siehe Abbildung 3.3). Sie initiieren Verknüpfungen durch Klicken und Ziehen mit der linken Maustaste. Ein Link beginnt immer an einem Quellobjekt. Dieses Quellobjekt „feuert", wenn der entsprechende Link-Event vom Anwender ausgelöst wird. Der Endpunkt eines Links ist das Zielobjekt. Das Zielobjekt führt dann die vorher festgelegte Funktion (Objekt-Methode) aus. Quellobjekt, Zielobjekt, Event und Objekt-Methode werden bei Bedarf vom Entwickler entsprechend spezifiziert.

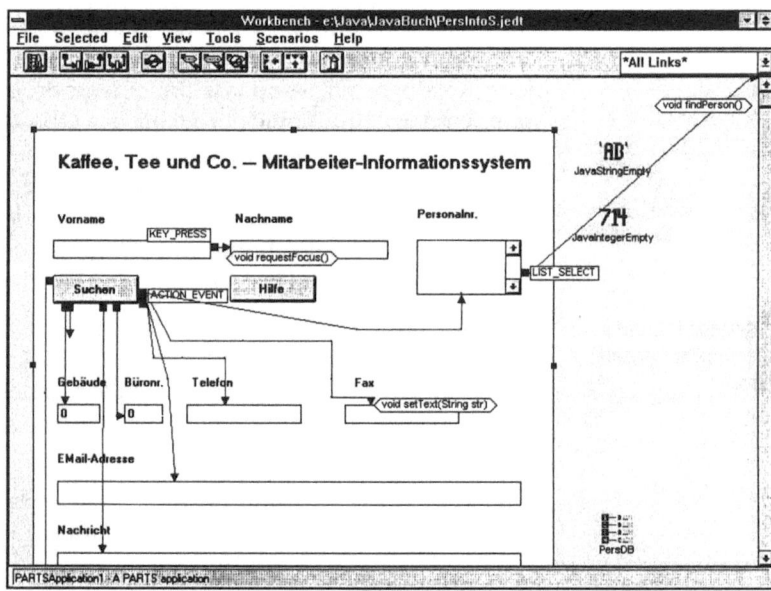

Abbildung 3.3:
Grafische Links beschreiben das Verhalten eines Applets

Wenn Sie zum Beispiel erreichen wollen, das das Eingabefeld für den Vornamen wieder eingabebereit wird (den Focus erhält), wenn der Anwender im Eingabefeld für den Nachnamen die Tastenkombination Shift+Tab drückt, dann müssen Sie zunächst die Eingabefelder Nachname (tfNachname) und Vorname (tfVorname) mit der Maus verbinden (in der angegebenen Reihenfolge). Anschließend erscheint das „Create Link"-Fenster, in dem Sie den auslösenden Event (KEY_PRESS) und die auszuführende Objekt-Methode *(void requestFocus ())* festlegen (wie Abbildung 3.3 zeigt). Durch die Angabe einer Bedingung geben Sie zusätzlich die notwendige Tastenkombination an (Shift+Tab).

Die Darstellung der Links in „Parts for Java" variiert von einfachen Verbindungen bis zur Angabe der Events, der Objekt-Methoden und der Argument-Verknüpfungen. Die Gestaltung der Links liegt in Ihrem Ermessen und kann dynamisch je nach Bedarf verändert werden. Abbildung 3.3 zeigt einige Beispiele. Die bisher von mir beschrieben einfachen Links heißen Event-Links. Es gibt zwei weitere, komplexere Formen von Links, die ich hier nur kurz anreißen will:

Argument Link   Wenn ein Event-Link eine Objekt-Methode auslöst, die weitere Parameter erwartet, dann spricht man von einem Argument-Link. Die Parameter der angesprochenen Objekt-Methode kann man ebenfalls grafisch durch den Inhalt anderer Objekte belegen.

Result Link   Ein Result Link übergibt das Ergebnis seiner Objekt-Methode als Argument an eine nachfolgende Methode. Dadurch lassen sich mehrere Methoden bei Bedarf hintereinanderschalten.

Eigene Java-Anweisungen hinzufügen

„Parts for Java" unterscheidet die verschiedenen Arten von Links durch eine farbige Kennzeichnung. Ein einfacher Link erscheint in grün. Ein roter Link bedeutet, daß noch zusätzliche Angaben notwendig sind, um den Link komplett fertigzustellen. Im allgemeinen sind Links nur dazu geeignet, einfache Abläufe festzulegen. Komplexe Aufgaben lassen sich besser über Java-Methoden erledigen. Dazu können Sie den von „Parts for Java" generierten Java-Quelltext selbst durch eigene Java-Methoden und -Anweisungen erweitern. Ergänzende Methoden erstellen Sie am Ende des Quelltexts. Diese Methoden sind dann Bestandteil der Objekt-Methoden des entwickelten Java-Applets. Sie können diese Applet-Methoden in das grafische Programm einbinden, indem

Die Java-Entwicklungsumgebung „Parts for Java"

Sie einen Link auf das Workbench-Fenster aufbauen (siehe den Link „LIST_SELECT void findPerson ()" von der List-Box Personalnummer zum Java-Applet in Abbildung 3.3). Zusätzlich können Sie in verschiedenen geschützten Abschnitten eigene Anweisungen einfügen, zum Beispiel zur Initialisierung des Applets oder zur selbständigen Event- und Exception-Behandlung.

Abbildung 3.4:
Link-Programmierung

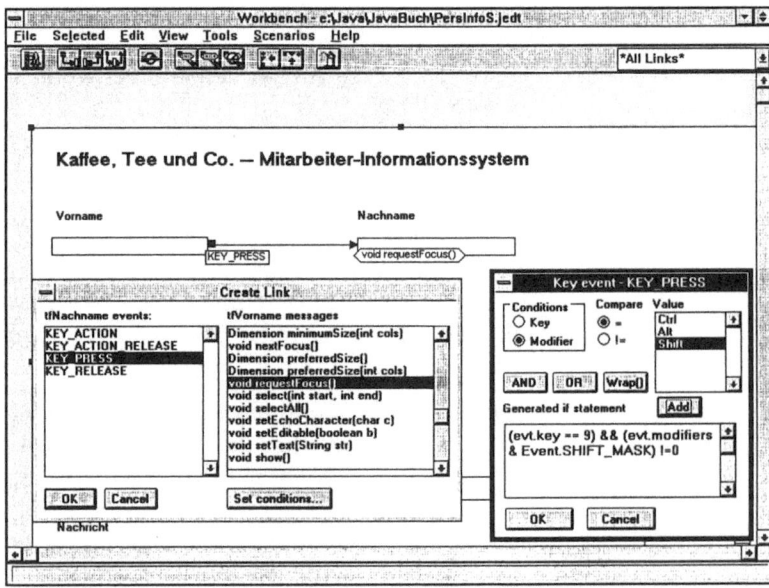

„Parts for Java" enthält einen eigenen Editor, mit dem Sie die Programmierung in Java durchführen können (siehe Abbildung 3.4). Wenn Sie die objektorientierte Programmiersprache Smalltalk kennen, so werden Sie sich mit dem Editor in „Parts for Java" leicht anfreunden können, da er sehr ähnlich arbeitet.

Die Kompilierung führt „Parts for Java" standardmäßig mit dem Compiler des JDK durch. Etwaige Programmfehler werden in einem Fehler-Fenster mit Angabe der Zeilennummer angezeigt. „Parts for Java" ist allerdings keine integrierte Entwicklungsumgebung. Ein automatisches Positionieren auf die fehlerhafte Code-Stelle ist nicht möglich.

Die Java-Entwicklungsumgebung „Parts for Java"

Abbildung 3.5:
Der Java-Editor zeigt das generierte und durch eigene Methoden ergänzte Java-Programm.

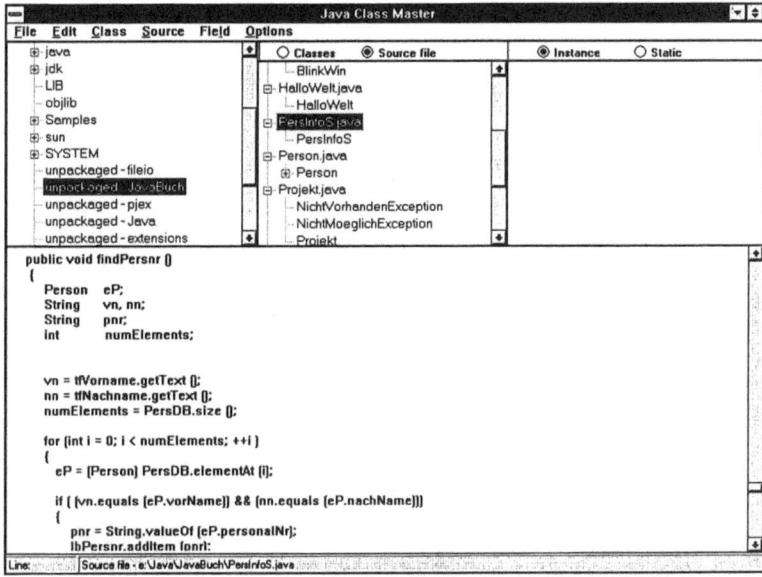

Eine bereits vorhandene Java-Klasse kann als Part-Objekt in ein spezielles Parts-Projekt oder auch in den Katalog aufgenommen werden. Dazu steht das Werkzeug „Component Wizard" zur Verfügung.

Hinweis:

> „Parts for Java" ist ein hervorragendes Werkzeug zum Entwickeln von kleinen und mittleren Java-Applets. Auch als Prototyping-Tool läßt es sich gut einsetzen. Es eignet sich nicht so sehr zum Erstellen von großen und sehr komplexen Anwendungen, da in diesem Fall das grafische Programm leicht unübersichtlich werden kann. Auch in sicherheitskritischen Projekten sollte man lieber eine andere Entwicklungsumgebung wählen.

In diesem Kapitel konnte ich Ihnen nur einen kurzen Überblick zu den wesentlichen Eigenschaften von „Parts vor Java" geben. Viele kleine Details werden sicherlich erst beim nun folgenden praktischen Einsatz klar werden.

4 Basis-Java

Kapitel 1 „Internet-Technologie im Unternehmen" hat die Eigenschaften der Programmiersprache Java kurz vorgestellt. Anschließend erläuterte Kapitel 2 „Erfolgreicher Business-Einsatz von Java" ihre potentiellen Anwendungsgebiete. Mit diesem Hauptabschnitt beginnt nun der Java-Programmierkurs. Das Programmier-Tutorium bietet eine ausführliche Darstellung der wesentlichen Sprachelemente von Java. Dieser Kurs ähnelt einem Kochbuch. Er enthält sinnvolle und wichtige Rezepte, damit Sie schnell eigene Java-Applets für das WWW programmieren können. Um den Umfang des Buchs in einem erträglichen Rahmen zu halten, wurden einige Themenkomplexe ausgelassen, die bei der Entwicklung von Java-Applets eher selten verwendet werden.

Als weiterführende Literatur empfehle ich das Original Java-Tutorial von Sun (http://java.sun.com/products/JDK/). Es ist inzwischen auch als Buch erschienen. Die Bibliographie im Anhang enthält weitere Hinweise auf Java-Texte und die von Sun herausgegebenen Referenz-Handbücher.

Übersicht Kapitel 4   Dieses Kapitel beschäftigt sich mit den Basis-Sprachelementen von Java. Die nachfolgenden Programmier-Kapitel 5 bis 7 bauen auf den hier gegebenen Informationen auf. Kapitel 5 „Lebendige Java-Applets" bietet eine ausführliche Einführung in die Entwicklung von Java-Applets. Kapitel 6 „Java für Fortgeschrittene" behandelt die Themen Multithreading, Multimedia-Applets und die Internet-Kommunikation mit Java. Schließlich erläutert Kapitel 7 „Datenbankzugriff mit Java – Das JDBC API", wie Sie mit Java via SQL und der JDBC-Klassenbibliothek auf relationale Datenbanken zugreifen können.

Zurück zu diesem Kapitel: Abschnitt 4.1 beginnt mit der Vorstellung eines einfachen Java-Applets. Anschließend erläutert Abschnitt 4.2 die Basis-Programmanweisungen, über die Java verfügt. Der nächste Teil enthält eine ausführliche Beschreibung der objektorientierten Programmierung mit Java. Javas Klassenbibliothek integriert ein umfassendes Exception-Handling, das Abschnitt 4.4 „Fehlerbehandlung mit Exceptions" näher vorstellt.

Basis-Java

Der Begriff API (Application Programming Interface) ist eine andere Bezeichnung für Javas Klassenbibliothek. Ich verwende beide Begriffe in den folgenden Programmierkapiteln synonym.

4.1 Ein erstes Applet

Für Ihre ersten Schritte mit Java zeige ich Ihnen in diesem Abschnitt ein einfaches Java-Applet. Das Blink-Applet in Beispiel 4.1 erzeugt einen in mehreren Farben blinkenden Text. Der angezeigte Text ist variabel. Er wird als Kommandozeilenparameter im HTML-Dokument deklariert. Dieses Beispiel enthält viele Basis-Programmanweisungen, die in den anschließenden Abschnitten ausführlicher erklärt werden. Bitte erschrecken Sie nicht vor dem hier vorgestellten Java-Quelltext. Dieser Textabschnitt soll in erster Linie den Entwicklungsprozeß beschreiben, also wie Sie vom Java-Quelltext zu einem im WWW einsatzfähigen Java-Applet kommen. Es ist jetzt nicht notwendig, daß Sie den Quelltext in allen Einzelheiten verstehen. Alle wesentlichen Schritte finden Sie mit einer detaillierten Erläuterung in den noch folgenden Kapiteln wieder.

Programmstruktur des Blink-Applets

Java ist eine objektorientierte Sprache und nutzt diese Eigenschaften auch voll aus. Also enthält das Blink-Applet keinen sequentiellen Programmpfad. Das mag zunächst verwirrend erscheinen. Die Programmzeile

```
public class Blink extends Applet implements Runnable
```

sagt aus, daß es sich bei Blink um ein Java-Applet handelt. Daher übernimmt das Blink-Applet die generellen Eigenschaften eines Java-Applets. Wenn ein Java-Applet vom Web-Browser geladen wird, dann initialisiert es sich, das bedeutet, die Methode init wird automatisch aufgerufen. Anschließend wird die Methode start ausgeführt. Wenn der Benutzer die Webseite wechselt oder den Web-Browser schließt, läuft die Methode stop ab, in der man notwendige Aufräumarbeiten durchführen kann. Die Methode paint ist zuständig für das Zeichnen des Applet-Layouts. Sie wird vor allem dann benötigt, wenn das Applet, wie in diesem Beispiel, eigene grafische Elemente aufbaut. Der Web-Browser steuert ebenfalls den Aufruf der Methode paint, wobei die Klassenbibliothek von Java hier im Hintergrund eine wichtige Rolle spielt.

Detaillierte Informationen zur objektorientierten Programmierung erhalten Sie in Abschnitt 4.3 „Objektorientierte Programmierung mit Java". Kapitel 5 erklärt ausführlich, wie Java-Applets ablaufen und wie man sie programmiert.

Das Blink-Applet enthält aber noch eine weitere interessante Programmiertechnik, die wir bisher noch nicht betrachtet haben. Um die Animation (den blinkenden Text) auszuführen, wird ein paralleler Ausführungszweig (Thread) gestartet, der periodisch etwas tut und dann wieder eine Weile schläft, bis er wieder automatisch aufwacht. Die start-Methode setzt den Animation-Thread animator auf. Die run-Methode enthält die Programm-Anweisungen, die der Thread periodisch ausführt. Näheres über Animations-Prozesse und parallele Verarbeitung erfahren Sie in Abschnitt 6.1 „Threads".

Mit dem Blink-Applet können Sie auch testen, ob Ihre Java-Entwicklungsumgebung richtig konfiguriert ist.

Beispiel 4.1:
Ein erstes Applet:
Blink.java

```
//-----------------------------------------------------
// Blink      Blinking Text
//-----------------------------------------------------
// Beispiel fuer ein Applet mit Animationsprozess
//-----------------------------------------------------
import java.awt.*;
import java.applet.Applet;

public class Blink extends Applet implements Runnable {
    Thread      animator;
    int         num = 10, i;
    Color       colors [] = new Color [10];
    String      myString;
    Font        font;
    boolean     suspended = false;

    // Applet wird initialisiert
    public void init() {
        // Kommandozeilenparameter beschaffen
        myString = getParameter ("blinkstring");
        if (myString == null) {
            myString = "Blinkender Text";
        }
        setBackground (Color.lightGray);
        font = new Font("Helvetica",Font.BOLD,16);
        colors [0] = Color.magenta;
        colors [1] = Color.black;
        colors [2] = Color.red;
```

Basis-Java

```java
         colors [3] = Color.yellow;
         colors [4] = Color.blue;
         colors [5] = Color.white;
         colors [6] = Color.pink;
         colors [7] = Color.green;
         colors [8] = Color.orange;
         colors [9] = Color.cyan;
         i = -1;
      }

      // Diese Methode zeichnet das Applet-Layout
      public void paint(Graphics g) {
         String    text;
         g.setColor ( colors [i] );  g.setFont  (font);
         g.drawString (myString, 10, 40 );
      }

      // Implementiert Runnable Interface
      // Hier läuft periodisch der Animations-Thread ab
      public void run() {
         while (Thread.currentThread() == animator) {
            // Zeichenfarbe (Index) wechseln
            ++i;
            if ( i == num ) { i = 0; }
            repaint ();  // Anforderung neu zeichnen

            // sleep - Delay
            try {
               if (Thread.currentThread() == animator) {
                  Thread.sleep (800);   // Thread schläft
               }
            } catch (InterruptedException e){break;}
         }
      }

      // start Applet = start Animation thread
      public void start () {
         if ( animator == null ) {
            animator = new Thread (this);
            animator.start ();
         }
      }

      // stop Applet = stop Animation thread
      public void stop () {
         animator.stop ();
         animator = null;
      }
   } // end class Blink
```

Ein erstes Applet

Edit
Compile
Run

Selbstverständlich können Sie Java-Programme in jedem beliebigen Texteditor kodieren. Per Konvention werden Java Sourcefiles mit dem Namen des Applets bezeichnet und erhalten den Suffix java. Ich habe also das Beispiel-Applet Blink unter dem Namen Blink.java abgespeichert.

Blink.java können Sie zum Beispiel mit dem Java-Compiler von Sun übersetzen:

```
javac Blink.java
```

Der Compile-Lauf erzeugt die Datei Blink.class, die das Objectfile, also den generierten Byte-Code enthält.

Abbildung 4.1:
Blink.java im Texteditor von Parts for Java

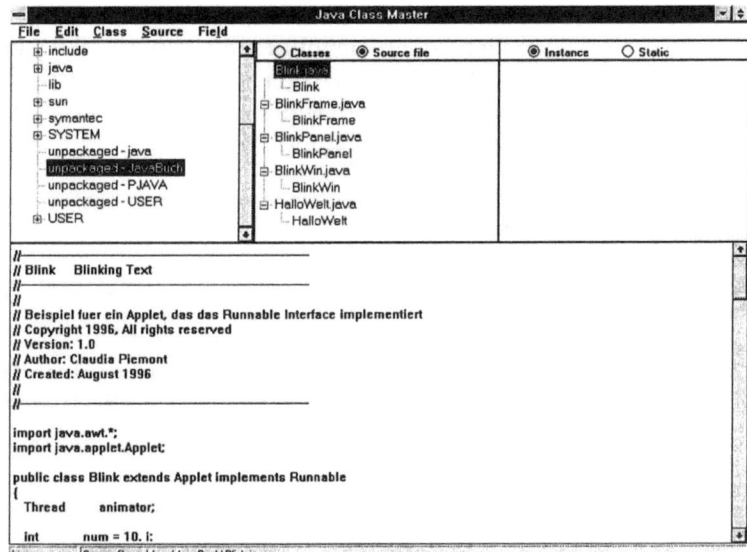

Die Entwicklungsumgebung „Parts for Java" enthält einen guten Texteditor, den sogenannten Class Master. Er bietet viele Funktionen an, so wie sie für Smalltalk-Editoren charakteristisch sind. Smalltalk war einer der ersten objektorientierten Programmiersprachen. Mit dem Editor in „Parts for Java" lassen sich beliebige Java-Programme erstellen und übersetzen (siehe Abbildung 4.1). Da „Parts for Java" derzeit Animations-Prozesse nicht direkt unterstützt, wurde das Blink-Applet ohne die Hilfe der Layout-Parts komplett selbst in Java entwickelt.

Basis-Java

Hinweis:
> Der javac-Compiler verlangt zwingend, daß in einem Sourcefile nur eine Klasse mit der Bezeichnung public (öffentlich) enthalten sein darf. Der Dateiname abzüglich der Endung .java muß gleich dem Namen dieser Klasse sein.
>
> Viele andere Java-Entwicklungsumgebungen basieren auf dem JDK von Sun und setzen deshalb ebenfalls diese Konvention voraus.
>
> Das Schlüsselwort public ist ein sogenannter Zugriffsbezeichner (Access Modifier). Abschnitt 4.3 „Objektorientierte Programmierung mit Java" geht unter anderem auch auf dieses Thema ausführlich ein.

Wenn Sie nun dieses Applet in einem Web-Browser ausführen wollen, dann benötigen Sie ein HTML-Dokument, in dem das Java-Applet eingebettet wird (siehe Beispiel 4.2). Der Text, der später im Applet-Window erscheint, wird durch den Parameter blinkstring bestimmt.

Beispiel 4.2:
Applet Blink eingebettet in einem HTML-Dokument

```
<HTML>
<HEAD>
<TITLE> Beispiel f&uuml;r ein Java-Applet </TITLE>
<BODY>
<hr>
<APPLET code=Blink.class width=600 height=400>
<PARAM NAME="blinkstring"  value="Willkommen bei Java">
</APPLET>
</BODY>
</HTML>
```

Im Web-Browser erscheint das Applet dann wie in Abbildung 4.2. Leider kann ich hier die farbige Animation nicht darstellen.

Abbildung 4.2:
Applet Blink ausgeführt im Web-Browser

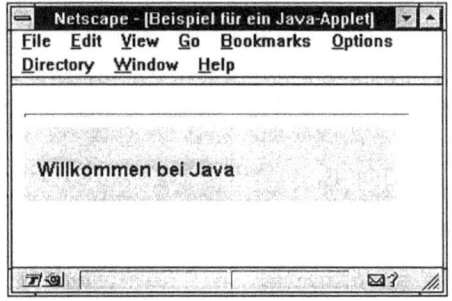

4.2 Prozedurale Programmanweisungen

Die Syntax von Java ist bewußt einfach gehalten. Dieser Abschnitt beschreibt kurz die grundlegenden Programmanweisungen. Er erläutert, wie Variablen und Konstanten deklariert werden, und welche prozeduralen Programmanweisungen zur Verfügung stehen. Im nächsten Abschnitt finden Sie eine Darstellung der objektorientierten Programmiertechniken.

Für Zeichen, Strings und Variablennamen setzt Java den Unicode-Zeichensatz ein. Der Unicode ist ein internationaler, auf ASCII und ISO8859-1 (Latin-1) basierender Zeichensatz.

Sun hat die komplette Java-Sprachreferenz auf dem Web-Server von JavaSoft veröffentlicht. Außerdem gibt es die Sprachreferenz als Buch:

Gosling et al: Java – Die Sprachspezifikation, Addison-Wesley, 1996

4.2.1 Kommentare

In Java gibt es drei verschiedene Arten von Kommentaren:

Kommentar	Bedeutung
/* ... */	Umgeben Kommentarzeilen, die über mehrere Zeilen gehen können, ähnlich wie in C++.
//	Einzeiliger Kommentar. Nach dem // gilt der Rest der Zeile als Kommentar.
/** ... */	Kommentare, die vom Javadoc-Kommentarsystem interpretiert werden können. Javadoc ist ein Werkzeug von Sun und Bestandteil des JDK. Es generiert aus speziellen Kommentarzeilen im Quelltext übersichtlich gegliederte HTML-Seiten zur Dokumentation von Java-Klassen. Auf Javadoc gehe ich hier nicht näher ein. Weitere Informationen dazu finden Sie auf dem Java-Web-Server von Sun (JavaSoft).

Basis-Java

4.2.2 **Literale (Konstante Werte)**

Java unterstützt fünf verschiedene Typen von Literalen:

- **Boolsche Konstante.** Sie enthalten true oder false.
  ```
  Boolean  suspended = false;
  ```
- **Einzelne Zeichen (Character).** Der zugrundeliegende Zeichensatz ist der Unicode-Zeichensatz.
  ```
  char doubleQuote = '\u0022'
  ```
- **Strings**
  ```
  String   myString = "Blinkender Text";
  ```
- **Integer**
  ```
  int   num = 10;
  ```
- **Floating Point (Gleitkommazahl)**
  ```
  float real1 = 1234.56;
  float real2 = 123.45e-2;
  ```

Die Beispiele zeigen die Deklaration von typischen Java-Literalen. Üblicherweise programmiert man hier wie in C++ oder anderen Programmiersprachen.

4.2.3 **Variablennamen**

Ein Variablenname besteht aus einer Folge von Zeichen aus dem Unicode-Zeichensatz beliebiger Länge. Er muß mit einem Buchstaben beginnen. Als Buchstaben zählen auch das Unterstreichungszeichen (_) und das Dollarzeichen ($). Java macht einen Unterschied zwischen Groß- und Kleinschreibung. KAFFEE ist eine andere Variable als kaffee.

Hinweis:

> Allgemein angewendet wird die folgende Konvention (sie stammt ursprünglich von der Programmiersprache Smalltalk):
> - Variablennamen beginnen mit einem Kleinbuchstaben: myVariable
> - Klassen fangen mit einem Großbuchstaben an: MyClass
> - Unterschiedliche Konzepte (Wörter) werden durch Groß-/Kleinschreibung optisch getrennt: DonauDampfSchiff

4.2.4 Deklaration und Initialisierung von Variablen

In Java muß jede Variable mit ihrem zugehörigen Typ deklariert werden. Es gibt grundsätzlich zwei Arten von Variablen in Java:

- einfache Datentypen
- Referenz-Datentypen (Objekte)

Einfache Datentypen (zum Beispiel `int`) enthalten eine einzelnen Wert. Eine Integer-Variable i wird zum Beispiel so deklariert:

```
int i;
```

Referenz-Datentypen sind Arrays, Objekte, Klassen und Interfaces. Referenz-Datentypen werden so bezeichnet, weil sie eine Referenz (Pointer) auf einen komplexen Datentyp enthalten. Aus Sicherheitsgründen ist eine direkte Deklaration oder Manipulation von Speicheradressen (Pointerwerten) in Java allerdings nicht möglich.

Java kennt die folgenden einfachen Datentypen:

Datentyp	*Inhalt*	*Länge*
`boolean`	true oder false	1 Bit
`char`	1 Unicode-Zeichen	16 Bits
`byte`	Integer mit Vorzeichen	8 Bits
`short`	Integer mit Vorzeichen	16 Bits
`int`	Integer mit Vorzeichen	32 Bits
`long`	Integer mit Vorzeichen	64 Bits
`float`	Floating Point IEEE 754	32 Bits
`double`	Floating Point IEEE 754	64 Bits

Bei der Deklaration werden Variable als Default mit dem Initialwert 0 belegt. Es ist möglich, gleichzeitig eine Variable zu deklarieren und sie zu initialisieren:

```
float real1 = 1234.56;
```

In Java gibt es keine globalen Variablen. Alle Variablen gelten lokal in einer Methode oder in dem Programmblock (begrenzt durch { }), in dem sie deklariert wurden.

4.2.5 Konstanten

Konstanten werden durch das vorangestellte Schlüsselwort `final` vereinbart. Sie lassen sich während der Laufzeit nicht mehr verändern.

```
final float PI = 3.1416;
```

Konstanten werden meist im Kontext einer Klasse eingesetzt und deshalb als Klassenvariable vereinbart (siehe auch Abschnitt 4.3 „Objektorientierte Programmierung mit Java"):

```
public static final float PI = 3.1416;
```

Hinweis:
> Per Konvention schreibt man Konstanten in Großbuchstaben, wie zum Beispiel `PI`. Dies dient zur besseren Kennzeichnung im Quellcode.

4.2.6 Arrays

Ein Array ist ein Vektor von fester Größe, der Objekte oder einfache Datentypen eines bestimmten Typs enthält. Der Datentyp der Objekte, die im Array gespeichert werden, wird bei der Deklaration des Arrays angegeben. Mit `new` erzeugen Sie das Array im Hauptspeicher und legen seine Größe fest. Die Deklaration und die Initialisierung eines Arrays muß nicht in der gleichen Anweisungszeile geschehen. Sie können voneinander getrennt sein. Die Indizierung eines Arrays beginnt mit 0. Ein Array wird wie folgt vereinbart:

```
elmTyp []    arrayName = new elmTyp [groesse];
```

Diese Anweisung erzeugt einen Array von Integer-Größen:

```
int []    integerArray;
integerArray = new int [20];
```

Der Array `integerArray` wird anschließend durch das new-Statement angelegt und mit dem Default-Wert 0 initialisiert.

Im Beispielprogramm des Blink-Applets wird ein Array angelegt, das 10 Elemente des Objekttyps `Color` enthält:

Prozedurale Programmanweisungen

```
Color    colors [] = new Color [10];
```

Der Zugriff auf ein Array-Element erfolgt wie in C++ üblich durch Angabe des Indexwerts in eckigen Klammern:

```
colors [6] = Color.pink;
```

Es ist auch möglich, ein Array bei der Deklaration durch die Angabe von Array-Elementen zu initialisieren:

```
Color    colors [] = { Color.black, Color.pink, Color.blue };
```

Die Anzahl der Array-Elemente läßt sich über die Variable length abfragen:

```
Color    colors [] = new Color [10];
int      laenge;
laenge = colors.length;
```

Java unterstützt ebenfalls mehrdimensionale Arrays. Sie werden als Arrays von Arrays implementiert und können im Programm als Matrix oder wie eine Hintereinanderschaltung von Arrays behandelt werden.

```
int zweiDimArray [] [] = new int [5] [10];
```

Mit dieser Deklaration wird ein zweidimensionales Array namens zweiDimArray von Integer-Größen vereinbart. Im Speicher erzeugt Java eine Array von 5, der als Elemente Referenzen auf ein Array von je 10 Integer-Elementen enthält. Der Zugriff erfolgt hier wie bei einer Matrix:

```
zweiDimArray [i] [j];
```

4.2.7 Strings

Strings in Java stellen einen Sonderfall dar. Strings sind vollgültige Java-Objekte und Instanzen der Klasse String aus der Java-Klassenbibliothek (siehe 4.3 „Objektorientierte Programmierung mit Java"). Der Java-Compiler behandelt Strings aber fast so wie einen einfachen Datentyp. Er erzeugt aus einem String-Literal automatisch ein Java-String-Objekt, ohne daß der Programmierer dies explizit angeben muß. Ein Beispiel finden Sie im Applet Blink:

```
myString = "Blinkender Text";
```

Strings können durch den Operator + verbunden (konkateniert) werden, dies ist zum Beispiel wichtig, wenn ein langes String-Literal mehrere Quelltextzeilen einnimmt.

```
"Dieser String wird" + " mit diesem verknüpft"
1234567 + "wo ist nur die Gans geblieben"
```

Mit dem +-Operator ist es außerdem möglich, Werte, die selbst keine Strings sind, mit einem String zu verbinden. Der Compiler wandelt die Zahl 1234567 automatisch in den entsprechenden String „1234567" um.

Eine wichtiges Merkmal von String-Objekten ist ihre Unveränderbarkeit. Wenn ein String einmal initialisiert ist, kann der Inhalt nicht mehr verändert werden. Im Gegensatz dazu ist für dynamische Stringverarbeitung die Klasse `StringBuffer` vorgesehen.

Es ist manchmal notwendig, Strings in andere Datentypen (oder Objekte) umzuwandeln und umgekehrt. Die Klasse `String` enthält die Klassenmethode `valueOf`, mit der man Variablen von einem anderen Datentyp in Strings umwandeln kann. Dies gilt auch für die einfachen Datentypen.

```
float      pi = 3.1416;
String     einString;
einString = String.valueOf (pi);
```

Viele Klassen implementieren die Methode `toString`, die ein Objekt dieser Klasse in einen entsprechenden String umwandelt.

```
Float      pi = 3.1416;
String     einString;
einString = pi.toString ();
```

Float ist in diesem zweiten Beispiel kein einfacher Datentyp, sondern eine sogenannte „Type-Wrapper"-Klasse, die den einfachen Datentyp `float` durch Verpacken (Wrapping) als ein Objekt betrachtet. Dies ist notwendig, da pi sonst keine eigenen Methoden wie eben `toString` unterstützen könnte.

Außerdem gibt es hier natürlich noch den umgekehrten Weg, die Umsetzung eines Strings in einen anderen Datentyp. Dazu kann man ebenfalls die „Type-Wrapper"-Klassen verwenden, zum Beispiel, wenn man einen String, der die Zahl π repräsentiert, in eine Gleitkommazahl umwandeln will:

```
Float   pi   = Float.valueOf ( "3.1416" );
```

4.2.8 Operatoren und Ausdrücke (Expressions)

Operatoren sind spezielle Symbole, die in Java-Anweisungen verwendet werden, zum Beispiel in arithmetischen Ausdrücken.

Hier sehen Sie einige Beispiele für Java-Anweisungen aus dem Blink-Applet:

```
++i;                        // Prefix-Notation
i--;                        // Postfix-Notation
if ( i == num ) { i = 0; }
i = -1;
```

Die Operatoren in Java arbeiten mit einem oder mit zwei Operanden. Bei einwertigen Operatoren ist die Prefix- oder Postfix-Notation möglich:

Prefix: Operator Operand   Auswertung der Variable nach der Operation
Postfix: Operand   Operator Auswertung der Variable vor der Operation

Zweiwertige Operatoren verwenden die Infix-Notation:

Operand1 Operator Operand2

Arithmetische Operatoren

Arithmetische Operatoren

Operator	Ausgeführte Operation	Beispiel
++	Inkrement	i++
--	Dekrement	i--
-	Vorzeichenwechsel	-3
+	Addition oder Konkatenierung von Strings	i + j "Ich und" + "Du"
-	Subtraktion	i - j
*	Multiplikation	i * j
/	Division	i / j
%	Modulo-Funktion (Divisionsrest)	i % j

Auf die Frage der Typkonversionen bei arithmetischen Operationen möchte ich hier nicht näher eingehen. Zu diesem Thema finden Sie detaillierte Information in der Original Java-Sprachreferenz von Sun.

Vergleiche

Vergleichsoperatoren und logische Verknüpfungen (ausgenommen Bit-Operatoren)

Operator	Ausgeführte Operation	Beispiel
>	Vergleich: größer als	i > 5
>=	Vergleich: größer gleich	i >= 4
<	Vergleich: kleiner als	i < 20
<=	Vergleich: kleiner gleich	i <= 19
==	Vergleich: identisch	i == j
!=	Vergleich: nicht identisch	i != j
&&	Logisch: und	(i < 1) && (j > 2)
||	Logisch: oder	bool1 || bool2
!	Logische Negation	! bool1

Bit-Operatoren

Bit-Operatoren

Bit-Operatoren arbeiten auf Bit-Ebene.

Operator	Ausgeführte Operation	Beispiel
<<	Links-Shift	byteY << 2
>>	Rechts-Shift mit Vorzeichen	byteY >> 2
>>>	Rechts-Shift ohne Vorzeichen	byteY >>> 2
&	Bitweises Und	byteX & byteY
|	Bitweises Oder	byteX | byteY
^	Bitweises XOR	byteX ^ byteY
~	Bitweises Komplement	~ byteY

Zuweisungen

Zuweisungsoperatoren

Wie in vielen anderen Programmiersprachen implementiert man in Java eine Zuweisung mit dem grundlegenden Operator = :

```
i = -1;  // i erhält den Wert -1
```

Um arithmetische und logische Ausdrücke in Zusammenhang mit einer Zuweisung abzukürzen, gibt es weitere Zuweisungsoperatoren (wie sie auch in C++ möglich sind):

Arithmetische Zuweisungsoperatoren

Operator	Beispiel	langer Ausdruck
+=	i += j	i = i + j
-=	i -= j	i = i - j
*=	i *= j	i = i * j
/=	i /= j	i = i / j
%=	i %= j	i = i % j
&=	b1 &= b2	b1 = b1 & b2
|=	b1 |= b2	b1 = b1 | b2
^=	b1 ^= b2	b1 = b1 ^ b2
<<=	b1 <<= b2	b1 = b1 << b2
>>=	b1 >>= b2	b1 = b1 >> b2
>>>=	b1 >>>= b2	b1 = b1 >>> b2

Operator-Priorität

Die Prioritätsregeln bei der Verwendung von Operatoren in komplexen Ausdrücken sind in der folgenden Tabelle zusammengefaßt. Die Operatoren erscheinen in der Rangfolge ihrer Priorität, von hoch nach niedrig. Java wertet Operatoren mit einer höheren Priorität vor Operatoren mit einer niedrigeren Priorität aus. Operatoren in der gleichen Zeile haben dieselbe Priorität und werden von links nach rechts ausgewertet.

Operator	Kommentar
., [], (), Postfix-Operatoren (++, --) Prefix-Operatoren (++, --), einwertige Operatoren (-,~, !)	Der Punkt-Operator (.) wird benutzt, um auf Objekt-Variable und -Methoden zuzugreifen. Der Operator [ ] wird für die Array-Deklaration und den Array-Zugriff eingesetzt. Runde Klammern gruppieren Ausdrücke.
New	Mit new wird ein neues Objekt erzeugt.
Casting	Das Casting eines Ausdrucks auf einen anderen kompatiblen Datentyp oder Objekt geschieht mit dem Ausdruck: (Datentyp) ausdruck

Basis-Java

Operator	Kommentar
*, /, %	multiplikative arithmetische Operatoren
+, -	additive arithmetische Operatoren
<<, >>, >>>	Shift-Operatoren
<, >, <=, >=, instanceOf	Vergleichs-Operatoren Der Operator instanceOf (Class) prüft, ob ein Objekt Instanz einer Klasse ist (siehe Abschnitt 4.3).
==, !=	Gleichheit
&	bitweises Und
^	bitweises XOR
|	bitweises Oder
&&	logisches Und
||	logisches Oder
?:	konditionales If (Abkürzung für if..then..else)
=, +=, -=, *=, /=, %=, ^=, &=, |=, <<=. >>=, >>>=	Zuweisungsoperatoren

Man kann die Reihenfolge der Auswertung von Ausdrücken natürlich durch das Setzen von runden Klammern () steuern.

4.2.9 Java-Anweisungen

Programmblock

Ein Programmblock besteht aus Java-Anweisungen, die in geschweiften Klammern ({}) eingeschlossen sind. Innerhalb eines Blocks gilt ein eigener lokaler Namensraum (local scope), in dem auch lokale Variable deklariert werden können.

Beispiel 4.3:
Programmblock mit lokaler Variable animator

```
{
    Thread   animator;

    animator = new Thread (this);
    animator.start ();
}
```

Prozedurale Programmanweisungen

if..then..else
Case

if..then..else und case-Anweisung

Die if-Anweisung in Java entspricht zum großen Teil der if-Anweisung in C; der Vergleichsausdruck muß jedoch ein boolscher Ausdruck sein. Der else-Zweig kann entfallen. Der Einschluß der Anweisungen im then- und else-Zweig in Programmblöcke ({}) ist nur bei mehr als einer Anweisung notwendig.

Beispiel 4.4:
if-Anweisung

```
if ( suspended )
     { animator.resume (); }    // then-Zweig
else
     { animator.suspend (); }   // else-Zweig
```

Die case-Anweisung wird in Java durch das Schlüsselwort switch eingeleitet. Der Testwert in jedem case-Zweig ist zwingend vom gleichen Datentyp wie der Ausdruck nach dem switch-Schlüsselwort.

Beispiel 4.5:
switch-Anweisung
(eingebettet in die Methode start)

```
public int   start  (int int1, int int2, char oper)
                throws  NichtMoeglichException
{
     int        intResult;

     switch (oper) {
        case '+':
            intResult = int1 + int2;
            break;
        case '-':
            intResult = int1 - int2;
            break;
        case '*':
            intResult = int1 * int2;
            break;
        case '/':
            intResult = int1 / int2;
            break;
        default:         // in allen anderen Faellen
            throw new NichtMoeglichException
                ("Operator nicht vom Typ: +,-,*,/");
     }

     return intResult;
}
```

Basis-Java

Mögliche Datentypen für den Testwert sind alle Integer-basierten, einfachen Datentypen (und nur diese, das schließt auch Objekte aus). Testkriterium ist immer die Prüfung auf Gleichheit.

Jeder case-Zweig soll durch die break-Anweisung beendet werden. Bei einer positiven Entscheidung wird der case-Zweig abgearbeitet und das Programm nach der switch-Anweisung weiter fortgesetzt.

(Die Erklärung der throw-Anweisung finden Sie im Abschnitt 4.4 „Fehlerbehandlung mit Exceptions".)

Schleifen: for, while do-while	*Schleifen: for, while und do-while*

Die Schleifenanweisungen (for, while und do-while) entsprechen weitgehend den entsprechenden Anweisungen in C. Der Testausdruck muß ein boolsches Resultat haben (wie bei der if-Anweisung).

Die for-Schleife arbeitet üblicherweise mit einem Schleifenindex, der schrittweise erhöht oder erniedrigt wird. Die Schleife läuft solange ab, bis die Ende-Bedingung erfüllt ist. Zum Aufsetzen der Schleife gibt es eine Init-Anweisung, eine Ende-Bedingung (Testausdruck) und ein Inkrement. Die Init-Anweisung setzt die Anfangsbedingung, die üblicherweise den Schleifenindex initialisiert. Über das Inkrement läßt sich die Schrittweite des Schleifenindex einstellen. Alle Anweisungsteile sind optional.

In der Init-Anweisung haben Sie auch die Möglichkeit, Variable zu deklarieren, die innerhalb der for-Schleife Gültigkeit besitzen, zum Beispiel der Schleifenindex (Inkrement).

Beispiel 4.6: for-Anweisung	```for (Init-Anweisung; Ende-Bedingung; Inkrement)
	{
	    // Anweisungen im Loop ausführen
	}```

Die while-Schleife wiederholt die eingeschlossenen Anweisungen solange, bis der angegebene Test-Ausdruck wahr ist.

Prozedurale Programmanweisungen

Beispiel 4.7:
while-Anweisung

```
while (Thread.currentThread() == animator)
{
    ++i;
    if ( i == num ) { i = 0; }
    repaint ();

    // sleep - Delay
    ....
}
```

In der do-while-Schleife wird der Anweisungsblock solange ausgeführt, wie der Testausdruck wahr bleibt. Beim Resultat false wird die Schleife beendet.

Beispiel 4.8:
do-while-Anweisung

```
do
{
    ++i;
    if ( i == num ) { i = 0; }
    repaint ();
    // sleep - Delay
    ....
} while ( Thread.currentThread() != animator)
```

Der Anweisungsblock in einer do-while-Schleife wird mindestens einmal ausgeführt.

Außerplanmäßiger Schleifendurchlauf

In Java gibt es zwei verschiedene Möglichkeiten, Schleifen anders als geplant auszuführen:

- Die break-Anweisung beendet die aktuelle Schleife sofort.
- Mit continue werden die weiteren Anweisungen in der Schleife übergangen. Der nächste Iterationsschritt startet sofort.

Die Anweisungen break und continue können mit dem Namen eines Labels kombiniert werden.

```
meinLabel: text = "Hier geht's weiter";
break   meinLabel;
```

Das Setzen eines Labels vor einer Anweisung kann ein goto-Statement simulieren. Da diese Technik schnell zu unübersichtlichen Programmen führen kann, sollte man sie nur in Ausnahmefällen benutzen.

import | *import-Anweisung*

Wenn man sich in einem Quelltext auf eine Klasse in der Java-Klassenbibliothek beziehen möchte, dann muß man den Namen der Klasse vollqualifiziert angeben:

```
java.awt.Color colors [] = new java.awt.Color [10];
```

Als Erleichterung für den Softwareentwickler enthält Java die import-Anweisung.

```
import java.awt.Color;
import java.awt.*;
```

Mit Hilfe der import-Anweisung kann auf einen vollqualifizierten Namen verzichtet werden. Es wird lediglich der Name der Klasse verwendet (siehe auch Beispiel 4.1):

```
Color colors [] = new Color [10];
```

Die import-Anweisungen erscheinen immer am Anfang des Quelltextes. Das Symbol * dient als Platzhalter für alle Klassen in einem Package. Der Package-Begriff wird in Abschnitt 4.3.3 näher erläutert. Die import-Anweisung bietet lediglich eine komfortable Abkürzung; es werden keine Dateien oder Anweisungen in den Quelltext eingefügt (im Gegensatz zu der in C verwendeten #include-Direktive).

Die Klassen aus dem java.lang-Package werden automatisch in den Java-Quelltext importiert. Eine import-Anweisung für diese Klassen ist nicht notwendig. Deshalb enthält Beispiel 4.1 keine import-Anweisung für die Klasse Thread.

Das gleiche gilt für Klassen, die keinem Package explizit zugeordnet sind.

4.3 Objektorientierte Programmierung mit Java

Java ist eine reine objektorientierte Programmiersprache (OOP), vergleichbar mit Smalltalk oder Eiffel. Daneben hat Java durch das Strong Typing sehr viel Ähnlichkeiten mit C++ (C++ ist ein Hybrid, da alle Anteile der prozeduralen Sprache C übernommen wurden). Die grundlegenden Sprachkonstrukte von Java kennen Sie bereits aus dem letzten Abschnitt. Hier wollen wir uns nun damit beschäftigen, wie man mit Java objektorientierte Programme erstellt. Heute hat die objektorientierte Technologie in der Softwareentwicklung schon große Bedeutung erlangt. Vermutlich haben Sie schon einmal mit einer OOP gearbeitet, und die wesentlichen Konzepte sind Ihnen bereits vertraut. In diesem Fall wird Ihnen das objektorientierte Programmieren mit Java sehr schnell von der Hand gehen. Sollten Sie ein OO-Neuling sein, so bemühe ich mich, Ihnen in diesem Abschnitt die objektorientierten Eigenschaften von Java gut und übersichtlich zu erklären. Mein Ziel soll es sein, daß Sie einfach und schnell mit Java Applets für das WWW entwickeln können.

Objektorientierte Methoden werden auch in der Analyse und im Design von Softwaresystemen eingesetzt. Ein sehr gutes Buch für Entwickler mit einer detaillierten Beschreibung des objektorientierten Modells und vielen Beispielen (in Smalltalk und C++, leider kein Java) ist:

Booch: Object-Oriented Analysis and Design with Applications, Second Edition, Benjamin/Cummings Publishing, 1994

Die objektorientierte Technologie mehr von einem wirtschaftlichen Standpunkt aus betrachtet David Taylor:

Taylor: Objektorientierte Technologien, Addison-Wesley, 1992

Die objektorientierte Technologie bietet in der Softwareentwicklung viele Vorteile gegenüber der herkömmlichen Vorgehensweise. Die wesentlichen Vorzüge liegen in:

- einem übersichtlichen, modularen und flexiblen Softwaredesign,
- einem Programmdesign, das besser an den realen Geschäftsprozeß angepaßt ist,
- wiederverwertbaren Komponentenstrukturen,
- einer ganzheitlichen Methodik in der Softwareproduktion von der Analyse bis zur Implementierung und Wartung.

Heute gibt es schon CASE-Werkzeuge (CASE ist die Abkürzung für Computer Aided Software Engineering), die Java als Implementierungssprache integrieren. Dies sind oft die gleichen Produkte bekannter Hersteller, die auch Smalltalk oder C++ unterstützen. Die aktuellsten Informationen zu diesem Thema finden Sie in den Computermagazinen, die sich mit Objektorientierung und Java beschäftigen.

Eine Garantie für ein übersichtliches Programm kann auch Java nicht bieten. Es kommt sehr darauf an, wie sehr der einzelne Entwickler sich an die Prinzipien für gutes Softwaredesign hält.

4.3.1 Objekte und Klassen

Das objektorientierte Modell baut, wie der Name schon sagt, auf dem Konzept des Objekts auf. Ein Objekt ist eine abgeschlossene Einheit von den charakteristischen Informationen (Daten) des Objekts und den Funktionen (Methoden), die mit diesen Daten arbeiten. Die Daten eines Objekts bestimmen die Inhalte, die das Objekt besitzt. Außerdem legen sie seine Identität fest. Die Methoden eines Objekts beschreiben das Verhalten des Objekts. Methoden sind Programmroutinen eines Objekts, die von anderen Objekten aufgerufen werden, um eine Aufgabe zu lösen.

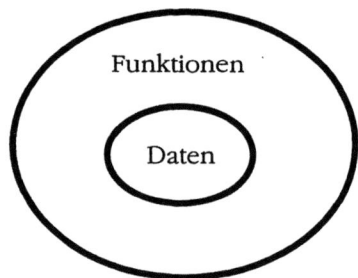

Abbildung 4.3: grafische Zeichnung eines Objekts, auch bekannt als Donut-View

Das Objekt-Konzept ist abgeleitet von dem Prinzip der abstrakten Datentypen. Ein klassisches Beispiel ist der Stack, der als Klasse auch in der Java-Bibliothek enthalten ist (siehe auch Abbildung 4.9 später in diesem Abschnitt). Objekte in Java sind oft Abbilder (Modelle) von Dingen aus der realen Welt. Zum Beispiel kann man einen Mitarbeiter einer bestimmten Firma als Objekt beschreiben.

Es ergeben sich die folgenden charakteristische Daten für einen Mitarbeiter (allgemein Person genannt):

Beispiel 4.9: Daten für das Objekt Person (ein Mitarbeiter)

- Personalnummer
- Vorname
- Nachname
- Gebäudenummer
- Büronummer
- Telefon
- Fax
- Gehaltsklasse
- Persönliche Zulage

Objektorientierte Programmierung mit Java

Man kann sich zum Beispiel folgende Methoden denken, die den Mitarbeiter betreffen und die für die Firmen-Organisation wichtig sind:

Beispiel 4.10:
Methoden für das Objekt Person (ein Mitarbeiter)

- Ein Mitarbeiter wird neu eingestellt
- Der Mitarbeiter kündigt oder geht in Pension
- Einziehen (Umziehen) in ein Büro oder Gebäude
- Änderung der Telefon- oder Faxnummer
- Beförderung mit Gehaltserhöhung
- ... und andere

Wenn man objektorientiert programmiert, steht man immer zuerst vor der Frage: Wie finde und modelliere ich meine Programm-Objekte?

Häufig kommen Objekte aus einer der folgenden Kategorien:

- Ein sichtbarer, existierender Gegenstand aus der realen Welt, zum Beispiel ein Kunde, ein Auftrag oder ein Mitarbeiter.

- Ein theoretisches Modell aus der Problemwelt oder eine gedankliche Vorstellung, die der Softwareentwickler verwendet, um das Problem zu lösen. Beispiele dieser Art sind Konzepte aus Forschung und Entwicklung als auch mathematische und logische Modelle.

- Sichtbare Elemente einer grafischen Benutzeroberfläche, zum Beispiel ein Fenster oder ein Push-Button.

- Abstrakte Datenstrukturen wie sequentielle Liste, Baum oder Keller (Stack).

Klassen

Objekte mit gleichen Merkmalen und Strukturen werden in Klassen zusammengefaßt. Eine Klasse deklariert den Bauplan der Objekte, die durch diese Klasse neu erzeugt werden.

Die Definiton der Klasse beschreibt ein Objekt, das typisch ist für alle Objekte dieser Klasse. Stellen Sie sich zum Beispiel die Mitarbeiter einer Firma vor, in der die Personen Meier, Schulz und Schmidt arbeiten. Überlegen wir jetzt, wie wir diese Personen als Software-Objekte abbilden können. Alle Mitarbeiter besitzen die in Beispiel 4.9 aufgeführten Eigenschaften, wie `Personalnummer, Name, Vorname` undsoweiter. Die Eigenschaften sind also gleich, nur die Inhalte unterscheiden sich. So enthält die Eigenschaft Nachname im 1. Objekt den Text Meier, im 2. Objekt den Text Schulze und im 3. Objekt den Text Schmidt (siehe Abbildung 4.5).

Abbildung 4.4: grafische Darstellung einer Klasse

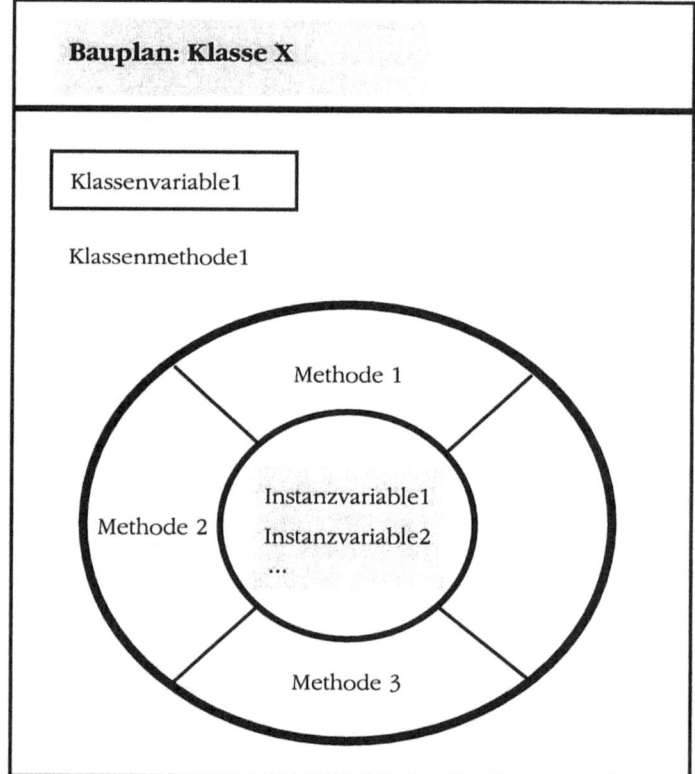

Die Funktionen, die auf ein Objekt der Klasse Person angewandt werden können, entsprechen der in Beispiel 4.10 genannten Liste. Mitarbeiter werden neu eingestellt oder kündigen. Sie ziehen in ein Büro ein und werden im Laufe ihrer Tätigkeit vielleicht befördert. In Abbildung 4.4 sind die Personen-Objekte Meier, Schulz und Schmidt grafisch dargestellt. Als Objekt-Methoden habe ich exemplarisch die Methoden einziehen und befördern eingezeichnet. Jedes Personen-Objekt besitzt die Methoden, die der Programmierer im Bauplan der Klasse festgelegt hat. Es sind immer die gleichen.

Objektorientierte Programmierung mit Java

Abbildung 4.5:
Mitarbeiter/innen Meier, Schulz und Schmidt als Objekte der Klasse Person

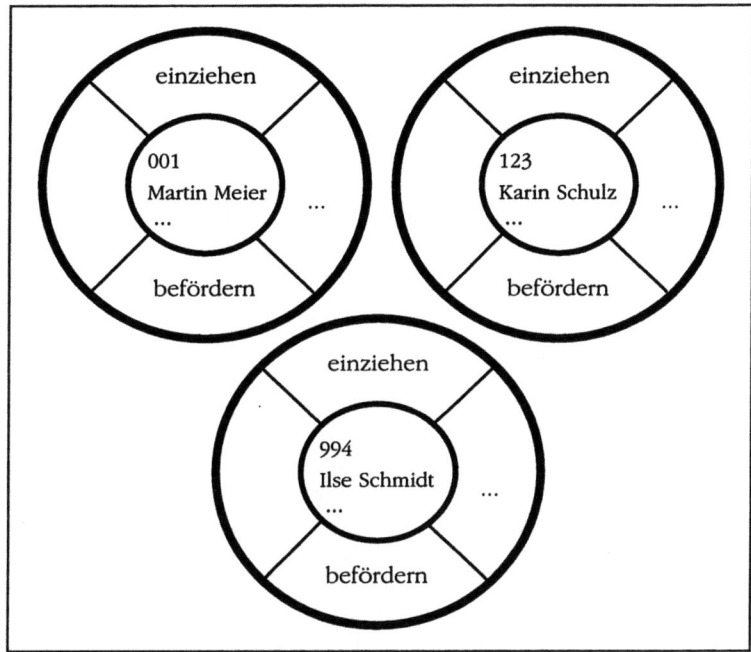

Instanzvariable und Instanzmethoden

Die einzelnen Daten (Eigenschaften) eines Objektes oder einer Klasse werden als Instanzvariablen (instance variable) bezeichnet. Gebräuchlich ist auch der englische Begriff Member Variable. Die Objekte einer Klasse nennt man Instanzen (instances) oder Mitglieder (member) der Klasse. Man sagt auch, daß ein Objekt vom Typ der Klasse X ist.

Eine Klasse wird in Java wie folgt deklariert:

Beispiel 4.11:
Deklaration einer Klasse

```
class  Name_der_Klasse {
    Datentyp     instanzvariable1;
    Datentyp     instanzvariable2;
    public  resultats-Datentyp Methode1 ( parameter ) {
        sequentielle Anweisungen
    }
    protected  resultats-Datentyp Methode2 ( parameter ) {
        sequentielle Anweisungen
    }
    private  resultats-Datentyp Methode3 ( parameter ) {
        sequentielle Anweisungen
    }
}
```

Basis-Java

Hinweis:

> Per Konvention beginnt der Name einer Klasse mit einem Groß-buchstaben:
>
> `class Person`

Den Quelltext für die Klasse Person finden Sie anschließend in Beispiel 4.13. Dort sind allerdings nur die wesentlichen Daten einer Person (eines Mitarbeiters) aufgeführt.

Die Instanzvariablen eines Objekts vom Typ Person sind demnach:

Beispiel 4.12:
Klasse Person: Instanzvariable

```
int         personalNr;
String      vorName;
String      nachName;
boolean     geschlecht;     // F true, M false
int         gebaeudeNr;
int         bueroNr;
```

Um das Beispiel einfach zu halten, wurde nur die Methode einziehen implementiert.

`public void einziehen ( int gN, int bN )`

Mit dieser Methode kann eine Person in das Büro bn im Gebäude gn einziehen.

Beispiel 4.13:
Klasse Person

```
//------------------------------------------------------------
// Person     Mitarbeiter/in in einer Firma
//------------------------------------------------------------
public class Person {
    // Deklaration von Instanz- und Klassenvariablen

    int         personalNr;
    String      vorName;
    String      nachName;
    boolean     geschlecht;     // F true, M false
    int         gebaeudeNr;
    int         bueroNr;

    // Methoden
```

Objektorientierte Programmierung mit Java

```
// Konstruktoren

public Person (int nr, String vN, String nN, boolean mf)
{
    personalNr = nr;
    vorName    = vN;
    nachName   = nN;
    geschlecht = mf;
}

public Person (Person einePerson)
{
    personalNr = einePerson.personalNr;
    vorName    = einePerson.vorName;
    nachName   = einePerson.nachName;
    geschlecht = einePerson.geschlecht;
}

// Objekt-Methoden

// in ein Buero einziehen
public void einziehen ( int gN, int bN )
{
    gebaeudeNr = gN;
    bueroNr = bN;
}
}          // end class Person
```

Im Java-Quelltext von Beispiel 4.1 und 4.13 haben Sie bereits mehrfach die Implementierung von Objekt-Methoden gesehen, zum Beispiel die Methode einziehen oben. Eine Methode in einer Klasse hat sehr viel Ähnlichkeit mit einer Funktion in C++. Sie wird in Java nach folgenden Muster vereinbart:

Beispiel 4.14:
Deklaration einer Objekt-Methode

```
Resultats-Datentyp Methodenname ( Parameter )
{
    Java-Anweisungen
    ....
    return object;    // von Resultats-Datentyp oder Subtyp
}
```

109

Basis-Java

Als Resultats-Datentyp sind alle einfachen und Referenz-Datentypen zugelassen. Soll eine Methode keinen Wert zurückgeben, so muß der Resultats-Datentyp `void` lauten. Die Formal-Parameter der Methode müssen mit ihrem Datentyp deklariert werden.

Die Parameterübergabe in Java geschieht bei den primitiven Datentypen wie int, char usw. nach dem „Call by Value"-Mechanismus, d.h., es wird eine temporäre Kopie des Wertes an die Methode übergeben, und im aufrufenden Programm bleibt der alte Wert erhalten. Für alle Referenz-Datentypen (Objekte und Arrays) wird hingegen „Call by Reference" angewandt. Hier wird die Speicheradresse der Variablen, nicht ihr Inhalt übergeben. Daher sind die Inhalte von Aktualparameter-Objekten in Methoden veränderlich (sogenannter Nebeneffekt einer Methode). Nach dem Rücksprung aus der gerufenen Methode arbeitet die aufrufende Methode mit dem geänderten Objektinhalt weiter.

Eine Klasse in Java darf mehrere Methoden mit dem gleichen Methodennamen enthalten (Method Overloading). Das Unterscheidungsmerkmal dieser Methoden liegt in der Anzahl und im Datentyp der Parameter. Alle Methoden mit dem gleichen Namen müssen den selben Resultatsdatentyp besitzen. Betrachten wir ein Beispiel aus der Mathematik. Die von uns selbst gestaltete Klasse `Complex` bildet in Java die komplexen Zahlen ab. Will man zwei Zahlen addieren, so bildet das Resultat-Objekt selbst den ersten Summanden (w=w+z). Der zweite Summand kann entweder als Objekt vom Typ `Complex` selbst oder durch entsprechende Koordinaten bestimmt sein. Als Resultat ergibt sich wieder eine komplexe Zahl:

```
public Complex  add (Complex z);           // komplex
public Complex  add (float ra, float ib);  // kartesisch
```

Klassenvariable und Klassenmethoden

Bisher haben wir nur Instanzvariablen und Instanzmethoden betrachtet. In Java gibt es zusätzlich noch den Begriff der Klassenvariablen und der Klassenmethoden. Klassenvariable und Klassenmethoden werden in Java durch das vorangestellte Schlüsselwort `static` vereinbart. Eine Klassenvariable ist eine Variable, die für alle Objekte der Klasse nur einmal vorhanden ist. Sie stellt ein gemeinsames, globales Objekt für die gesamte Klasse dar. In der Klasse `Person`, die Mitarbeiter einer Firma repräsentiert, könnte das zum Beispiel der Name der Firma sein.

```
static String    FirmaName;
```

Man setzt Klassenvariable häufig auch dann ein, wenn ein Programm mit Konstanten arbeitet:

```
public class Mathematik
{
    public static final float PI = 3.1416;
}
```

Da die Klassenvariable PI als public deklariert ist, kann man auch außerhalb der Klasse Mathematik mit Mathematik.PI auf diese Konstante zugreifen.

Eine Klassenmethode ist eine Methode, die nur einmal pro Klasse existiert. Sie hat im allgemeinen eine globale Funktion bezogen auf die Bedeutung der Klasse. Um den Java-Source-Code klarer zu gestalten, wird sie üblicherweise auf die Klasse selbst angewandt und nicht auf Instanzen der Klasse (Objekte).

Die Klasse String zum Beispiel besitzt die Methode valueOf:

```
static String valueOf(int i);
```

Durch den folgenden Aufruf, der sich an die Klasse String wendet, kann man Integer-Zahlen parsen und in einen String umwandeln:

```
iZahlAlsString = String.valueOf (iZahl);
```

Da eine Klassenmethode einer Klasse zugeordnet ist und nicht den Instanzen, kann eine Klassenmethode nur auf Klassenvariable zugreifen, jedoch nicht auf Objekte der Klasse, also auch nicht auf Instanzvariable.

Klassenvariablen und Klassenmethoden haben die Bedeutung von globalen Daten und Funktionen bezogen auf den Namensraum der Klasse und sollten sinnvollerweise nur mit dieser Bedeutung eingesetzt werden.

Objekte erzeugen und mit ihnen arbeiten

Ein neues Objekt wird wie üblich über seine Klasse (Objekt-Typ) deklariert und anschließend durch den new-Operator im Speicher angelegt:

```
Person          ute;    // Deklaration des Objekts ute
ute = new Person (1, "Ute", "Schmidt", true); // ute erzeugen
```

Man kann diese beiden Schritte auch in eine einzige Anweisung zusammenfassen:

```
Person         ute = new Person (1, "Ute", "Schmidt", true);
```

Der new-Operator ruft die Konstruktor-Methode des Objekts auf. Konstruktoren sind spezielle Methoden in einer Klassendeklaration, die zur Initialisierung des Objekts dienen. Konstruktoren haben den gleichen Namen wie die Klasse. Sie besitzen keinen Resutltats-Datentyp. Ferner kann es mehrere Konstruktoren für eine Klasse geben, wenn verschiede Arten der Initialisierung sinnvoll sind. In der Regel setzt ein Entwickler in den Konstruktoren die Anfangswerte für die Instanzvariablen des Objekts oder führt andere Initalisierungsverfahren für das neue Objekt durch. Auch die Klasse Person besitzt zwei Konstruktoren:

Beispiel 4.15: Konstruktoren in der Klasse Person

```
public Person (int nr, String vN, String nN, boolean mf)
{
    personalNr  = nr;
    vorName     = vN;
    nachName    = nN;
    geschlecht  = mf;
}

public Person (Person einePerson)
{
    personalNr  = einePerson.personalNr;
    vorName     = einePerson.vorName;
    nachName    = einePerson.nachName;
    geschlecht  = einePerson.geschlecht;
}
```

In Beispiel 4.13 sehen Sie die komplette Klasse Person im Zusammenhang, inklusive der in Beispiel 4.15 aufgeführten Konstruktoren. Je nach Typ und Anzahl der übergebenen Parametern kann eine Klasse mehrere Konstruktoren enthalten, genauso wie das auch bei normalen Objektmethoden möglich ist. Jede Klasse besitzt automatisch den Default-Konstruktor, der keine Argumente benötigt. Der Default-Konstruktor erzeugt allerdings nur ein leeres Hüllen-Objekt. Das Objekt existiert dann zwar, aber die Instanzvariablen sind noch nicht existent und daher auch nicht mit Inhalt gefüllt.

In Beispiel 4.15 erzeugt der folgende Konstruktor:

```
public Person (int nr, String vN, String nN, boolean mf)
```

aus den einzelnen Angaben zur Personalnummer (nr), zum Namen (vN und nN) und zum Geschlecht (mf) ein Objekt vom Typ Person. Der zweite Konstruktor

```
public Person (Person einePerson)
```

erhält als Parameter (einePerson) bereits ein vollständiges Objekt vom Typ Person. Er kopiert also den Inhalt des Objekts einePerson in das neue Objekt, das er gerade erzeugt.

Javas Speichermanagement

Java verfügt über ein dynamisches und automatisches Speichermanagement. Ein Entwickler kann nicht selbständig Speicherplatz belegen, das erledigt das Runtime-System von Java. Dementsprechend gibt es in Java auch keine Destruktoren wie in C++. Java besitzt eine automatische Garbage Collection. Nicht mehr referenzierte Objekte werden automatisch von Java selbst aufgeräumt. Ein Entwickler kann ein Objekt explizit als nicht mehr benötigt kennzeichnen, indem er der Variable, die das Objekt bezeichnet (also der Objektreferenz), den speziellen Wert null zuweist:

```
ute = null;
```

Vor dem Aufräumen ruft Java bei jedem Objekt die Methode finalize auf. Diese Methode kann man selbst in der eigenen Klasse definieren (überschreiben), um eigene Aufräumarbeiten vor der Garbage Collection durchzuführen, zum Beispiel um bestimmte Ressourcen und Objekte wieder freizugeben.

Auf die Garbage Collection von Java gehe ich in diesem Buch nicht näher ein. Weitere Informationen zu diesem Thema finden Sie zum Beispiel im Java-Tutorial von Sun oder im Buch von Lemay und Perkins: Teach Yourself Java in 21 Days, Sam's Publishing, 1996.

Zugriff auf Objekte

Um auf Instanzvariable eines Objekts zuzugreifen, verwendet man die Punktnotation:

```
einePerson.personalNr
```

Dieser Ausdruck liefert die Instanzvariable personalNr des Objekts einePerson. In Objektmethoden greift man auf die Instanzvariablen des eigenen Objekts so zu, als seien es lokale Variable:

Beispiel 4.16:
Zugriff auf Instanzvariable des eigenen Objekts

```
public void einziehen ( int gN, int bN )
{
    gebaeudeNr = gN;   // gebaeudeNr ist Instanzvar
    bueroNr = bN;      // bueroNr ist Instanzvar
}
```

Die komplette Darstellung der Klasse Person mit der Methode einziehen finden Sie in Beispiel 4.13. Das eigene, aktuelle Objekt kann auch durch die spezielle Variable this angesprochen werden. Das ist wichtig, wenn es Namenskonflikte gibt. Beispiel 4.16 und 4.17 sind äquivalent.

Beispiel 4.17:
Die spezielle Variable this

```
public void einziehen ( int gN, int bN )
{
    this.gebaeudeNr = gN;   // gebaeudeNr ist Instanzvar
    this.bueroNr = bN;      // bueroNr ist Instanzvar
}
```

Der direkte Zugriff auf Instanzvariable mit der Punktnotation verletzt das Prinzip des Information Hiding. Wenn die Art der Speicherung der Daten in der Klasse Person sich ändert, dann kann es durch den direkten Zugriff von außen zu Programmfehlern kommen. Besser ist es, die interne Datenstruktur und den Datenzugriff voneinander zu entkoppeln, indem man für jede Instanzvariable (oder Gruppen davon), die man außerhalb des Objekts benötigt, Lese- und Schreibzugriffsmethoden vorsieht, auch get- und set-Methoden genannt.

```
public int getPersonalNr ()
{   return personalNr; }

public void setPersonNr ( int eineNummer )
{   personalNr = einNummer; }
```

Diese sichere Programmiertechnik ist allerdings aufwendiger als die Punktnotation und wird daher von Entwicklern manchmal vernachlässigt.

Der Aufruf einer Objekt-Methode geschieht genauso wie der Zugriff auf Instanzvariable mit Hilfe der Punktnotation:

```
ute.einziehen (1,1);   // Person ute zieht in Gebäude 1, Büro 1
```

Weitere Beispiele für Methodenaufrufe finden Sie in Beispiel 4.1 und in den nachfolgenden Kapiteln.

Mit dem boolschen Operator instanceof kann man feststellen, ob ein Objekt Instanz einer bestimmten Klasse (oder einer ihrer Subklassen) ist:

```
if ( meinePerson instanceof  Person )
   {   // ausführen, wenn  meinePerson vom Typ Person ist }
```

Der Operator == prüft, ob zwei Objekte identisch sind, das heißt die gleiche Speicheradresse referenzieren. Will man tatsächlich nur prüfen, ob zwei Objekte den gleichen Inhalt haben, dann verwendet man die equals-Methode, die in einigen Klassen der Klassenbibliothek bereits vordefiniert ist.

```
String    text1, text2;
if ( text1.equals (text2) )
    {  // text1 und text2 enthalten die gleichen Zeichen  }
```

Eine Ausnahme bilden die einfachen Datentypen. Hier werden tatsächlich die Werte verglichen.

```
Int      int1,  int 2;
if ( int1 == int2 )
    {  // int1 und int2 enthalten den selben Wert, sind gleich }
```

Vererbung

Eine wichtige Eigenschaft objektorientierter Systeme ist die sogenannte Vererbung. Darunter versteht man eine Generalisierung-Spezialisierung-Beziehung zwischen Klassen. Die Objekte der Subklasse AB verfügen über (erben) alle Instanzvariable und Methoden der Superklasse A. Zusätzlich enthält die Subklasse AB eigene Instanzvariable und -methoden. Ein Objekt der Subklasse besitzt alle Eigenschaften und Verhaltensformen der Super-Klasse, zusätzlich zu den Eigenschaften und Methoden, die die Subklasse selbst zur Verfügung stellt. A wird manchmal auch als „Parent Class" und AB als „Child Class" bezeichnet.

In Java gibt es nur eine einfache Vererbung. Eine Subklasse hat genau eine Superklasse, das heißt, es entsteht ein Vererbungsbaum, so wie er in Abbildung 4.6 dargestellt ist. Das Konzept der Spezialisierung ist eine Technik der Klassifizierung, die dazu dient, Aufgaben logisch besser zu strukturieren.

Abbildung 4.6: Vererbungsbaum

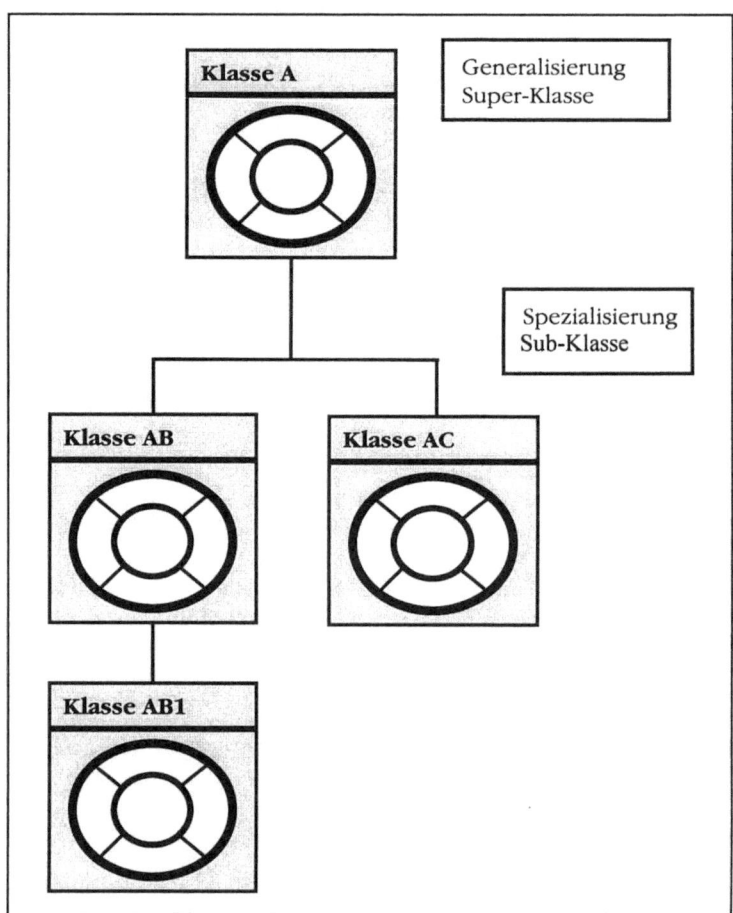

Die Abbildungen 4.7 und 4.8 zeigen Spezialisierungshierarchien aus der realen Welt. Diese realen Beispiele sollen Ihnen zeigen, wie man Vererbungshierarchien aufbauen kann. Die gezeigten Beispiele erheben keinen Anspruch auf Vollständigkeit.

Abbildung 4.7:
Vererbungsbaum:
Verkehrsmittel

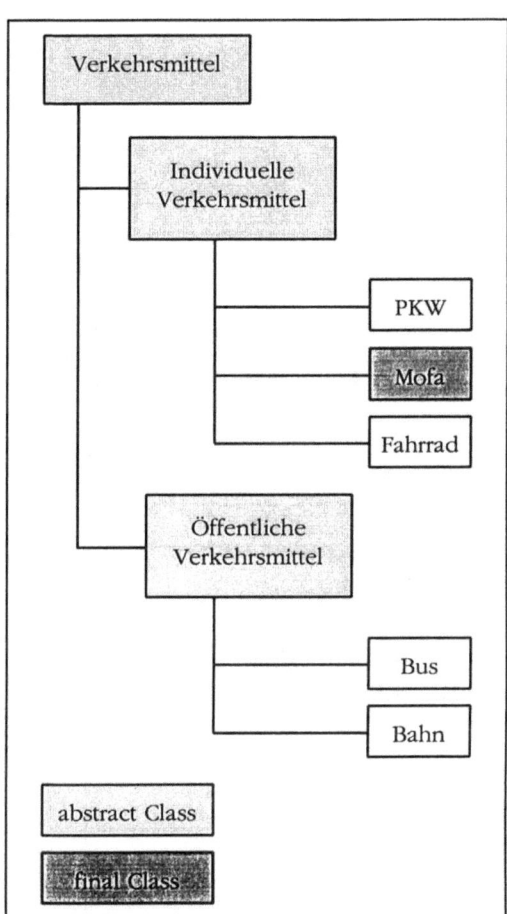

Die Generaliserung-Spezialisierung-Beziehung wird häufig auch die „Ist ein"-Beziehung genannt, das sie im Normalfall diesen Sachverhalt widerspiegelt: Ein Fahrrad ist ein individuelles Verkehrsmittel.

Abbildung 4.8:
Vererbungsbaum
Zeitmesser

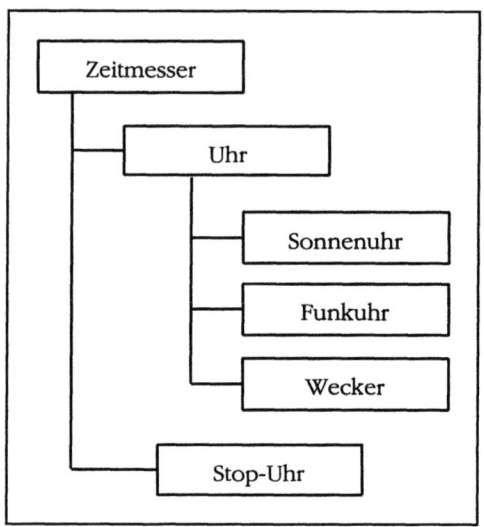

Abbildung 4.9 zeigt eine Vererbungshierarchie aus dem Gebiet der Datenstrukturen, so wie es in der Java-Klassenbibliothek implementiert ist. Ein Vector ist ein Array, das dynamisch wachsen kann. Die Klasse Stack (Kellerspeicher) erbt von der Klasse Vector.

Abbildung 4.9:
Vererbungsbaum aus dem Gebiet der Datenstrukturen

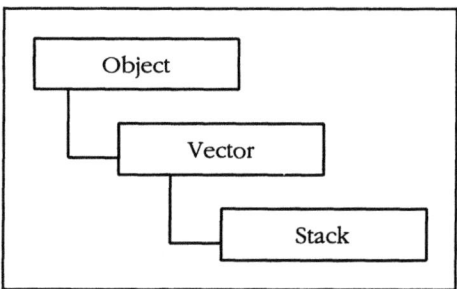

Hinweis: In Java erbt automatisch jede Klasse von der Basis-Klasse Object, auch wenn das vom Programmierer nicht explizit vereinbart wurde. Die Klasse Object ist in der Java-Klassenbibliothek enthalten.

Eine Subklasse wird in Java durch das Schlüsselwort extends deklariert:

Beispiel 4.18:
Deklaration einer
Subklasse

```
class Subklasse extends Superklasse
{
    // Eigene Instanzvariable der Subklasse
    // Eigene Methoden der Subklasse
}
```

Betrachten wir ein konkretes Beispiel: Ein Projektleiter sei ein Mitarbeiter einer Firma (Person) mit speziellen Aufgaben und Verantwortlichkeiten. Er leitet ein oder mehrere Projekte. Aus diesem Grund ist aus der Klasse Projektleiter in Beispiel 4.19 eine Subklasse der Klasse Person aus Beispiel 4.13 geworden. Ein Projektleiter behält alle Instanzvariablen und Methoden, die in der Klasse Person festgelegt wurden. Zusätzlich sind in einem Objekt vom Typ Projektleiter in der Instanzvariable projekte die eigenen Projekte gespeichert. Die Methode addProjekt ordnet einem Projekt einen neuen Projektleiter zu und speichert das entsprechende Projekt im zugehörigen Projektleiter-Objekt ab.

Beispiel 4.19:
Klasse Projektleiter
als Subklasse von
Person

```
//--------------------------------------------------------------
// Projektleiter   ist eine Spezialisierung (Rolle) von Person
//--------------------------------------------------------------
//
import java.util.Vector;

public class Projektleiter extends Person {
    Vector    projekte = new Vector (5);

    // Konstruktoren
    public Projektleiter (String name, Person einePerson) {
        super (einePerson);  // Konstruktor von Person
        projekte.addElement (name);
    }

    public Projektleiter (String name, int nr, String vN,
            String nN, boolean mf) {
        super (nr, vN, nN, mf);  // Konstruktor von Person
        projekte.addElement (name);
    }

    // neues Projekt hinzufuegen
    public void addProjekt (String name) {
        projekte.addElement (name);
    }
}
```

Instanzvariable und Methoden der Superklasse können redefiniert (überschrieben) werden, das heißt, der Programmierer spezifiziert in der Subklasse eine Methode, die bereits in der Superklasse vereinbart ist. In diesem Fall gelten die Vereinbarungen in der Subklasse.

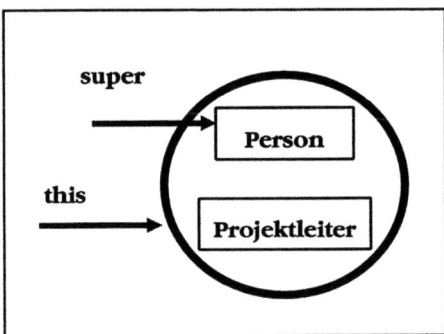

Abbildung 4.10: Die speziellen Variablen this und super

Die spezielle Variable super greift nicht auf das gerade betrachtete Objekt zu, sondern auf die Bestandteile des Objekts aus der direkt darüberliegenden Superklasse. Dadurch kann man bei Bedarf eine Redefinition umgehen und trotzdem die Instanzvariablen oder Methoden der Superklasse erreichen.

Wie Abbildung 4.7 gezeigt hat, bietet Java zusätzlich zwei besondere Arten von Klassen. Eine „final Class" kann vom Entwickler nicht mehr weiter spezialisiert werden. Sollten Sie es trotzdem versuchen, erzeugt der Java-Compiler eine Fehlermeldung.

```
final class Fahrrad
{  // Klasse Fahrrad }
```

Eine abstrakte Klasse ist eine Klasse, die Merkmale und Verhalten von theoretischer und abstrakter Natur beschreibt. Eine abstrakte Klasse wird ausschließlich durch ihre Subklassen zu einem lebenden Konzept gemacht. Aus diesem Grund kann ein Objekt nur aus einer konkreten Klasse erzeugt werden. Eine abstrakte Klasse besitzt keine Instanzen.

Im Fall des Beispiels 4.20 beschreiben die Klassen Verkehrsmittel und IndividuelleVerkehrsmittel die abstrakten Eigenschaften von Fahrzeugen. Ein reales Fahrzeug, zum Beispiel ein Auto, ist ein PKW:

```
PKW   auto = new PKW ();
```

Beispiel 4.20:
Abstrakte Klassen

```
abstract class Verkehrsmitel
{ // Klasse Verkehrsmittel }

abstract class IndividuelleVerkehrsmittel extends
Verkehrsmittel
{ // Klasse IndividuelleVerkehrsmittel }

class PKW extends IndividuelleVerkehrsmittel
{ // Klasse PKW }
```

Das Objekt auto erbt die Eigenschaften und Verhaltensweisen der Klassen Verkehrsmittel und IndividuelleVerkehrsmittel. Ein rein abstraktes Verkehrsmittel ist in diesem Modell der realen Welt nicht existenzfähig.

Ob Sie eine Klasse mit der Eigenschaft final oder abstract versehen, ist eine Design-Entscheidung. Sie hat weitreichenden Einfluß auf die weitere Implementierung und auf eine eventuelle Erweiterung des Softwaresystems zu einem späteren Zeitpunkt.

Die Eigenschaften final und abstract sind nicht auf komplette Klassen beschränkt, sondern können sich auch nur auf einzelne Methoden einer Klasse beziehen. Zum Beispiel:

```
abstract void fahren ();
```

Eine endgültige Methode (final method) kann in einer Subklasse nicht mehr redefiniert werden. Eine abstrakte Methode legt nur den Methodenkopf fest (die Schnittstelle), also den Namen der Methode und die Formalparameter sowie den Datentyp des Rückgabewerts. Eine abstrakte Methode enthält keine Implementation. Daher muß sie zwingend in einer Subklasse deklariert werden.

Eine wesentliche Eigenschaft von Java ist der dynamische Methodenaufruf (dynamic binding oder late binding). Im Zusammenhang mit dem dynamic binding finden Sie oft auch den Begriff Polymorphismus. Diese beiden wichtigen Konzepte besitzen ihre Bedeutung gerade im Zusammenhang von Vererbung und dem Überschreiben von Methoden. Deshalb wollen wir uns jetzt kurz damit befassen.

In Java ist es jederzeit möglich, statt mit dem eigentlichen Objekttyp mit dem Objekttyp einer Superklasse zu arbeiten. Dies kann oft die Programmierung vereinfachen. Zum Beispiel kann

Basis-Java

die Methode summieren eine Array vom Datentyp Number als Parameter erwarten (Beispiel 4.21).

Beispiel 4.21:
Dynamic Binding und
Polymorphismus

```
public Number summieren (Number   zahlen [] )
{
    double     summe = 0;
    Number     resultat;
    int        groesse = zahlen.length;

    for (int i=0; i < groesse; ++i)   // über alle Zahlen
    {
       summe += (zahlen[i]).floatValue ();   // summe bilden
    }

    // Number ist eine abstrakte Klasse
    // erzeuge neue Number als Float

    resultat = new Float (summe);
    return resultat;
}
```

Das Array zahlen kann Objekte vom Typ aller Subklassen von Number enthalten, zum Beispiel Long, Integer oder Float. Durch die dynamische Bindung erkennt die Virtual Machine von Java zur Laufzeit, auf welches Objekt gerade zugegriffen wird und ruft die entsprechende Methode auf. Im Beispiel ist das die Methode floatValue, die aus einem Type-Wrapper-Objekt, das heißt aus zahlen[i], eine Gleitkommazahl extrahiert. Dies geschieht unabhängig davon, welcher Objektdaten-Typ gerade in zahlen[i] enthalten ist. Die Methode floatValue ist in allen Subklassen von Number mit der gleichen Schnittstelle spezfiziert. Der Entwickler kann annehmen, daß hier ein analoges Verhalten der einzelnen Objekt implementiert ist. Diese Technik nennt man Polymorphismus (poly=mehrfach, morph=gleiche Form). Wenn eine Methode in einer Subklasse nicht gefunden wird, dann sucht Java sie in der darüberliegenden Superklasse. Dieser Prozeß setzt sich bis zum Wurzelobjekt (Klasse Object) fort. Im Beispiel der Klasse Number wird allerdings die Implementierung der Methode floatValue in jeder Subklasse gefordert, da es sich um eine abstrakte Methode handelt.

Hinweis:
> Java nutzt grundsätzlich die Technik des *dynamic binding*. Dies ist allerdings nicht in allen Fällen tatsächlich erforderlich. Eine final-Methode kann zum Beispiel nicht mehr überschrieben werden. Das ist nur ein Beispiel. Es gibt verschiedene andere Konstellationen, wo dynamic binding nicht notwendig ist. Ein Java-Entwickler muß sich darum nicht kümmern. Solche Optimierungen erledigt ein guter Java-Compiler von selbst. Er generiert in einem solchen Fall einen direkten Methodenaufruf (static binding).

Aggregation oder „Hat ein"-Beziehung

Neben der Vererbung ist die Aggregation ein weiterer wesentlicher Begriff im objektorientierten Modell. Damit ist gemeint, daß ein Objekt ein anderes Objekt beinhalten kann. Dies ist häufig bei Maschinen, Stücklisten, Rezepturen oder ähnliches der Fall. Zum Beispiel enthält ein Auto einen Motor; ein Kochrezept besteht aus den Zutaten, die sich eventuell ebenfalls wieder zerlegen lassen. Ein Haus besitzt ein Dach, einen Keller, Fenster und Türen. An diesen realen Beispielen kann man erkennen, warum man die Aggregation auch als „Hat ein"-Beziehung bezeichnet, im Gegensatz zur Vererbung, die im allgemeinen eine „Ist ein"-Beziehung darstellt. Für die Aggregation benötigen Sie in Java kein eigenes Sprachelement. Enthaltene Objekte werden einfach als Instanzvariable in die umfassende Klasse aufgenommen.

Beispiel 4.22:
Aggregation in Form von Instanzvariablen

```
public class Haus
{
    // Instanzvariable, d.h. enthaltene Objekte

    Fenster   hausFenster [];   // Array von Objekttyp Fenster
    Tuer      hausTueren [];    // Array von Objekttyp Tuer
    Dach      hausDach;
    Keller    hausKeller;

    // Methoden für ein Haus  ...
}
```

Access Modifier

Bisher haben wir Methoden und Instanzvariable so betrachtet, als könnte man sie an jeder beliebigen Stelle im Programmsystem verwenden. Das ist aber nur bedingt richtig. Generell gilt: Innerhalb einer Klasse hat jede Methode Zugriff auf die eigenen Instanzvariablen der Klasse und auf alle Methoden der Klasse. Wenn man weiter nichts angibt (wie wir das bisher überwiegend gehandhabt haben), dann wird der sogenannte friendly-Ansatz verfolgt: Innerhalb eines Packages sind alle Zugriffe auf Methoden und Instanzvariable erlaubt. Den Package-Begriff erläutert Abschnitt 4.3.3 genauer. Die folgende Tabelle zeigt die anderen möglichen Access Modifier und den Bereich, für den sie Zugriff auf Variable und Methoden zulassen. Wenn Sie C++ kennen, dann werden Ihnen diese Zugriffsbezeichnungen bekannt vorkommen.

Access Specifier	Klasse	Subklasse	Package	Alle (Welt)
private	✓			
protected	✓	✓	✓	
public	✓	✓	✓	✓
ohne (friendly)	✓	(✓) (nur gleiches Package)	✓	

Ein `private` Member ist nur in der Klasse sichtbar, in der es definiert ist. Ein `protected` Member ist in der eigenen Klasse und in allen Subklassen davon sichtbar. Außerhalb dieser Klassenhierarchie können Sie darauf nicht zugreifen. Das `public`-Schlüsselwort bietet den größtmöglichen und öffentlichen Zugriff. `Public` Instanzvariable und Methoden können von jeder Klasse verwendet werden.

Beim Programmieren erzeugt die Benutzung der Access Modifier einen beträchtlichen Verwaltungsaufwand. Es empfiehlt sich, Beschränkungen erst dann einzubauen, wenn man sich über das Design der Klassen im Klaren ist. Andererseits erlaubt Java den ungeschützten Zugriff auf alle Instanzvariablen und Methoden innerhalb eines Packages, wenn man nicht durch die entsprechenden Access Modifier gewisse Vorkehrungen trifft oder diszipliniert implementiert. Das `public`-Schlüsselwort ist wichtig, wenn Sie Klassen herstellen, die allgemein benutzt werden sollen.

```
public class AllgemeinesUtility
{ // Java-Anweisungen }
```

4.3.2 Interfaces

Java erlaubt mit der einfachen Vererbung nur eine Form der Klassifizierung. Häufig ist es aber möglich und sinnvoll, Dinge auf verschiedene Art zu klassifizieren. Wenn ein Programmsystem mehrere Sichtweisen benötigt, dann befindet man sich zunächst in einem Dilemma. Die objektorientierte Theorie bietet an, diesen Konflikt über spezielle Klassenhierarchien aufzulösen und sogenannte Frameworks zu benutzen. Damit kann man das Konzept der einfachen Vererbung weitgehend retten. Diese Möglichkeit wollen wir hier jedoch nicht weiter verfolgen. Andere Programmiersprachen wie C++ gehen das Problem über die mehrfache Vererbung an, bei dem eine Subklasse von mehreren unterschiedlichen Superklassen erben darf. Dies kann jedoch zu komplizierten Namenskonflikten führen, weshalb Java mit Absicht auf mehrfache Vererbung verzichtet hat.

Das Konzept der Interfaces legt eine horizontale Klassifizierung über die vertikale Vererbungshierarchie (siehe Abbildung 4.11). Interfaces definieren Konstanten und Methodenschnittstellen, die von beliebigen Klassen implementiert werden können. Der Vererbungsbaum spielt hier keine Rolle.

Abbildung 4.11:
Grafische Darstellung von Klassenhierarchie und Interfaces

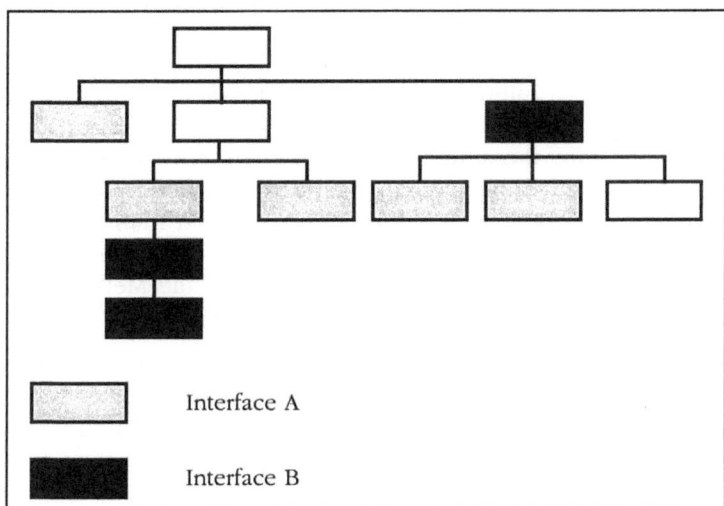

Über Interfaces vereinbaren Sie allgemeine Richtlinien über das logische Verhalten eines Objekts, das dieses Interface unterstützt. Interfaces enthalten keine Implementation (keine Java-Anweisungen), sondern machen nur Aussagen über Methodenschnittstellen.

Ein wichtiges Beispiel aus der Java-Klassenbibliothek ist das sogenannte `Runnable`-Interface, das man zum Aufbau von Threads bzw. Animationen benötigt. Ein Objekt, das in einem eigenen Unterprozeß Aufgaben erledigen möchte, implementiert das `Runnable`-Interface. Es sagt aus, daß dieses Objekt eine run-Methode besitzt, in der die Anweisungen enthalten sind, die ausgeführt werden, falls aus diesem Objekt ein neuer Thread erzeugt wird. Das Java-Objekt füllt weiterhin seine gewohnte Rolle in der Modellwelt aus, denn an der Vererbungshierarchie hat sich nichts geändert. Die Implementation des `Runnable`-Interface signalisiert lediglich, daß dieses Objekt jetzt ein zusätzliches Verhalten aufweist, da es in einem eigenen Thread ablaufen kann. Über Threads erfahren Sie mehr im Kapitel 6 „Java für Fortgeschrittene".

In allererster Linie verwenden Applets das `Runnable`-Interface. Es kann aber auch von jedem anderen Objekt, zum Beispiel einem Element der Benutzeroberfläche, implementiert werden. Die Vererbungshierarchie, in der sich das Objekt befindet, spielt dabei keine Rolle.

```
public interface Printable
{   String prettyPrint (); }
```

Interfaces lassen sich auch so wie ein herkömmlicher Datentyp benutzen. Sie werden ähnlich wie eine Klasse deklariert. Interfaces und Klassen stellen aber zwei unterschiedliche Design-Konzepte dar. Interfaces können zum Beispiel nicht von Klassen erben, wohl aber von anderen Interfaces. Wenn eine Klasse ein Interface implementiert, ausgedrückt durch das `implements`-Schlüsselwort, dann müssen alle Methoden, die im Interface deklariert sind, in der Klasse vorhanden sein.

Gehen wir davon aus, daß wir eine Methode benötigen, die die Instanzvariablen eines Objekts in einer formatierten Form in einem String zurückgibt. Die Wirkungsweise der Methode `prettyPrint` kann bei verschiedenen Objekten nützlich sein, deshalb wurde sie in das Interface `Printable` aufgenommen.

Hinweis:

> Per Konvention beginnt der Name eines Interface mit einem Großbuchstaben (analog zu Klassen). Häufig wird der Suffix „able" oder „ible" verwendet.

Ein Interface kann von mehreren Super-Interfaces abgeleitet werden:

Beispiel 4.23:
Spezifikation eines Interface

```
interface MyInterface extends SuperInterface1,
                              SuperInterface2
{
    int KONST;

    methodenSchnittstelle1 (parameter);
    methodenSchnittstelle2 (parameter);
}
```

Wie das Printable-Interface in der Klasse Person eingesetzt wird, sehen Sie in Beispiel 4.24. Die Klasse Person erklärt über das Schlüsselwort implements, daß sie das Printable-Interface unterstützt. Damit verpflichtet sich diese Klasse, alle Methoden des Interface mit einer geeigneten Implementation auszustatten. In diesem Fall erzeugt die Methode prettyPrint einen formatierten String aller Instanzvariablen.

Die Klasse Person ist hier nur verkürzt dargestellt, damit die wesentlichen Punkte hinsichtlich der Verwendung von Interfaces klarer sichtbar sind.

Beispiel 4.24:
Klasse Person implementiert das Printable Interface

```
//--------------------------------------------------------------
// Person    Mitarbeiter/in in einer Firma
//--------------------------------------------------------------
public class Person   implements Printable {
  // Instanzvariable
  // Konstruktoren
  // weitere Methoden

  // Methoden des Printable Interface
  // huebsches Drucken
    public String prettyPrint () {
      String   resultString, anrede;
      resultString = "PersonalNr: " + personalNr + '\n';
```

```
                if ( geschlecht )
                  { anrede = "Frau"; }
                else
                  { anrede = "Herr"; }
                resultString = resultString + anrede + " ";
                resultString = resultString + vorName + " " + nachName
                              +'\n';
                resultString = resultString + "Gebäude: " + gebaeudeNr +
                              '\n';
                resultString = resultString + "Büronr: " + bueroNr + '\n';
                resultString = resultString + "Telefon: " + tel + '\n';
                resultString = resultString + "Fax: " + fax + '\n';
                resultString = resultString + "EMail-Adresse: " + email +
                              '\n';
                resultString = resultString + "Nachricht: " + nachricht;

                return resultString;
              }
        }
```

Eine Klasse kann auch mehrere Interfaces implementieren.

Per Konvention folgt die implements-Anweisung der extends-Anweisung (sofern vorhanden):

```
class  mySub  extends mySuper  implements  MyInterface
```

4.3.3 Packages

Ein Package ist eine Menge logisch zusammenhängender Klassen und Interfaces. Die Bezeichnung Klassenbibliothek bezieht sich entweder auf ein einzelnes oder auf eine Gruppe von Packages, die ein Programmsystem bilden, das man benutzen und selbst erweitern kann. Um eine Klasse einem Package zuzuordnen, benutzt man die package-Anweisung. Ein Package stellt einen gemeinsamen Namensraum für Java-Bezeichner dar (siehe auch Access Modifier).

```
package   myclasses.persInfo;

public class Person   implements Printable
{  // Java-Anweisungen }
```

Die package-Anweisung erzeugt automatisch eine Abhängigkeit zu dem Verzeichnis, in dem der Objekt-Code (*.class-Datei) der

Objektorientierte Programmierung mit Java

Klasse abgelegt wird. Die übersetzten Dateien der Klassen im Package `myclasses.persinfo` müssen zwingend im Verzeichnis `myclasses\persInfo`

abgelegt werden, damit diese Klassen für andere Klassen wieder benutzbar sind. Ansonsten können der Java-Compiler und -Interpreter sie nicht finden. Wenn man keine `package`-Anweisung angibt, dann legt der Compiler die Klasse in einem Default-Package ab. Dieses Default-Package besitzt keinen Namen wird stets automatisch importiert.

4.3.4 Das Java-API

An dieser Stelle möchte ich Ihnen die Klassenbibliothek, die mit Java mitgeliefert wird, kurz vorstellen. Die Java-Klassenbibliothek besteht im JDK 1.1 jetzt insgesamt aus 22 verschiedenen Packages. Die folgende Aufzählung beschreibt die für die Applet-Programmierung wesentlichen Java-Packages:

`java.lang` — Hier finden Sie die Klassen, die die Grundlage von Java bilden. Dieses Package enthält die Klasse `Object`, `String`, die System-Klassen und auch die Type-Wrapper-Klassen (`Integer`, `Float`, `Character` undsoweiter). Die Thread-Klassen befinden sich ebenfalls in diesem Package.

`java.util` — Verschiedene abstrakte Datenstrukturen machen dieses Package aus. Sie werden häufig als Hilfsobjekte (Utilities) eingesetzt, um die Programmierung von Java zu modularisieren.
Abbildung 4.9 zitiert die Klassen `Vector` und `Stack`, die sich in `java.util` befinden. Ebenso gibt es hier die Klasse `Date`, die Datum und Uhrzeit modelliert oder auch die Klasse `Random`, einen Pseudozufallszahlengenerator.

`java.applet` — `java.applet` enthält die Klassen, die die Eigenschaften und das Verhalten von Applets beschreiben.

java.awt java.awt.event java.awt.image	Hier finden Sie die Klassen zur Konstruktion von grafischen Benutzeroberflächen. AWT ist die Abkürzung für Abstract Windowing Toolkit. Wenn man diese Klassen insgesamt meint, dann spricht auch kurz von dem AWT. Kapitel 5 „Lebendige Java-Applets" beschäftigt sich detailliert mit Applets und der AWT-Programmierung.
java.net	Die Klassen in diesem Package verwenden Sie, wenn Sie Networking mit Java betreiben wollen. Die Klasse URL ist eine häufig genutze Ressource in diesem Umfeld. URL ist die Abkürzung für Uniform Resource Locator. Die Klasse URL modelliert diese Form der Internetadressierung.
java.beans	Dieses Package enthält die Basis-Klassen für das Java-Komponentenmodell. Java-Komponenten besitzen große Ähnlichkeit mit den vielen Entwicklern hinlänglich bekannten VBX-Controls aus der MS Windows-Welt. Kapitel 6.7 stellt die Java Beans genauer vor.
java.sql	Kapitel 7 beschreibt, wie man von Java aus auf relationale Datenbanken zugreifen kann. Das Package java.sql umfaßt die hierfür notwendigen Klassen und Interfaces.

Sun bietet zusätzlich zum JDK ein Dokumentationspaket an. Dort sind alle Klassen in Form von HTML-Seiten, wie sie mit dem JavaDoc-Programm aus dem Source-Code erzeugt werden, beschrieben. Zusätzlich gibt es die sogenannten Guides, die den generellen Umgang mit den einzelnen APIs erläutern; dies allerdings häufig in recht technischer und knapper Art und Weise. Das Java-Tutorial von SUN startet eine Ebene höher und bietet eine gute Einführung in die Java-Programmierung.

4.4 Fehlerbehandlung mit Exceptions

Exceptions sind außergewöhnliche Vorkommnisse (Fehler), die in einem Programm auftreten und den normalen Programmfluß unterbrechen. Man versteht darunter ganz unterschiedliche Problemkategorien wie Division durch Null, fehlerhafte URL-Adresse, Lesezugriff auf ein leeres Objekt undsoweiter. Im Fall von Applets begegnet uns recht häufig die Security Exception, wenn ein Web-Browser die Ausführung einer Java-Anweisung aus Sicherheitsgründen ablehnt. Ein Methode in Java kann in einem Ausnahmefall eine Exception auslösen („throw an Exception"). Um „auszuprobieren", ob eine Anzahl von Java-Anweisungen korrekt abgearbeitet werden kann, deklariert der Entwickler einen try-Block. Das Behandeln einer Exception, also die programmgesteuerte Reaktion auf einen Fehler, geschieht anschließend im sogenannten catch-Block (siehe Beispiel 4.25). Ein catch-Block wird auch als Exception Handler bezeichnet.

Exceptions sind in Java echte Objekte, das heißt Instanzen der Klasse Exception oder einer Unterklasse davon. Die Klassenbibliothek von Java sieht bereits eine ganze Reihe unterschiedlicher Exceptions vor. Sie läßt sich auch durch eigene Exceptions ergänzen.

Abbildung 4.12:
Vererbungshierarchie von Exceptions

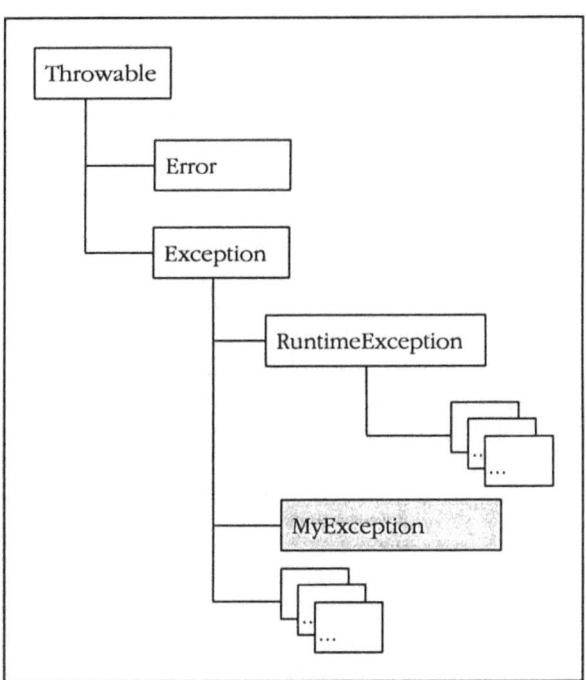

Behandeln von Exceptions

Im einfachen Fall ruft man Methoden aus der Klassenbibliothek auf, die selbst im Ausnahmefall Exceptions generieren. Diese möchte man dann in der aufrufenden Methode geeignet abfangen und behandeln.

Beispiel 4.25:
try-catch Block

```
try
{
    // Java-Anweisungen, die eine Exception auslösen können
}
catch (EineException e1)
{
    // Behandlung der Exception e1 oder einer Sub-Exception
    // von EineException
}
catch (NochEineException e2)
{
    // Behandlung der Exception e2 oder einer Sub-Exception
    // von NochEineException
}
finally
{
    // Optional: Dieser Anweisungsblock dient zum Aufräumen
    // entstandener offener Zustände und wird immer ausgeführt.
}
```

Auf einen try-Block können mehrere catch-Blöcke folgen. Tritt in einem try-Block eine Exception auf, so wird der try-Block zunächst in diesem Zustand verlassen. Anschließend schaut die Java-Laufzeitumgebung nach, ob die Exception in einem catch-Block abgefangen wird. Ist dies nicht der Fall, so wird die Exception an die aufrufende Methode weitergereicht und so fort. Die Java-Laufzeitumgebung wertet den Objekttyp der aufgetretenen Exception aus und führt den ersten catch-Block aus, auf den die Exception zutrifft. Der catch-Block wird auch ausgelöst, wenn die Exception ein Subtyp des dort angegebenen Objekttyps ist. Beispiel 4.26 enthält einen sehr allgemeinen Exception-Handler, der bei jeder eingetreten Exception eintritt. Einen zusätzlichen Text, der die Form der Exception näher beschreibt, kann man über die Methode getMessage abfragen.

Bitte bedenken Sie: Die Art, wie Java mit den try-catch-Blöcken umgeht, kann dazu führen, daß der try-Block ganz oder nur teilweise ausgeführt wird und eventuell zusätzlich die Anweisungen in einem catch-Block ausgewertet werden. Die finally-Anweisung benötigen Sie, wenn Sie offene Zustände aufräumen wollen, oder um reservierte Ressourcen wieder freizugeben.

Wenn Sie eine eventuell auftretende Exception in einer Methode nicht abfangen können, dann verlangt Java, daß sie das im Methodenkopf durch die throws-Anweisung signalisieren. Eine Ausnahme bilden die Runtime Exceptions.

Beispiel 4.26:
allgemeiner
Exception Handler

```
try
{
    // Java-Anweisungen, die eine Exception auslösen können
}
catch (Exception e)
{
    // Behandlung jeder Exception
    System.out.println ("Exception caught" + e.getMessage());
}
```

Java unterscheidet zwischen Errors, Runtime Exceptions und anderen Exceptions. Errors sind harte Systemfehler, die zum Beispiel Probleme mit der Java Virtual Machine, mit dem Laden von Klassen oder im Memory-Management signalisieren. Einen Error im Java-Programm abzufangen, ist in der Regel nicht sinnvoll möglich. Runtime Exceptions sind Fehler, die innerhalb des Java-Runtime-Systems auftreten, zum Beispiel Dividieren durch Null, Verletzen von Array-Grenzen, Zugriff auf ein nicht (mehr) vorhandenes Objekt. Runtime-Exceptions können, müssen aber nicht im Programm abgefangen werden. Die Entwickler von Java haben diese Regel festgelegt, da jede Java-Anweisung ein potentieller Auslöser für eine Runtime Exception sein könnte. Außerdem treten Runtime Exceptions relativ häufig auf. Wenn bei der Ausführung der Applikation eine Runtime Exception entsteht, die nicht im Programm behandelt wird, dann meldet die Laufzeitumgebung einen Fehler und beendet die Applikation.

Im Gegensatz zu Errors und Runtime Exceptions stehen alle anderen Exceptions. Wenn eine Applikation Methoden aufruft, die im Fehlerfall solche Exceptions generieren, dann müssen diese Exceptions im Programm abgefangen werden. Dies prüft bereits der Java-Compiler und erzeugt einen entsprechenden Übersetzungsfehler, wenn der Entwickler das Behandeln dieser Exception vergißt. Daher nennt man solche Exeptions auch „Checked Exceptions".

Implementieren von
eigenen Exceptions

Java erlaubt auch, daß Sie eigene Exceptions als Subklassen der Klasse Exception zur Verfügung stellen. Betrachten wir ein praktisches Beispiel im Zusammenhang. In Beispiel 4.27 finden Sie den Quelltext für die Klasse Projekt. Ein Projekt besteht aus einem Projektleiter und mehreren Teammitgliedern. Es ist über den Projektnamen identifizierbar. Als Methoden sind gewisse Basisfunktionen vorhanden: Ein Teamleiter kann benannt werden, Teammitglieder lassen sich in ein Projekt aufnehmen und können das Projekt auch wieder verlassen. Dieses Beispiel dient in erster Linie dazu, die Wirkungsweise von Exceptions zu verdeutlichen; die tatsächliche Bedeutung dieser Klasse ist hier vernachlässigbar.

Beispiel 4.27:
Klasse Projekt

```
//-------------------------------------------------------------
// Projekt     Ein Projekt mit einem Leiter und
//             mehreren Teammitgliedern
//-------------------------------------------------------------

import   java.lang.*;
import   java.util.Vector;

public class Projekt
{
   String         name;        // Projektname
   Projektleiter  leiter;
   // Projekt  besteht aus Personen, Initialgroesse 5
   Vector         team = new Vector (5);

   // Konstruktor setzt den Projektnamen
   public Projekt (String projektName)
   {
      name = projektName;
   }

   // neuen Leiter benennen
   public void neuerLeiter (Person einePerson)
   {
      if ( ! (einePerson instanceof Projektleiter) )
      //   einePerson wird zum Projektleiter befoerdert
         { leiter = new Projektleiter (name, einePerson); }
      else
         { leiter = (Projektleiter) einePerson; }

      leiter.addProjekt (name);

      if ( team.contains (leiter) )
         { team.removeElement (leiter); }
   }

   // neues Teammitglied
   public void neuesMitglied (Person einePerson)
                      throws NichtMoeglichException
   {
      if ( team.contains (einePerson))
         { throw new NichtMoeglichException
```

```
                    ("Diese Person ist bereits Teammitglied");
            }
         else
           { if (leiter == einePerson)
              {   throw new NichtMoeglichException
                    ("Diese Person ist der Projektleiter");
              }
             else
              { team.addElement (einePerson); }
           }
      }

   // loesche Teammitglied
   public void loescheMitglied (Person einePerson)
                 throws NichtVorhandenException,
                        NichtMoeglichException
   {
      if (leiter == einePerson)
         { throw new NichtMoeglichException
            ("Der Projektleiter darf nicht geloescht werden");
         }

      if   (team.contains (einePerson))
          { team.removeElement (einePerson); }
       else
          { throw new NichtVorhandenException
                    ("Dieses Teammitglied gibt es nicht");
          }
     }
  }
}
```

Die Methode neuesMitglied gibt durch die throws-Anweisung bekannt, daß sie Exceptions vom Typ NichtMoeglichException selbst auslöst oder nicht abhandelt.

```
public void neuesMitglied (Person einePerson)
            throws NichtMoeglichException
```

Werden mehrere verschiedene Exceptions nicht abgefangen, dann deklariert man eine mit Komma getrennte Exception-Liste.

```
public void loescheMitglied (Person einePerson)
            throws NichtVorhandenException,
                   NichtMoeglichException
```

Wie sie in Beispiel 4.27 sehen, erzeugen beide Methoden im Fehlerfall eigene Exceptions. Sie tun das durch die throw-Anweisung:

```
throw new NichtMoeglichException
         ("Diese Person ist bereits Teammitglied");
```

Hinweis:

> Exceptions, die in Java ausgelöst werden, bestehen tatsächlich aus normalen Objekten vom Typ Throwable oder von Subklassen davon (siehe Abbildung 4.12). Die Klasse Exception ist eine Subklasse der Klasse Throwable. In 99 Prozent der Fälle handhabt ein Entwickler Objekte vom Typ Exception.

Beispiel 4.28 zeigt einen Ausschnitt aus einer Klasse, die mit dem Objekt javaBuch umgeht, das vom Typ Projekt ist. Dabei sollen in der Methode paint Personen in das Projekt javaBuch aufgenommen und aus diesem gelöscht werden. Die dabei eventuell möglichen Exceptions müssen über Exception-Handler behandelt werden. Dieses Programm dient zum Testen der Klasse Projekt. Wenn eine Exception auftritt, dann wird einfach eine Fehlermeldung am Bildschirm ausgegeben.

Beispiel 4.28
Behandlung von Exceptions

```
// frederik und ute sind Objekte vom Typ Person
Projekt         javaBuch = new Projekt ("JavaBuch");
public void paint (Graphics g) {
    drawText ("JavaBuch-Projekt von Claudia Piemont");
    // neues Mitglied frederik
    try {
      javaBuch.neuesMitglied (frederik);
      drawText ("Frederik in JavaBuch-Projekt aufgenommen");
    } catch (NichtMoeglichException e) {
      drawText (e.getMessage ());
    }
    // lösche Mitglied ute
    try {
      javaBuch.loescheMitglied (ute);
      drawText ("Ute in JavaBuch-Projekt geloescht");
    } catch (NichtVorhandenException e) {
      drawText (e.getMessage ());
    } catch (NichtMoeglichException e) {
      drawText (e.getMessage ());
    }
}
```

Die Programmbeispiele 4.27 und 4.28 behandeln selbstdefinierte Exception-Klassen. Den Quelltext für diese eigenen Exceptions sehen Sie in Beispiel 4.28. Es ist eigentlich eher selten, daß man eigene Exceptions deklariert. In der Regel kommt man mit den in der Java-Klassenbibliothek definierten Exceptions aus. Will man jedoch besondere Ausnahmefälle behandeln oder von normalen Exceptions unterscheiden, dann wird man eigene Exception-Klassen implementierten.

Beispiel 4.29:
Deklaration eigener Exception-Klassen

```
class NichtVorhandenException extends Exception {
    public NichtVorhandenException ()
    { super (); }

    public NichtVorhandenException (String s)
    { super (s); }
} // end class   NichtVorhandenException

class NichtMoeglichException extends Exception {
    public NichtMoeglichException ()
    { super (); }

    public NichtMoeglichException (String s)
    { super (s); }
} // end class   NichtVorhandenException
```

Selbstdefinierte Exception-Klassen erben vorwiegend von der Klasse Exception. Sie können aber auch andere Subklassen der Superklasse Throwable benutzen. Eine Exception-Deklaration besteht in der Regel aus einem Klassenkörper und zwei Standardkonstruktoren. Diese Konstruktoren dienen dazu, im Ausnahmefall die deklarierten Exceptions, mit oder ohne zusätzliche Nachricht, als Objekte zu erzeugen. Diese Exceptions werden üblicherweise direkt nach der Erzeugung über ein throw-Statement signalisiert (siehe auch Beispiel 4.27):

```
throw new NichtVorhandenException
            ("Dieses Teammitglied gibt es nicht");
```

Die Konstruktoren selbst rufen einfach die Konstrukten der Superklasse auf, da die neue Exception-Klasse üblicherweise keine eigenen Instanzvariablen oder -methoden besitzt (siehe Beispiel 4.28). Eine abgeleitete Exception-Klasse wirkt damit rein über den deklarierten Objekttyp. Sie besitzt im allgemeinen kein eigenes Verhalten.

5 Lebendige Java-Applets

Nachdem Sie in Kapitel 4 die Grundlagen von Java kennengelernt haben, erfahren Sie in diesem Kapitel, wie man Java-Applets programmiert. Da ein Web-Browser ein Java-Applet im Internet oder Intranet ausführt, bieten sich hier zusätzliche Möglichkeiten gegenüber unabhängigen, lokalen Programmsystemen. Die weltweite Vernetzung beinhaltet aber auch mögliche Sicherheitsrisiken, wenn man Programme aus mehr oder weniger unbekannten Quellen auf dem eigenen PC ablaufen läßt. Auf die in Java eingebauten Sicherheitsmaßnahmen gehe ich im nachfolgenden Abschnitt ausführlich ein. Ein weiterer Unterpunkt erläutert, wie Sie Ihre Investitionen in ein Java-Applet vor Raubkopien schützen können

Der folgende Abschnitt 5.2 „Einbindung von Applets in HTML-Seiten" erklärt die Wirkungsweise des Applet-Tags in HTML und wie Sie in Java zum Beispiel Applet-Parameter von der HTML-Seite abholen können. Dieser Unterpunkt geht auch auf die Anwendung der im JDK 1.1 neu unterstützten Java-Archive (JAR-Dateien) ein. Abschnitt 5.3 „Applet-Lebenszyklus" erläutert den Lebenslauf eines Applets von der Erzeugung des Objekts bis zu seinem Ableben. Die dafür wesentlichen Applet-Methoden werden hier besprochen. Abschnitt 5.4 „Grafische Benutzeroberfläche" bildet den umfangreichsten Teil dieses Kapitels. Die Benutzeroberfläche eines Applets ist das Gesicht, das das Applet dem Anwender auf der HTML-Seite entgegenbringt. Dieser Teil beschreibt, wie man ein grafisches Layout erstellt und dieses mit Java programmiert. Neben der Implementierung in reinem Source-Code zeigt dieses Thema zusätzlich, wie man durch Einsatz eines modernen GUI-Builders (GUI ist die Abkürzung für Graphical User Interface) effizienter ans Ziel kommt. Das hier eingesetzte Werkzeug ist das bereits in Kapitel 3 vorgestellte Produkt „Parts for Java" der Firma Parcplace-Digitalk.

Mit den in diesem Kapitel beschriebenen Techniken sind Sie bereits in der Lage, praktisch nutzbare Applets zu entwickeln. Anschließend stellt Kapitel 6 weitere Teile der Java-Klassenbibliothek vor. Danach finden Sie in Kapitel 7 „Datenbankzugriff mit Java – Das JDBC API" eine Einführung in die Datenbankprogrammierung mit Java.

5.1 Möglichkeiten und Einschränkungen von Java-Applets

Die Beachtung von Sicherheitsvorkehrungen spielt bei Java-Applets eine zentrale Rolle. In der Regel werden Applets von einem Web-Server über das weltweite Internet oder über ein firmeneigenes Intranet auf den Client-PC geladen. Applets sind ausführbare Programme, die ohne Sicherheitsmechanismen Zugriff auf alle Ressourcen des PCs hätten. Das schließt Gefahren ein, wie bösartige Software (fehlerhafte Applets oder Computer-Viren), die den PC zeitweise unbrauchbar machen oder zur Zerstörung von Daten führen könnten. Daneben sind sogenannte Spion-Applets denkbar, die gespeicherte Informationen aus Ihrem PC auslesen und an fremde Organisationen weiterleiten könnten.

Da ein Firmen-Intranet sicherlich intern durch verantwortliche Mitarbeiter verwaltet wird, kann man einem internen Applet mehr vertrauen und eine schädliche Absicht eher ausschließen. Anders sieht es bei Zugriffen über das globale Internet aus. Die Vertrauenswürdigkeit eines Web-Servers ist hier nur schwer zu beurteilen. Erst recht, wenn es sich um Angebote von Einzelpersonen handelt, die man nicht persönlich kennt.

Java versucht zunächst einmal durch die Konstruktion der Sprache selbst, Sicherheit von vornherein zu gewährleisten. Dazu bietet Java ein mehrstufiges Sicherheitskonzept an:

- Bei der Definition der Sprache Java hat man Wert darauf gelegt, sprachbezogene Probleme (wie zum Beispiel aus C++ bekannt) zu verhindern. Wenn ein Programm fehlerhaft ist, dann bemerkt das entweder der Compiler oder die Laufzeitumgebung. Beide reagieren mit einer Fehlermeldung. Unkontrollierte Abstürze soll es nicht geben. Ein wichtiges Merkmal ist hier die Exception-Behandlung in Java, siehe auch Abschnitt 4.4 „Fehlerbehandlung mit Exceptions".

- Selbst im Fall absichtlich manipulierter Programme oder fehlerhafter Compiler versucht die Virtual Machine von Java, stets die Oberhand zu behalten. Während der Laufzeit werden zusätzliche Prüfungen durchgeführt. Das ist möglich, weil der Java-Bytecode redundante Informationen enthält, wie zum

Beispiel die Typdeklarationen von Variablen, die zur Ausführung des Applets eigentlich nicht mehr notwendig sind.

- Spezielle Probleme verursacht das Einbinden von Programmodulen anderer Programmiersprachen, da Funktionen, die in diesen Sprachen erstellt sind, das Sicherheitskonzept von Java unterlaufen könnten. Das gilt auch für das Laden von Laufzeitbibliotheken (sogenannter Dynamic Link Libraries). Ähnlich kritisch zu bewerten sind der Dateizugriff und das Öffnen von Netzwerkverbindungen. Das Sicherheitskonzept von Java schreibt vor, daß sicherheitskritische Ressourcen nur über die Zwischenschaltung einer speziellen Klasse, den sogenannten Security-Manager, benutzt werden dürfen. Der Security-Manager legt fest, welche Zugriffe erlaubt und welche verboten sind. Der Security-Manager ist nur einmal vorhanden und kann vom Entwickler nicht umgangen werden.

Wie bereits erwähnt, gibt es einige kritische Bereiche, in denen unkontrollierte Applets Schaden anrichten könnten. Um Mißbrauch zu verhindern, schränkt das sogenannte Sandbox-Modell den Verhaltensspielraum von Applets stark ein. In Zukunft wird es möglich sein, bestimmte Applets als vertrauenswürdig zu erklären. Diese Anwendungen dürfen das strenge Sandbox-Modell übertreten und haben im Extremfall die gleichen, umfangreichen Rechte wie ein unabhängiges Softwaresystem.

Sandbox-Modell

Ein Applet darf nicht:

- Laufzeitbibliotheken laden oder Routinen, die in anderen Programmiersprachen programmiert sind, aufrufen (keine native methods).
- Dateien im normalen Dateisystem lesen oder schreiben. Das gilt sowohl für den Remote-Server als auch für den lokalen Client. Generell ist in Applets jeder Dateizugriff untersagt.
- Über das Internet kommunizieren. Die einzige Ausnahme ist der Web-Server, von dem das Applet geladen wurde.
- Andere Programme starten.
- System-Einstellungen lesen. Es gibt einige wenige Ausnahmen von dieser Regel, die keine privaten Informationen vermitteln und deshalb erlaubt sind.

Der Web-Browser prüft, ob ein Applet die Sicherheitsschranken einhält und generiert bei Bedarf eine Security-Exception.

Web-Browser implementieren die Sicherheitsvorkehrungen unterschiedlich. Alle hier gemachten Aussagen beziehen sich auf den Netscape Navigator 3.0 und den Microsoft Internet Explorer 3.0. Netscape verfolgt ein sehr restriktives Sicherheitsmodell. Microsoft implementiert das sichere Konzept von Java für normale Applets („not trusted"). Vertrauenswürdige Applets („trusted") unterliegen keinerlei Einschränkungen. Alle lokal auf der Festplatte gespeicherten Applets, die in den Verzeichnissen der Umgebungsvariable Classpath liegen, gelten als trusted. Der AppletViewer im Java JDK vertritt eine etwas laxere Sicherheitsauffassung. Lokal gespeicherte Applets dürfen bis auf das Löschen von Dateien praktisch alles.

Die Einschränkungen für Java-Applets sind sehr weitreichend und unterbinden manche sinnvolle Systemlösung. Andererseits ist das Schwarz/Weiß-Gedankenmodell – Sandbox gegen volles Vertrauen – keine ausreichend gute Lösung. Es ist damit zu rechnen, daß zukünftige Web-Browser eine anwender-spezifische Konfiguration von Java-Sicherheitsregeln erlauben werden.

Neue Sicherheitsverfahren im JDK 1.1

Mit der Einführung des JDK 1.1 verfügt Java über weitere Sicherheitsverfahren, die über das Sandbox-Model hinausgehen. Mit Hilfe einer elektronischen Unterschrift, auch digitale ID genannt, kann man jetzt die Herkunft eines Applets belegen und fremde Manipulationen ausschließen. Zur Implementation dieser Technik werden kryptographische Verfahren eingesetzt, die auf dem Prinzip der assymetrischen Verschlüsselung beruhen. Eine klassische und bekannte Umsetzung ist das RSA-Verfahren (benannt nach den Autoren der Methode: Rivest, Shamir, Adleman). Jede Person oder Institution, die verschlüsselte Nachrichten empfangen möchte, erzeugt zunächst mit einer geeigneten Software ein Schlüsselpaar mit einem öffentlichen und einem privaten Schlüssel. Der private Schlüssel ist geheim und verbleibt beim Ersteller. Wie der Name schon ausdrückt, kann man den öffentlichen Schlüssel per Internet weit gestreut verbreiten. Dieser öffentliche Schlüssel dient dann dazu, Nachrichten an den Empfänger zu verschlüsseln, die dieser dann nur mit seinem privaten Schlüssel wieder dekodieren kann. Also kann niemand den Inhalt einer verschlüsselten Mitteilung während des Transports lesen. Die asymmetrische Verschlüsselung wird zum Beispiel auch im Rahmen von Pretty Good Privacy (PGP) angewandt, um vertrauliche Mitteilung via Internet zu verschicken.

Die Technik der elektronischen Unterschrift geht bei der Anwendung der Kryptographie tatsächlich in umgekehrter Richtung vor. Ein Applet mit einer digitalen ID gewährleistet:

a) die Herkunft des Applets; dies allerdings mit gewissen Einschränkungen

b) die Unveränderlichkeit des Applet-Inhaltes seit seiner Publikation im WWW.

Zunächst muß der Produzent eines Applets ein Schlüsselpaar bereitstellen. Der öffentliche Schlüssel wird auch hier an mögliche Empfänger weitergegeben. Dies sind alle Personen, die später das Applet vom Netz laden und ausführen. Als zusätzliche Sicherheit verlangt Java die Weitergabe des öffentlichen Schlüssels in Form eines Zertifikats, zum Beispiel nach dem X.509-Standard, den auch Netscape unterstützt. Ein Zertifikat ist eine kleine Datei, die neben dem Namen des Zertifikats-Besitzers seinen öffentlichen Schlüssel, den Namen des Zertifikat-Ausstellers, dessen digitale Unterschrift und einen Gültigkeitszeitraum enthält.

Hier kommt also eine weitere Organisation ins Spiel: die des Zertifizierers, auch Certification Authority genannt. In der Internet-Gemeinde ist allerdings noch nicht endgültig geklärt, wer nach welchem Verfahren Zertifikate erteilen darf. Verisign zum Beispiel ist ein bekanntes amerikanisches Unternehmen, das Schlüsselpaare generiert und Zertifikate ausstellt. Nach Aussage des Unternehmens kontrolliert Verisign vor der Zertifikatserteilung die Authenzität des Antragstellers. Wie schon gesagt, gibt es in diesem Umfeld noch keine rechtlich verbindlichen Regelungen oder Standardisierungsgremien, die diese Vorgänge sichern. Nicht jede selbsternannte Zertifizierungsstelle prüft die Identität des Antragstellers. Wie weit Sie also einem Zertifikat vertrauen können, müssen Sie jeweils selbst entscheiden.

Kommen wir nun wieder zum Thema der digitalen Unterschrift zurück. Mit Hilfe eines Werkzeugs (Sun stellt dafür das Tool Javakey zur Verfügung) komprimiert eine Hashfunktion aus dem Inhalt des Applets einen Hashwert von wenigen Bytes (üblicherweise weit unter 1 KB). Man kann davon ausgehen, daß diese Ansammlung von Bytes für jedes Applet anders aussieht, also ein bestimmtes Applet eindeutig kennzeichnet. Man bezeichnet diese Datei als den Digest. Diesen Digest verschlüsselt nun der Hersteller des Applets mit seinem eigenen privaten Schlüssel (Private Key) und gewinnt so die elektronische Unterschrift, die er dem Applet hinzufügt.

Abbildung 5.1:
Applet durch eine digitalen Unterschrift sichern

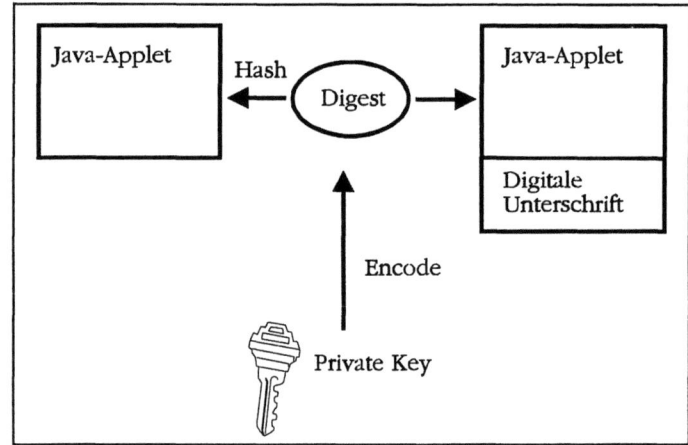

Will man sich nun von der Echtheit eines mit einer digitalen Unterschrift gesicherten Applets überzeugen, dann benötigt man zuerst das Zertifikat des Produzenten, das in unserem Beispiel lokal in einer Identitätsdatenbank abgelegt wird. Nach dem Download des Applets kann nun der Web-Browser die elektronische Signatur verifizieren. Zunächst errechnet die Hash-Funktion aus dem Applet den Original-Digest (Digest O). Anschließend extrahiert der Web-Browser aus dem Zertifikat des Herstellers dessen öffentlichen Schlüssel (Public Key) und dekodiert damit die elektronische Unterschrift. Daraus erhält man den Digest, der in der Unterschrift enthalten ist (Digest U). Wenn der Digest des Originals und der der Unterschrift identisch sind, dann stimmt das übertragene Applet mit dem zuvor vom Hersteller versiegelten überein. Damit ist die Authentizität des Applet sichergestellt.

Sun liefert mit dem JDK 1.1 einen Standard-Security-Provider aus, der den Namen SUN trägt. Dieser kann bei Bedarf nach dem Baukastenprinzip durch eine neue Klassenbibliothek eines anderen Herstellers ersetzt werden. Mit Hilfe des SUN-Providers kann man Organisationen, deren Zertifikate in der eigenen Identitätsdatenbank abgelegt sind, als vertrauenswürdig (trusted) erklären. Ein Applet eines vertrauenswürdigen Produzenten hat dann lokal alle Rechte, ähnlich wie eine eigenständige Java-Anwendung. Ein solches Applet kann zum Beispiel auf dem Client-Rechner Dateien lesen, schreiben und sogar löschen. Die Rechte über die ein vertrauenswürdiger Anbieter verfügen darf, lassen sich zusätzlich durch eine Zugriffsliste (Access Control List oder ACL) einschränken.

Abbildung 5.2:
Echtheit eines Applets verifizieren

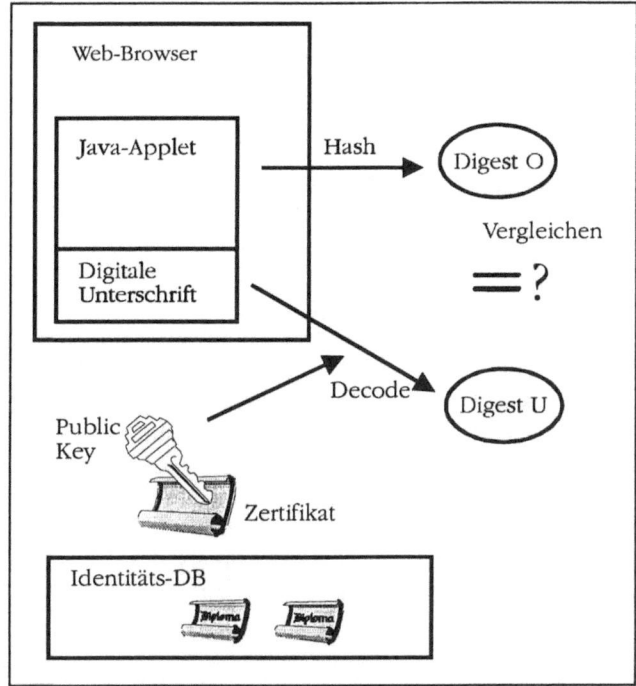

Zum Zeitpunkt der Drucklegung dieser Auflage (August 1997) stand leider noch nicht fest, in welcher Ausprägung die am meisten genutzten Web-Browser von Sun, Netscape oder Microsoft die neuen Sicherheitstechniken von Java unterstützen werden.

Hostile Applets

Allen Sicherheitsmaßnahmen zum Trotz besteht heute noch das Problem der „Hostile Applets", für das es noch keine vernünftige Lösung gibt. „Hostile Applets" sind Anwendungen, die sich formal an alle hier aufgestellten Regeln halten. Sie verfolgen jedoch das Ziel, die Arbeit des Anwenders möglichst zu behindern. Diese Applets fressen System-Ressourcen und legen damit den PC praktisch lahm oder sie verbreiten gutgemachte Falschinformationen. Das Risiko für den Internet-Anwender besteht darin, unbedarft eine solche Webseite zu besuchen, um dann quasi automatisch ein getarntes, bösartiges Applet auszuführen, das anschließend den Web-Browser oder den eigenen PC zum Absturz bringt. Ein bekannter krimineller Trick aus der Kategorie „Bauernfänger" ist zum Beispiel, den Benutzer dazu zu verleiten, Zugriffsidentifikationen und Paßwörter in Textfelder einzutippen, die dann vom Applet ausgelesen und mittels Interprogrammkommunikation irgendwo auf dem Server abgespeichert werden.

Weitere ausführliche Informationen zu den Java-Sicherheitsmaßnahmen finden Sie auf der Security Web Page von Sun:

http://java.sun.com/sfaq/

Copyright – Schutz der eigenen Investitionen

Bei der Verbreitung von Java-Applets im öffentlichen Internet stellt sich mitunter auch die Frage des Copyrights. Durch die weltweite Vernetzung operiert man hier grenzüberschreitend, und es ist nicht immer klar, welche Landesgesetze gerade anwendbar sind und wie man seine Rechte gegebenenfalls durchsetzen kann. In den meisten Ländern wird einem Autor das alleinige Copyright an seinen Arbeiten, auch an Softwaresystemen, zugesprochen, sofern der Entwickler nicht im Auftrag arbeitet oder seine Rechte anderweitig verkauft hat. Damit gilt für im WWW publizierte Java-Applets wohl in etwa die gleiche Rechtslage bezüglich des Copyrights wie für HTML-Dokumente.

Die rechtlichen Regeln allein schützen natürlich nicht vor dem Diebstahl intellektuellen Eigentums. Sofern man die Applets nicht als Freeware verschenken will, wird man Möglichkeiten in Betracht ziehen, die eigenen Produkte in geeigneter Form zu sichern. Man möchte eben gerne verhindern, daß andere mit der eigenen Entwicklung Geschäfte machen.

Zunächst ist es nicht notwendig, den Sourcecode eines Applets zusammen mit dem class-File zu veröffentlichen. Damit ist eine Kopie nur vom class-File, also vom übersetzen Byte-Code, möglich. In diesem Fall erfüllt ein kopiertes Applet genau die gleichen Funktionen wie das Original, eine Anpassung an andere Gegebenheiten kann in der Regel nicht erfolgen. Geht man davon aus, daß Applets oft kleine Programme sind, erhebt sich die Frage, ob man den Softwareklau nicht einfach toleriert, da Sicherheitsmaßnahmen hier oft teurer sind als der Nutzen, den man daraus zieht. Ein gutgemachtes Applet kann als Freeware auch ein Marketinginstrument sein und den eigenen Web-Server in der Außenwelt bekannt machen.

In vielen Fällen sind Applets Bestandteile eines Client/Server-Systems, in denen das Applet den Client-Teil repräsentiert, der mit einer Server-Anwendung kommuniziert. Durch diese Anordnung kann das Client-Applet nur zusammen mit dem Server funktionieren. Wenn dieses Applet nur die eigenen Geschäftsprozesse umsetzt, dann macht eine Raubkopie in der Regel keinen Sinn. Allerdings kann jeder HTML-Programmierer das Applet-Tag so gestalten, daß es auf ein Applet auf einem anderen Web-Server zeigt; gelingt es dann, auch Ihr Server-Applet (oder ein dazu kompatibles Programm) dort zu installieren, kann das Client-Applet eingesetzt werden.. Bei Applets, die eine allgemeine Verwendung zulassen, kann diese Technik zu einer unerwünschten Belastung des eigenen Servers durch „Trittbrettfahrer" führen.

Eine andere Idee zur Darlegung der Eigentumsverhältnisse ist das Einfügen eines Copyright-Textes in den Quelltext, zum Beispiel als Kommentar, oder auch als Textzeile in der Benutzeroberfläche des Applets selbst. So ist die Copyright-Notiz für den Anwender dieses Applets jederzeit sichtbar und gibt Auskunft über den Hersteller. Die digitale Unterschrift oder Zertifizierung ist ein weiteres Verfahren, um Applets einen Copyright-Stempel zu verleihen. Ferner kann man im Applet abfragen, ob die Webseite, die das Applet enthält, auf dem eigenen Web-Server liegt:

Beispiel 5.1:
Schutz vor Softwarepiraten durch Abfrage des Applet-Umfelds

```
server = getDocumentBase ().getHost ();
if ( server.equals ("www.meinServer.de") )
{ // Alles OK: Applet läuft auf Home-Server  }
else
{ // Abbrechen: Applet wurde von fremdem Server gestartet }
```

Läuft das Applet unter falscher Flagge, dann bricht man die Verarbeitung geeignet ab und gibt eine Meldung aus. Der Name des Web-Servers ist in Beispiel 5.1 in einem konstanten String enthalten. Das kann allerdings die Wartung der eigenen Webseiten komplexer gestalten, zum Beispiel, wenn man an einen möglichen Umzug des Web-Servers denkt.

Auch einfache Kommunikationsrückfragen an den eigenen Host kann man an verschiedenen Stellen einbauen. Detaillierte Informationen zu den Netzwerktechniken in Java-Applets enthält Kapitel 6.

Mit etwas Aufwand und technischem Sachverstand lassen sich die hier dargestellten Maßnahmen teilweise aushebeln, wenn man einen Java-Dekompiler verwendet, der den Byte-Code wieder in lesbaren Quelltext umsetzt. Der so gewonnene Sourcecode läßt sich beliebig verändern, seine Herkunft kann später nicht mehr festgestellt werden. Für dieses Vorgehen benötigt ein

Dieb jedoch schon eine gewisse Menge an krimineller Energie. Möchte man sich auch hiergegen schützen, muß man als Entwickler selbst einigen Aufwand investieren. Zum Beispiel kann man einen Teil des Applets verschlüsselt ausliefern und den Entschlüsselungscode in das Applet einbauen. Es lädt dann zunächst einen entsprechenden Schlüssel vom eigenen Web-Server und schaltet sich erst nach dessen Prüfung selbst wieder funktionsfähig.

Man muß sich allerdings darüber klar sein, daß weitreichende Sicherheitsvorkehrungen die eigentliche Aufgabe eines Applets eher behindern, zum Beispiel durch höhere Lade- oder Zugriffszeiten. Die heute verfügbaren (häufig nur mittelmäßige) Transferraten im Internet lassen es eher ratsam erscheinen, alles zu vermeiden, was zu einer Performancereduktion führen kann.

Wenn man ein Applet mit zusätzlichen Sicherheitsfeatures ausstattet, steigt natürlich ebenfalls die Komplexität der Anwendung und damit auch der Wartungsaufwand.

5.2 Einbindung von Applets in HTML-Seiten

Applets lassen sich mit Hilfe des HTML-Tags APPLET in eine Webseite einfügen. Das Applet-Tag befindet sich im <BODY>-Teil des HTML-Dokuments. Beispiel 5.2 zeigt eine HTML-Datei mit einem einfachen Applet-Tag.

Beispiel 5.2:
Einfaches Applet-Tag

```
<HTML> <BODY>
<APPLET code=Blink.class width=600 height=400>
<PARAM NAME="blinkstring"  value="Willkommen">
Dieser Web-Browser versteht leider kein Java
</APPLET>
</BODY> </HTML>
```

Beispiel 5.3:
Aufbau des APPLET-Tags in HTML

```
< APPLET
    CODE     = *.class
    ARCHIVE  = "*.jar"
    WIDTH    = Breite in Pixel
    HEIGHT   = Höhe in Pixel
    CODEBASE = Code-URL
    NAME     = Applet-Name
    ALIGN    = Anordnung
    HSPACE   = Pixel
    VSPACE   = Pixel                    >
```

```
< PARAM NAME = "Parameter1"   VALUE = "wert1" >
< PARAM NAME = "Parameter2"   VALUE = "wert2" >

alternative HTML-Anweisung
</APPLET>
```

Die verschiedenen Eigenschaften dieses Tags können Sie über Schlüsselworte setzen. Die Angaben zu CODE, WIDTH und HEIGHT sind notwendig (fett gesetzt), andere sind optional.

Parameter	*Bedeutung*
CODE = *.class	Die class-Datei enthält den kompilierten Byte-Code des auszuführenden Applets. Diese Datei befindet sich entweder im Verzeichnis des HTML-Dokuments (Document Base) oder im Verzeichnis, das unter dem CODEBASE-Eintrag angegeben ist.
ARCHIVE = "*.jar"	Dieser Eintrag gibt den Namen der Java-Archiv-Datei (Jar-File) an. Verzeichnisangaben sind relativ zur Lage der HTML-Datei. Es ist auch möglich, eine durch Kommata getrennte Liste mehrerer Archive anzugeben. Der Parameter CODE = *.class ist weiter notwendig, um den Startpunkt der Applikation – das Applet, das zuerst ausgeführt wird – festzulegen. Eine genauere Erläuterung zur Jar-Technik folgt im Anschluß.
WIDTH = Breite in Pixel **HEIGHT = Höhe in Pixel**	Diese Attribute beschreiben die Ausdehnung des Applets in Pixel.
CODEBASE = Code-URL	Spezifiziert das Verzeichnis (URL), in dem sich das Applet befindet. Wenn dieser Eintrag nicht vorhanden ist, dann gilt die URL des HTML-Dokuments.
NAME = Applet-Name	Dieser Eintrag ist nur nötig, wenn mehrere Applets auf einer HTML-Seite miteinander kommunizieren

Parameter	Bedeutung
	wollen. Das hier deklarierte Applet kann dann über diesen Applet-Namen angesprochen werden.

`ALIGN = Anordnung`
`HSPACE = Pixel`
`VSPACE = Pixel`
	Diese Tags haben die gleiche Bedeutung wie in der Image-Anweisung (`IMG`). `ALIGN` bestimmt die Ausrichtung der Applet Benutzeroberfläche in der HTML-Seite. Gängige Werte sind `LEFT`, `RIGHT` und `MIDDLE`. `HSPACE` und `VSPACE` legen den Abstand der Applet-Benutzeroberfläche von den umgebenden Inhalten fest. `HSPACE` (horizontal space) bestimmt den rechten und linken Abstand. `VSPACE` (vertical space) deklariert den freien Platz oberhalb und unterhalb des Applets.

`<PARAM NAME=Parameter1` `VALUE=wert1>`	Über das `PARAM`-Tag können Sie aus dem HTML-Dokument Parameter an das Applet übergeben, ähnlich den Kommandozeilenparametern bei Stand-Alone-Applikationen. Applets lesen den Wert mit der `getParameter`-Methode (siehe Beispiel 5.3).
`alternative HTML-` `Anweisung`	Wenn der Web-Browser kein Java kann, dann zeigt er anstatt des Applets den hier vorhandenen HTML-Code an. Ein javafähiger Web-Browser ignoriert diesen Text.

Hinweis: In HTML ist es im Gegensatz zu Java unerheblich, ob eine Anweisung klein oder groß geschrieben ist. Das gilt auch für die Parameternamen. Die Parameterwerte unterscheiden jedoch zwischen Klein- und Großbuchstaben.

Eine detaillierte Darstellung der HTML-Sprache finden Sie hier:

Recherchieren und Publizieren im World Wide Web, 2. Auflage, Vieweg Verlag, 1996.

Einbindung von Applets in HTML-Seiten

Parameterübergabe

Das folgende Code-Beispiel zeigt, wie das Applet Blink aus Beispiel 5.1 den Parameter blinkstring aus dem HTML-Dokument ausliest. Zu diesem Zweck besitzt Java die getParameter-Methode, die immer einen String zurückgibt. Wenn dem Parameter ein anderer Datentyp entspricht, wie zum Beispiel eine Integer-Zahl oder eine URL, dann muß man die zur Typumwandlung notwendigen Anweisungen zusätzlich vorsehen. Das Auslesen der Parameter aus dem HTML-Dokument geschieht üblicherweise zu Beginn des Applet-Lebenslaufs in der init-Methode. Erwartet das Applet einen bestimmten Parameter und wurde dieser nicht im HTML-Dokument vorgegeben, dann enthält der String den Wert null. In diesem Fall setzt man einen vorbereiteten Defaultwert ein:

Beispiel 5.4:
Parametereingabe in einem Applet

```
import java.applet.Applet;

public class Blink extends Applet implements Runnable {
    String      myString;

  // Applet wird initialisiert
    public void init()
  {
    // Kommandozeilenparameter beschaffen

    myString = getParameter ("blinkstring");
    if (myString == null)
    {
       myString = "Blinkender Text";
    }
     // weitere Init-Anweisungen
  }
}
```

JAR-Dateien

Die Archivdateien von Java integrieren zusammengehörige Bestandteile eines Applets in einer zentralen Datei, zum Beispiel alle Klassen (*.class Files) und die zugehörigen Ressourcen, wie Bild- und Klangdateien. Wenn man anstelle eines Applets Archive in eine HTML-Seite einbindet, lädt der Web-Browser alle Elemente aus dem Archiv in einer einzigen HTTP-Transaktion, im Gegensatz zum bisherigen Vorgehen, bei dem jede Datei eine eigene Ladephase beansprucht hat. Zusätzlich ist das Java-Archiv im ZIP-Format komprimiert, so daß wesentlich weniger Bytes zu übertragen sind und der Ladevorgang beschleunigt wird. Genau-

151

so wie Applets können Archive auch mit einer digitalen Unterschrift versehen werden.

Wie man JAR-Dateien in eine HTML-Seite einbettet, haben Sie bereits gesehen. Um ein Archiv zu erzeugen, verwenden Sie das „Java Archive Tool" (kurz jar) von Sun nach dieser Syntax:

```
jar cf [jar-Datei] [Quelldateien]
```

Die folgende Anweisungszeile integriert alle Dateien in einem Verzeichnis in das Archiv meinArchiv.jar:

```
jar cf meinArchiv.jar *
```

5.3 Applet-Lebenszyklus

Die Klasse Applet bietet vier verschiedene Methoden an, die den Lebenslauf eines Applets steuern. Ein Programmierer kann sie je nach Bedarf überschreiben. Die Default-Implementation ist leer.

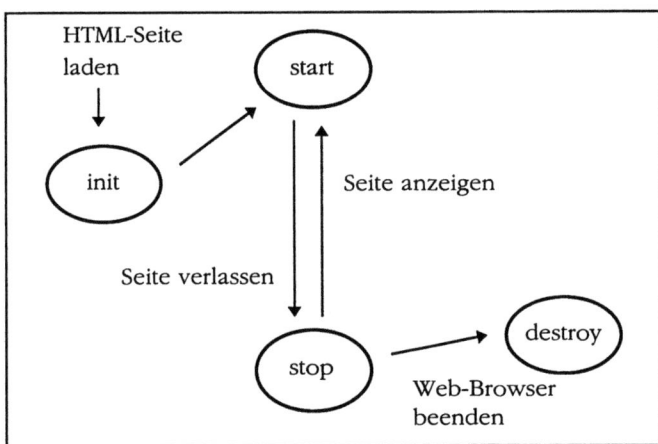

Abbildung 5.3: Lebenslauf-Methoden

init   Die init-Methode wird ausgeführt, wenn der Web-Browser die entsprechende HTML-Seite mit dem Applet das erste Mal anzeigt. Diese Methode setzt üblicherweise die Anfangszustände, die das Applet für seine Arbeit benötigt. Hier wird meist auch die Benutzeroberfläche aufgebaut (siehe nachfolgenden Abschnitt 5.4).

start	Die start-Methode enthält die eigentliche Funktion des Applets. Sie folgt direkt auf init. In einfachen Fällen erledigt die Methode init bereits alles Wesentliche. Dann entfällt die Methode start. Wenn der Web-Browser die entsprechende HTML-Seite neu anzeigt, dann ruft er die Methode start erneut auf. Falls das Applet zusätzliche Threads benötigt, zum Beispiel für Multimedia-Effekte, dann erzeugt man sie in dieser Methode (siehe auch Kapitel 6.1 „Threads").
stop	Wenn der Anwender die HTML-Seite mit dem Applet verläßt, kann man in der stop-Methode die Arbeit der Applets beenden. Dies ist zum Beispiel wichtig bei der Verwendung von eigenständigen Threads oder Animationen. Ein Thread sollte das System nicht unnötig belasten, wenn der Benutzer sich mit dem Applet nicht mehr beschäftigt. Generell gilt: Falls man start verwendet, sollt man auch eine entsprechende stop-Methode vorsehen. Ein Applet ist jedoch nicht gezwungen, die Verarbeitung zu beenden, wenn der Anwender im WWW surft und andere Seiten abruft. Wenn es sinnvoll ist, dann kann es auch im Hintergrund weiterlaufen. In diesem Fall verzichtet man auf die stop-Methode.
destroy	Wenn der Anwender den Web-Browser schließt, erhält das Applet kurz vorher die Kontrolle, um letzte Aufräumarbeiten durchzuführen, zum Beispiel, um Systemressourcen wieder freizugeben. Viele Applets brauchen diese Methode nicht, da die Methode stop schon alle notwendigen finalen Funktionen erledigt hat.

Beispiel 5.5:
Lebenslauf-Methoden eines Applets

```
public class Lebenslauf extends Applet
{
    public void init ()
    {
        // Initialisiert das Applet, wenn der Web-Browser
        // (AppletContext) es lädt
    }
```

```
                public void start ()
                {
                  // Beginnt den Geschäftsprozeß des Applets, wenn der
                  // Anwender die Webseite aufruft
                }

                public void stop ()
                {
                  // Beendet den Geschäftsprozeß des Applets, wenn der
                  // Anwender die Webseite verläßt
                }

                public void destroy ()
                {
                  // Aufräumen bevor der Web-Browser (AppletContext)
                  // endgültig zumacht
                }
              }
```

Beispiel 5.5 zeigt ein Rahmen-Applet mit allen Lebenslauf-Methoden.

5.4 Grafische Benutzeroberfläche

Die Gestaltung der Benutzeroberfläche ist oftmals ein zentraler Punkt der Entwicklungsarbeit. In diesem Kapitel soll es um die Oberflächenelemente (User Interface Controls) gehen, die man in einer grafischen Benutzeroberfläche im allgemeinen benötigt. Mit den hier gezeigten Programmiertechniken können Sie bereits vollständige kommerzielle Applikationen erstellen.

Abbildung 5.4 zeigt die Oberflächenelemente, die wir uns in diesem Abschnitt näher ansehen wollen. Wie Sie sehen, entspricht die visuelle Darstellung in Java den üblichen Standards bekannter grafischer Benutzeroberflächen. Wie viele andere objektorientierte Programmiersprachen auch, erzeugt Java eine grafische Benutzeroberfläche mit Hilfe der eingebauten Klassenbibliothek, dem Abstract Windowing Toolkit, kurz mit AWT-API bezeichnet (siehe Abbildung 5.5). Alle Oberflächenelemente sind als Klassen modelliert. Die erste Spalte in Abbildung 5.4 nennt den Namen der entsprechenden Java-Klasse. Neben dem beschreibenden Text finden Sie in der dritten Spalte die grafische Darstellung des Oberflächenelements.

Abbildung 5.4:
Darstellung der Oberflächenelemente über Java-Klassen

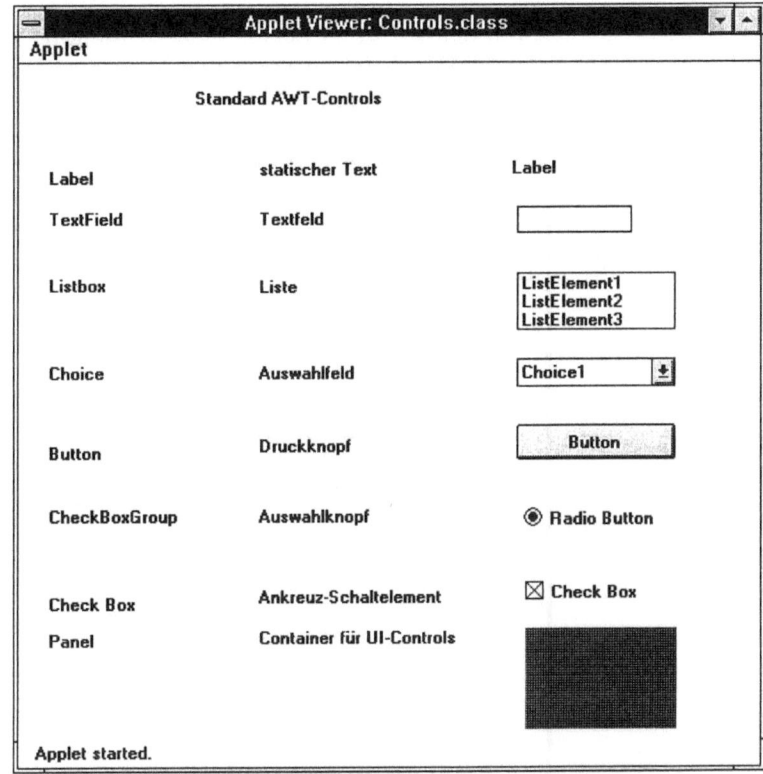

In Java bauen Sie die gesamte Benutzeroberfläche per Programm auf. Eine Unterstützung für das grafische Gestalten von Applet-Layouts bieten nur sogenannte GUI-Builder. Ein GUI-Builder vereinfacht die Gestaltung und die Implementierung der Benutzeroberfläche erheblich.

Heute gibt es Werkzeuge verschiedener Hersteller, die diese Funktionen anbieten, dabei aber durchaus unterschiedliche Techniken verfolgen. Dieses Kapitel beschreibt ausführlich die pure Java-Programmierung ohne weitere Hilfsmittel und erläutert außerdem die Möglichkeiten, die das Produkt „Parts for Java" bietet (siehe auch Kapitel 3).

Oberflächenelemente besitzen Eigenschaften, zum Beispiel ist einem Button die in ihm dargestellte Beschriftung („Label") zugeordnet. Die Werte dieser Eigenschaften setzt man mit den zur Verfügung stehenden Instanzmethoden der einzelnen Oberflächenklassen, beim Button hier beispielsweise „setLabel". Die einzelnen Oberflächenelemente reagieren auf verschiedene Benutzereignisse, zum Beispiel einen Button-Click. Die Benutzereignisse werden in Form von Events an die Java-Oberflächenobjekte weitergegeben.

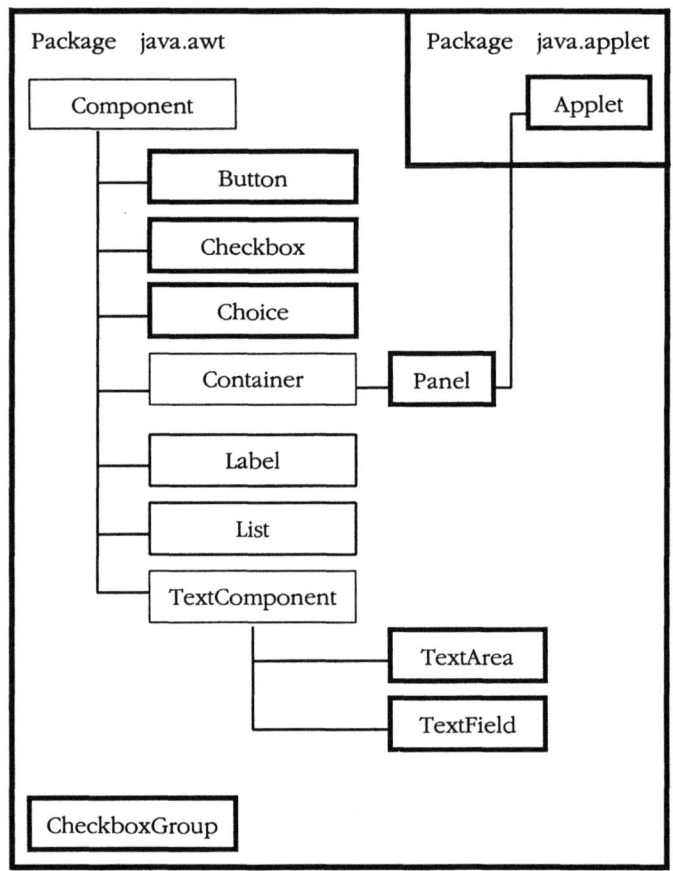

Abbildung 5.5:
Klassenhierarchie des AWT-API Oberflächenelemente

(Alle Klassen erben von Object – nicht gezeichnet –; abstrakte Klassen sind dünn umrandet, reale Klassen fett.)

Hinter dem AWT-API steckt das grundlegende Konzept der geschachtelten Oberflächen-Komponenten. Die Klasse Applet erbt von Panel. Ein Panel ist ein Container, der eine Menge von Oberflächenelementen aufnimmt, zum Beispiel Buttons, Checklisten oder Listboxen. Ein Panel kann selbst wieder Panels enthalten, die dann wieder neue Elemente beherbergen können.

Weiter bietet Java noch die Möglichkeit, Bilder im GIF-Format darzustellen und mittels Grafikklassen auf dem Bildschirm zu zeichnen. Über diese Techniken berichtet Kapitel 6.2 „Grafik und Bilder".

5.4.1 Event-Behandlung

Wenn der Anwender eines Applets auf einen Mausknopf oder eine Taste drückt, dann wird in der Benutzeroberfläche ein Ereignis (Event) ausgelöst. Dieses Ereignis wandelt das AWT-API in ein plattformunabhängiges Java-Objekt vom Typ AWTEvent oder einer Subklasse davon um. Das erzeugende Oberflächenelement entscheidet, welcher Java-Event entsteht und wie man ihn behandeln kann. Das Verkapseln von Ereignissen in Form von Objekten gestattet neben der Reaktion auf Anwenderereignisse auch das programmgesteuerte Generieren von Events. Eine ausführliche Diskussion dieses Themas bezogen auf die einzelnen Benutzeroberflächenelemente bietet der nächste Abschnitt; er enthält viele Beispiele und zeigt, wie man das Event-Handling praktisch anwendet. Bevor wir uns jedoch mit den Einzelheiten auseinandersetzen, beschäftigen wir uns jetzt mit der allgemeinen Basisarchitektur von Javas Ereignisbehandlung.

Im JDK 1.1 bildet Java je nach Ereignistyp eine Instanz einer bestimmten Event-Klasse. Damit ergibt sich in der Klassenbibliothek eine Vererbungshierarchie der Event-Klassen (siehe Abbildung 5.6). Das Klicken eines Buttons löst einen Action-Event aus, der zu der Erzeugung eines Objekts vom Typ `ActionEvent` führt. Wenn der Anwender ein Element in einer Listbox selektiert, dann ensteht ein `ItemEvent`-Objekt. Dementsprechend lösen Tastatureingaben Key-Events aus; Aktionen mit der Maus führen zu Objekten vom Typ `MouseEvent`.

Die Kreation des Event-Objekts ist der erste Schritt. Nun ist eine Programmarchitektur gefragt, die es gestattet, das Ereignis abzufangen und zu behandeln. Das JDK 1.1 basiert auf einer delegationsbasierten Sichtweise (siehe Abbildung 5.7). Ein Ereignis tritt bei einem Quellobjekt (Event Source) auf und wird von diesem Objekt zu einem Zuhörerobjekt (Event Listener) weitergeleitet. Der Event Listener übernimmt dann die weitere Ereignisbehandlung. Er gibt den Event an das Objekt weiter, das die gewünschte Reaktion in seiner Verarbeitungsmethode verkapselt.

Abbildung 5.6:
Vererbungshierarchie der Event-Klassen

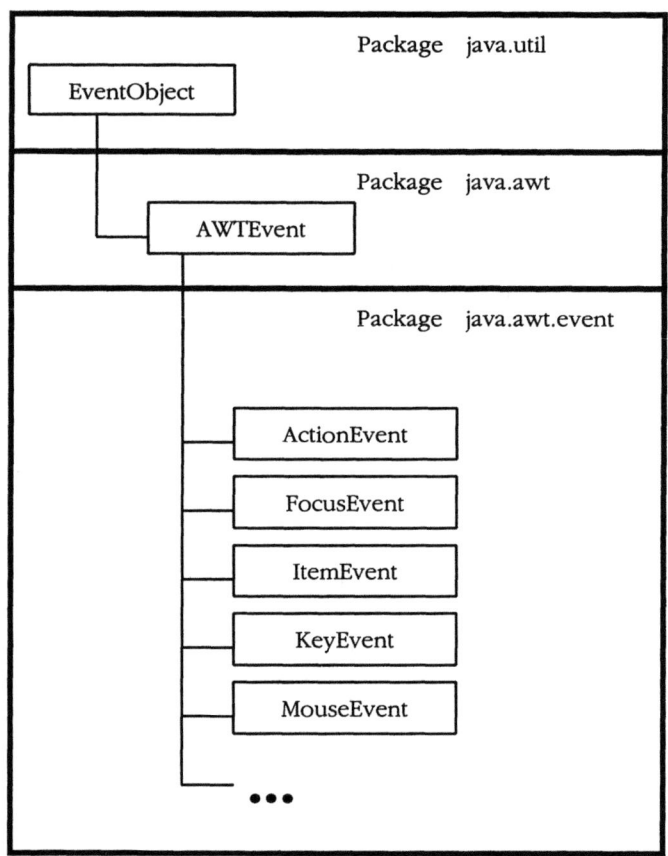

Für jeden Event-Typ sieht Java eigene Event-Listener-Interfaces vor, die eine zu den Event-Klassen analoge Klassenhierarchie bilden. Ein Event-Listener-Interface enthält Schnittstellendefinitionen für jede sinnvolle Reaktion auf einen bestimmten Event-Typ. Zum Beispiel fordert das ActionListener-Interface die Methode actionPerformed, das ItemListener-Interface die Methode itemStateChanged und das MouseListener-Interface die Methoden: mouseClicked, mouseEntered, mouseExited, mousePressed und mouseReleased.

Methoden vom Typ add<Event-Typ>Listener registrieren Event-Listener bei den jeweiligen Quellobjekten. Ein Benutzeroberflächenelement darf mehrere Listener eines Typs besitzen. Die Methode add<Event-Typ>Listener sorgt für eine Hintereinanderschaltung der Listener eines Typs in einer Listdatenstruktur. Tritt ein Event ein, dann wird dieser vom Quellobjekt an alle registrierten Listener weitergeleitet, ähnlich wie die Nachrichten auf einer Mailingliste im Internet alle Teilnehmer erreichen. Sun bezeichnet dieses Vorgehen als Multi-Cast-Technik. Entwickler sollten allerdings keine Annahmen über die Reihenfolge der Event-Weitergabe in ihren Anwendungen verankern, da das AWT hier keine Garantien übernimmt.

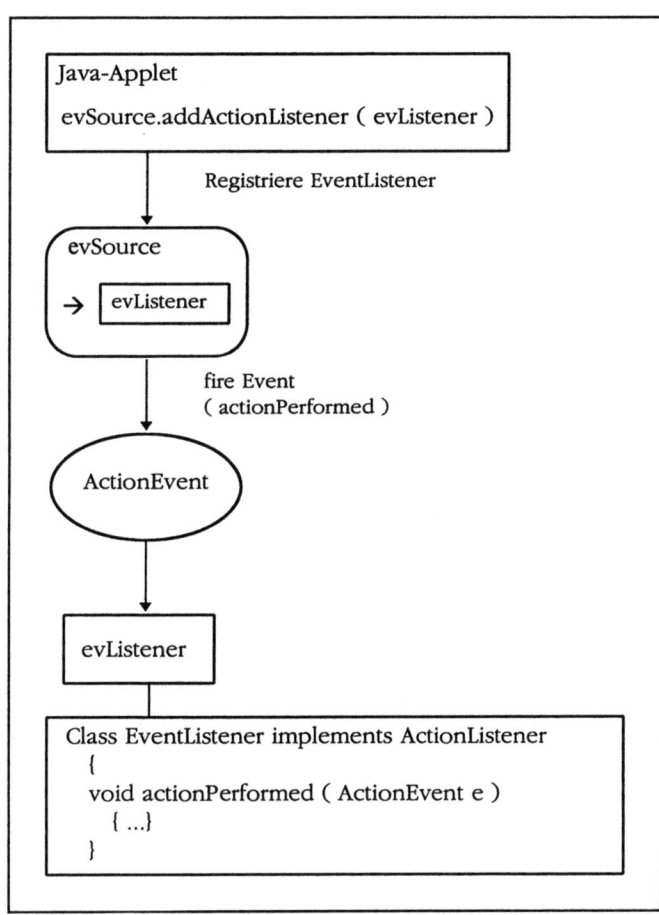

Abbildung 5.7: Delegationsbasiertes Event-Handling im JDK 1.1

Ein Event Listener stellt entweder eine eigenständige Klasse dar, die nur die Ereignisbehandlung umsetzt, oder es ist ein Subklasse eines Standard-GUI-Objekts, in dem die Ereignisbehandlung Teil seiner Aufgabe ist. In jedem Fall handelt es sich um eine Klasse, die Interesse an ein oder mehreren Event-Typen zeigt und dafür die entsprechenden EventListener-Interfaces implementiert.

5.4.2 Oberflächenelemente

Dieser Abschnitt erläutert detailliert die Funktionsweise der einzelnen Oberflächenelemente. Sie erfahren, welche Methoden die einzelnen Elemente anbieten, und wie man das Event-Handling gestalten kann. Als Beispiel soll ein Applet dienen, das mit dem GUI-Builder „Parts for Java" erstellt wurde. Abbildung 5.8 zeigt das Applet in Funktion im Netscape Navigator. Die Applikation stellt ein Personal-Informationssystem für die Beispiel-Firma „Kaffe, Tee & Co." zur Verfügung. Nach der Eingabe des Namens kann man durch Anklicken des Suchen-Buttons nach einem Mitarbeiter dieser Firma suchen. Wird das Applet fündig, zeigt es die entsprechenden Daten der Person unter dem Querbalken an. Sie erfahren den Arbeitsort des Mitarbeiters (Gebäudebezeichnung und Büronummer) und seine Telefon- und Faxnummer. Außerdem kann jeder Mitarbeiter eine persönliche Nachricht hinterlegen (z.B. „bin im Urlaub bis ..."), die das Informationssystem ebenfalls ausgibt.

Unter dem Suchen-Button befindet sich ein Ausgabefeld, das die Applikation ihrerseits benutzt, um Meldungen abzusetzen. Zum Beispiel kann ein eingegebener Name mehrdeutig sein, und der Benutzer kann dann durch Auswahl der Personalnummer den gesuchten Mitarbeiter genauer bestimmen.

Ich habe dieses Beispiel ausgewählt, weil das Applet viele Oberflächenelemente enthält, die ich anschließend genauer beschreiben möchte. Die Informationen zu einem einzelnen Mitarbeiter sind in einer Instanz der Klasse Person gespeichert. Die Struktur der Klasse Person entspricht im wesentlichen den Angaben aus dem vorangehenden Kapitel 4.

Das Personal-Informationssystem bezieht sich auf eine Personaldatenbank. Das ist hier genaugenommen eine Container-Datenstruktur (Vector), die Objekte der Klasse Person enthält, nämlich alle Mitarbeiter der hier untersuchten Firma. Wie das Applet zu seinen Daten kommt, soll uns zu diesem Zeitpunkt nicht näher interessieren. Für die Beschreibung der Oberflächenprogrammierung genügt es, zu wissen, daß das Applet die Mitarbeiter-Daten durchsuchen und lesen kann.

Grafische Benutzeroberfläche

Abbildung 5.8:
Das Applet Personal-Informationssystem in Aktion

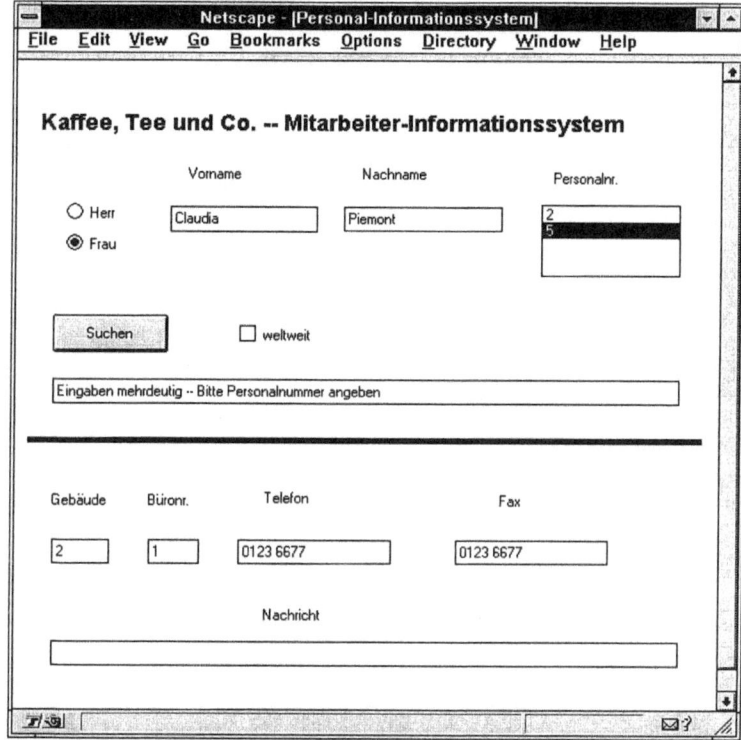

Im Gegensatz zu anderen Klassenbibliotheken für grafische Benutzeroberflächen arbeitet man mit Java in der Regel nicht mit einer direkten Positionierung der Oberflächenelemente mittels eines Koordinatensystems. Um den Sachverhalt zu vereinfachen, werden wir das Thema der Anordnung und Positionierung von User-Interface-Controls zunächst einmal vertagen und erst anschließend im nächsten Abschnitt 5.4.3 „Layout Manager" detailliert behandeln.

Um Ihnen den Überblick über die Programmierung zu erleichtern, sehen Sie in Beispiel 5.6 den (stark gekürzten) Quelltext des Personal-Informationssystems aus Abbildung 5.8 im Zusammenhang. Mit dem Werkzeug „Parts for Java" wurden das Layout des Applets gestaltet und einige einfache Funktionen erstellt. Wichtige Anhaltspunkte sind im Quelltext fett markiert. Diese Hervorhebungen habe ich später nachträglich vorgenommen. Das generierte Applet besteht aus reinem Java-Code und enthält diese Markierungen nicht.

Lebendige Java-Applets

Der Source-Code in Beispiel 5.6 dient in der Hauptsache dazu, Ihnen ein Gefühl für den Gesamtzusammenhang zu vermitteln. Es ist nicht notwendig, daß Sie den Quelltext jetzt in allen Einzelheiten durchgehen oder verstehen müssen. Wenn Sie mit einem GUI-Builder arbeiten, sind in der Regel nur bestimmte Einstiegspunkte in den Quelltext wichtig. Die anderen generierten Methoden sind für den Entwickler zunächst unwesentlich. Sie erhalten nur eine gewisse Bedeutung, wenn man das erstellte Applet debuggen will, da man dazu die Struktur des Programms kennen sollte.

Beispiel 5.6: Source Code zum Personal-Informationssystem aus Abbildung 5.8

```
// gekürzt !!
// import-Anweisungen

public class PersInfoS1 extends Applet {

/* variables that hold components */

CheckboxGroup CheckBoxGroup_1 = new CheckboxGroup();
PersInfoS1 JavaApplet1 = this;
Label JavaLabel2 = new Label();
Label JavaLabel10 = new Label();
Label JavaLabel6 = new Label();
Label JavaLabel4 = new Label();
Label JavaLabel1 = new Label();
Button JavaButton1 = new Button();
ValidTextField tfGebaeude = new ValidTextField();
Panel JavaRadioPanel1 = new Panel();
ValidTextField tfBueronr = new ValidTextField();
Panel JavaPanel1 = new Panel();
Label JavaLabel5 = new Label();
Label JavaLabel8 = new Label();
Label JavaLabel7 = new Label();
Label JavaLabel3 = new Label();
java.lang.String JavaStringEmpty = "";
int JavaIntegerEmpty = 0;
Vector PersDB = new Vector();
Checkbox rbFrau = new Checkbox("Frau", CheckBoxGroup_1, false);
TextField tfNachname = new TextField(10);
List lbPersnr = new List(8, true);
TextField tfMessageLine = new TextField(60);
TextField tfFax = new TextField(20);
Checkbox rbHerr = new Checkbox("Herr", CheckBoxGroup_1, true);
TextField tfVorname = new TextField(10);
TextField tfNachricht = new TextField(80);
Checkbox cbWo = new Checkbox("weltweit");
TextField tfTelefon = new TextField(20);

/**
 * Register listener objects
 */
```

(noch Beispiel 5.6)

```
               LbPersnrListener       lbPersnrEventHandler;
               ButtonListener         JavaButton1EventHandler;
               TfVornameKeyListener   tfVornameEventHandler;

               lbPersnrEventHandler = new LbPersnrListener (this);
               lbPersnr.addItemListener (lbPersNrEventHandler);
               JavaButton1EventHandler = new ButtonListener (this);
               JavaButton1.addActionListener (JavaButton1EventHandler);
               tfVornameEventHandler = new TfVornameKeyListener
                     (KeyEvent.VK-TAB);
               tfVorname.addKeyListener (tfVornameEventHandler);

               /**
                * Create an instance of PersInfoS1
                */
               public PersInfoS1() {
                     super ();
               }
               /**
                * Initialize the components of the application.
                */
               public void init() {
                  // gekürzt !!
                  // Aufruf der einzelnen Init-Methoden

                  this.extra_Init();
               }
               /**
                * Initialize tfNachname
                */
               private void inittfNachname() {
                  PARTSFramer temp_Framer =
                        new PARTSFramer(1,3675.0f,1500.0f,1875.0f,300.0f,136);
                  ((PARTSFramerLayout)this.getLayout()).
                     setFramer(tfNachname,temp_Framer);
                  this.add(tfNachname);
                  tfNachname.setText("");
                  tfNachname.setEditable(true);
                  }
               // gekürzt !!
               // Weitere Init-Methoden
               /**
                * User modifiable extra init code.
                */
               private void extra_Init() {
                     setPersDB (); // Personaldatenbank aufbauen
                  }
```

(noch Beispiel 5.6)

```java
// eigene Methoden des Entwicklers
public void searchAction ()
{
   tfMessageLine.setText(JavaStringEmpty);
   lbPersnr.clear();
   tfGebaeude.setIntValue(JavaIntegerEmpty);
   tfBueronr.setIntValue(JavaIntegerEmpty);
   tfTelefon.setText(JavaStringEmpty);
   tfFax.setText(JavaStringEmpty);
   tfNachricht.setText(JavaStringEmpty);
   this.findPersnr();
}

public void findPersnr ()
{
   Person     eP;
   String     vn, nn;
   String     pnr;
   boolean    gender;              // F = true, M = false
   int        numElements;

   vn = tfVorname.getText ();
   nn = tfNachname.getText ();
   if ( rbHerr.equals (CheckBoxGroup_1.getCurrent ()) )
      { gender = false; }
   else
      { gender = true;  }
   numElements = PersDB.size ();

   for (int i = 0; i < numElements; ++i )
   {
      eP = (Person) PersDB.elementAt (i);
      if ( (vn.equals (eP.vorName))       &&
           (nn.equals (eP.nachName))      &&
           (gender == eP.geschlecht)              )
       {
            pnr = String.valueOf (eP.personalNr);
            lbPersnr.addItem (pnr);
       }
   }

   // genau eine Person gefunden
   if (lbPersnr.countItems () == 1) {
        lbPersnr.select (0);
        findPerson ();
   }

   // keine Person gefunden
   if (lbPersnr.countItems () == 0) {
        tfMessageLine.setText
        ("Diese Person wurde in der DB nicht gefunden");
   }
```

(noch Beispiel 5.6)
```
                    // mehr als eine Person gefunden
                    if (lbPersnr.countItems () > 1)
                    {
                        tfMessageLine.setText
                        ("Eingaben mehrdeutig -- Bitte Personalnummer angeben");
                    }
                }



                public void findPerson ()
                {
                    String      stpnr;
                    int         pnr;
                    Person      eP;

                    stpnr = lbPersnr.getSelectedItem ();
                    pnr = Integer.parseInt (stpnr);
                    for (Enumeration e = PersDB.elements (); e.hasMoreElements (); )
                    {
                       eP = (Person) e.nextElement ();
                       if ( pnr == eP.personalNr )
                       {
                            tfGebaeude.setIntValue (eP.gebaeudeNr);
                            tfBueronr.setIntValue (eP.bueroNr);
                            tfTelefon.setText (eP.tel);
                            tfFax.setText (eP.fax);
                            tfNachricht.setText (eP.nachricht);
                       }
                    }
                }

                public void setPersDB ()
                {
                   // gekürzt !!
                   // Aufbau der Personendatenbank
                }
                }

                /*
                 * Event Handling (Listener Classes)
                 */

                import java.awt.event.*;

                public class LbPersnrListener implements ItemListener
                {
                    PersInfoS1  personalApplet;

                    public  LbPersnrListener (PersInfoS1  myApplet)
                    {
                        personalApplet = myApplet;
                    }
```

Lebendige Java-Applets

(noch Beispiel 5.6)
```
        public void  itemStateChanged (ItemEvent e)
        {
            personalApplet.findPerson ();
        }
    }

    import java.awt.event.*;

    public class ButtonListener implements ActionListener
    {
        PersInfoS1  personalApplet;

        public  ButtonListener (PersInfoS1  myApplet)
        {
            personalApplet = myApplet;
        }

        public void  actionPerformed (ActionEvent e)
        {
            personalApplet.searchAction ();
        }
    }

    import java.awt.event.*;

    public class TfVornameKeyListener implements KeyListener
    {
        PersInfoS1  personalApplet;
        int         compareKey;

        public  TfVornameKeyListener (PersInfoS1  myApplet,
                                      int actionKey)
        {
            personalApplet = myApplet;
            compareKey     = actionKey;
        }

        public void keyPressed (KeyEvent e)
        {
            if (e.getKeyCode () == KeyEvent.VK_TAB)
            {
                personalApplet.tfNachname.requestFocus ();
            }
        }

        public void keyReleased (KeyEvent e)  {}

        public void keyTyped (KeyEvent e) {}
    }
```

Eine ausführliche Gegenüberstellung zwischen reiner Java-Programmierung und der Entwicklung eines Applets mit einem GUI-Builder finden Sie vor allem im nachfolgenden Unterpunkt „Button", der beschreibt, wie man einen Druckknopf in Java erzeugt und anspricht. Die grundlegenden Aussagen in dieser Passage können Sie als Muster auf alle anderen Oberflächenelemente übertragen. Die weiteren Abschnitte erläutern daher zu den angesprochenen Oberflächenelementen im wesentlichen nur die typischen Eigenschaften, Methoden und Charakteristiken der Ereignisbehandlung.

Wichtige Methoden in der Klasse Component

Alle Oberflächenelemente sind Subklassen der Klasse Component. Daher sind dort einige wichtige Methoden implementiert, die für alle UI-Controls anwendbar sind. Diese Methoden sollen hier zunächst zusammengefaßt erläutert werden, bevor wir auf die typischen Eigenschaften der einzelnen Oberflächenelemente eingehen:

Methode	*Bedeutung*
void setEnabled (boolean b)	Der Aufruf setEnabled (false) setzt eine Komponente inaktiv. Dieses Oberflächenelement nimmt danach keine Eingaben mehr an und wird meist grau eingefärbt.
	Die Anweisung setEnabled (true) ist das Gegenteil davon. Sie setzt ein Oberflächenelement wieder eingabebereit.
void setVisible (boolean b)	Die Anweisung setVisible (false) macht ein Control unsichtbar. Das Oberflächenelement ist als Objekt jedoch immer noch vorhanden und kann mit setVisible (true) wieder dargestellt werden.
void setBackground (Color c) void setForeground (Color c)	Mit setBackground und setForeground kann man die Hintergrund- oder Vordergrundfarbe bestimmen.

Die hier genannten Methoden setzen bestimmte Zustände in den einzelnen Oberflächenelementen. Daneben gibt es noch zahlreiche Methoden, mit den Sie den aktuellen Zustand eines Oberflächenelements abfragen können.

Zum Beispiel kann man mit der Methode

`myButton.isEnabled ()`

festellen, ob ein Button zur Eingabe bereit ist oder nicht.

Button

Ein Button ist ein einfacher Druckknopf, der beim Anklicken durch den Benutzer einen Action-Event auslöst. Er wird in Java durch die gleichnamige Klasse `Button` realisiert. Das Personal-Informationssystem (Abbildung 5.8 und Beispiel 5.6) enthält genau einen Druckknopf, den „Suchen-Button".

Schauen wir zuerst auf die „reine" Java-Programmierung ohne Einsatz eines GUI-Builders. Oberflächenelemente erzeugt man üblicherweise in der `init`-Methode des Applets Das Kreieren geschieht wie bei allen anderen Objekten auch mit der `new`-Methode (siehe Beispiel 5.7). Anschließend baut man das neue UI-Control mit der `add`-Methode in die Benutzeroberfläche ein. Mit diesen Anweisungen ist die Gestaltung dieses einfachen Layouts abgeschlossen.

Beispiel 5.7: Erzeugen eines Button-Objekts

```
import java.applet.*;
import java.awt.*;

public class Button_Applet extends Applet {
    // Erzeugen des Buttons
        Button buttonNeu = new Button ("ClickMe");

    public void init ()
    {
        // Button in die Benutzeroberfläche einfügen
        add (buttonNeu);
    }
}
```

Die Aufschrift eines Buttons (Label) kann man jederzeit beliebig austauschen, wenn man will. Dazu benutzt man die Methode:

`void setLabel (String labelText);`

Mit einem GUI-Builder geht die Entwicklung von Beispiel 5.7 noch ein Stück schneller. Aus dem Katalog der Oberflächenelemente wählt man den Button aus und plaziert ihn mit der Maus

Grafische Benutzeroberfläche

im Design-Fenster (siehe Abbildung 5.9). Anschließend erzeugt man das Java-Programm einfach per Knopfdruck. Beispiel 5.8 enthält den Source Code zu Abbildung 5.9. Darin finden Sie auch die oben gezeigten Anweisungen, die im Applet aufgerufen werden. Auch in diesem Programm sind wichtige Quelltext-Stellen fett gedruckt, damit Sie einen besseren Überblick erhalten. Da das Werkzeug „Parts for Java" noch mehr kann, als nur das reine Layout eines Applets zu erstellen, ist der gezeigte Quelltext etwas länger als allein für die einfache Darstellung der Benutzeroberfläche notwendig wäre. Zu diesem Thema kommen wir etwas später.

Abbildung 5.9:
Anprogrammierung eines Buttons mit Parts for Java

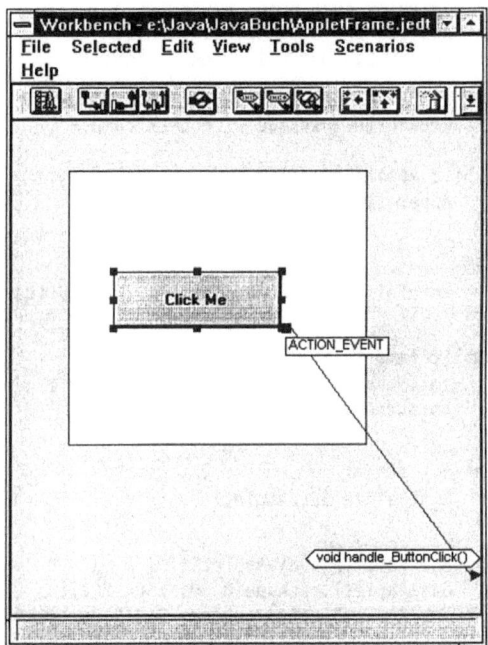

Das Listing von Beispiel 5.8 enthält die Erzeugung des Buttons „Click Me" in der Methode initJavaButton1. Diese Methode wird wiederum von der init-Methode des Applets aufgerufen. In der Applikation (Abbildung 5.9) habe ich die Default-Bezeichnung JavaButton1, die „Parts for Java" für den Button vorgab, übernommen.

Lebendige Java-Applets

Beispiel 5.8:
Von Parts for Java generierter Java Source Code zu Abbildung 5.9

```java
import com.parcplace.pjava.Framer.*;
import java.awt.*;
import java.awt.event.*;
import java.applet.*;
public class AppletFrame extends Applet {
    /**
     * Parent Container when this is used as a nested part.
     */
    Container parent;
    /**
     * Flag used to decide whether to exit the application.
     */
    boolean enterFromMain = false;
    /* variables that hold components */
        AppletFrame JavaApplet1 = this;
        Button JavaButton1 = new Button();
    /**
     * Create an instance of AppletFrame
     */
    public AppletFrame() {
        super ();
    }
    /**
     * Initialize the components of the application.
     */
    public void init() {
        initJavaApplet1(); initJavaButton1();
        this.extra_Init();
    }
    /**
     * Initialize JavaApplet1
     */
    private void initJavaApplet1() {
        JavaApplet1.reshape(0, 0, 240, 221);
        JavaApplet1.setLayout(new PARTSFramerLayout());
    }
            // PARTS generated
    /**
     * Initialize JavaButton1
     */
    private void initJavaButton1() {
        PARTSFramer temp_Framer = new PARTSFramer(1,525.0f,1200.0f,
           2025.0f,690.0f,136);
        ((PARTSFramerLayout)this.getLayout()).setFramer(JavaButton1,
           temp_Framer);
        this.add(JavaButton1);
        JavaButton1.setLabel("Click Me");
    }
```

(noch Beispiel 5.8)
```
    /**
     * Set the receiver's parent.
     */
    public void setParent(Container c) {
        parent = c;
        this.init();
    }

    /**
     * User modifiable extra init code.
     */
    private void extra_Init() {
    }

    void handle_ButtonClick ()
    {
        // Reaktion auf Click JavaButton1 programmieren
    }
}

/*
 * Event Handling (Listener Classes)
 */

import java.awt.event.*;

public class JavaButton1Listener implements ActionListener {
    AppletFrame applet;

    public JavaButton1Listener (AppletFrame myApplet) {
        applet = myApplet;
    }

    public void actionPerformed (ActionEvent e) {
        applet.handle_ButtonClick ();
    }
}
```

Das wichtigste Ereignis im Leben eines Buttons ist das Anklicken durch den Benutzer. Dies löst in Java einen Action-Event aus. Wir wenden jetzt die generelle Technik zur Ereignisbehandlung an, wie sie bereits in Abschnitt 5.4.1 erläutert wurde. Um Action-Events abzufangen, benötigt man ein Objekt, das das Action-Listener-Interface implementiert. Nach der Kreation des Buttons selbst erzeugt man das entsprechende Listener-Objekt und registriert dieses beim Quellobjekt, für dessen Ereignisse man sich interessiert. In unserem Beispiel (5.9) ist dies der Button button-Neu.

Beispiel 5.9:
Behandlung des
Action-Events

```java
import java.applet.*;
import java.awt.*;
import java.awt.event.*;

public class Button_Applet extends Applet
{
    // Erzeugen des Buttons
    Button buttonNeu = new Button ("Click Me");

    public void init ()
    {
        // Button in die Benutzeroberfläche einfügen
        add (buttonNeu);

        // ActionListener erzeugen und beim Button buttonNeu
        // registrieren
        ButtonListener   buttonListener = new ButtonListener
                                    (this);
        buttonNeu.addActionListener (buttonListener);
    }

     void handle_ButtonClick ()
     {
         // Reaktion auf Click buttonNeu programmieren
         // ....
     }
}

// ActionListener-Klasse  (separate Datei)

import java.awt.event.*;

public class ButtonListener implements ActionListener
{
    Button_Applet   applet;

    public  ButtonListener (Button_Applet  myApplet)
    {
        applet = myApplet;
    }

    public void  actionPerformed (ActionEvent e)
    {
        applet.handle_ButtonClick ();
    }
}
```

Grafische Benutzeroberfläche

Das hier gezeigte Beispiel ist sehr einfach. Umfangreicher wird die Java-Programmierung, wenn man ein komplexeres Layout aufbauen möchte, zum Beispiel beim Personal-Informationssystem (Abbildung 5.8). Im Gegensatz dazu haben Sie mit einem GUI-Builder diese Aufgabe schnell bewältigt. Zudem besteht hier eine direkte visuelle Kontrolle über das Layout der Benutzeroberfläche – ein Komfort, den die Java-Programmierung „von Hand" nicht bietet (vgl. Abschnitt 5.4.1, „Layout-Manager").

Grafische Link-Programmierung

Das Werkzeug „Parts for Java" geht sogar noch einen Schritt weiter. Dort können Sie durch visuelle Programmierung Objekt-Events Aktionen oder Methodenaufrufe zuordnen. Sie klicken das fragliche Objekt an, in unserem kleinen Beispiel (Abbildung 5.9) den Button, und wählen aus einer Liste der möglichen Events den Event aus, den Sie bearbeiten wollen. Bei einem Druckknopf ist das üblicherweise der Action-Event, der beim Anklicken ausgelöst wird. Anschließend legen Sie das Zielobjekt durch Ziehen mit der Maus fest. Jede Event-Verbindung stellt „Parts for Java" durch eine sichtbare Linie dar. Im Zielobjekt bestimmen Sie, welche Methode des Zielobjekts beim Feuern des Ereignisses ausgeführt wird. Es ist auch möglich, bestimmte situationsabhängige Parameter, die eine Methode erwartet (z.B. den Inhalt eines anderen Oberflächenelements) automatisch über zusätzliche Links belegen zu lassen.

In Abbildung 5.9 soll die Methode `handle_ButtonClick` aufgerufen werden. Diesen Event-Link erhält man, wenn man den Button „Click Me" mit der Applikation (dem Rahmen des Workbench-Windows) verbindet, den gewünschten Event-Typ auswählt und den Namen der Methode angibt. Das entsprechende Java-Programm wird dann vom Werkzeug selbständig erzeugt. Der Entwickler programmiert anschließend lediglich die Methode `handle_ButtonClick`.

Ein Beispiel für einen Button finden Sie auch im Personalinformationssystem. Abbildung 5.10 zeigt das entsprechende „Parts for Java"-Workbench-Window dieser Anwendung. Es erscheinen alle Links, die vom Button „Suchen" ausgehen. Nur die Interaktion zwischen dem Button und der Listbox „Personalnr" sowie mit der Applikation selbst ist durch eine zusätzliche Beschreibung, durch sogenannte Labels, detaillierter dargestellt. Bei jeder neuen Suche werden zunächst alle Einträge im unteren Resultatsteil geleert. Ebenso muß die Listbox „Personalnr" gelöscht werden. Anschließend sucht das Programm in der Methode `findPersnr` die gewünschte Person aus der Datenbasis heraus.

Abbildung 5.10:
Parts for Java Workbench-Window zu Abbildung 5.8

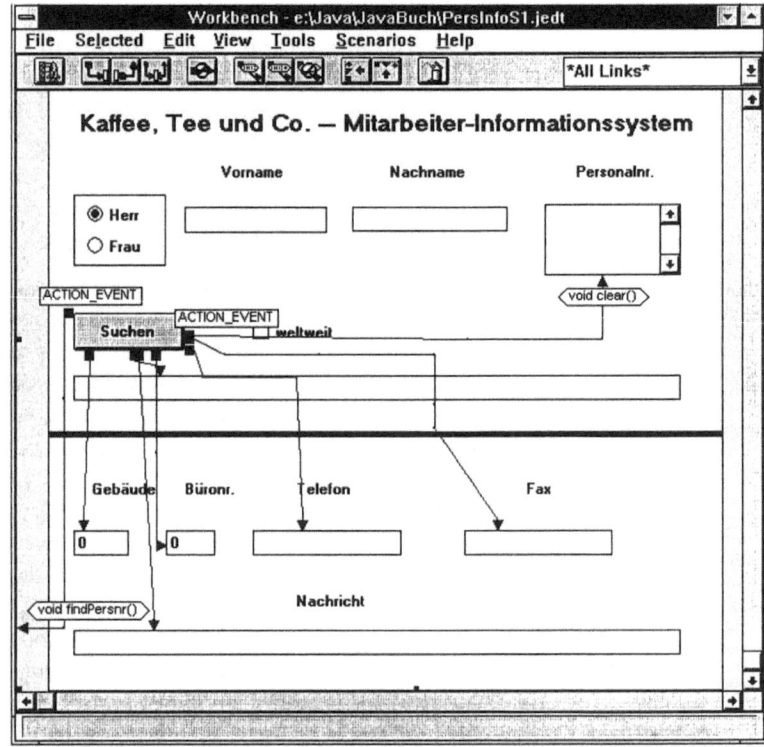

Checkbox und Checkbox-Group

Eine Checkbox ist ein Ankreuz-Schaltelement, das entweder an (angekreuzt) oder aus (leer) sein kann. In Java wird dieses Oberflächenelement durch die Klasse Checkbox realisiert. Wenn der Benutzer eine Checkbox anklickt, dann wechselt ihr Status. Außerdem löst das Anklicken einen Item-Event aus. Bei Auswahloptionen erzeugt Java immer einen Item-Event. Dies ist zum Beispiel auch bei Listboxen oder Choice-Controls der Fall. Objekte vom Typ Item-Event verfügen über die Methode getStateChange, mit der man die Statusänderung abfragen kann. Das Ankreuzen einer Checkbox führt zu einem Item-Event mit dem Status SELECTED (siehe Listing 5.10). Wenn der Event-Listener nicht bereits weiß, welches Quellelement betroffen ist (z.B. weil er überhaupt nur bei einem einzigen Quellelement registriert ist), dann läßt sich dies über die Methode getItem herausfinden.

Weitere typische Methoden eines `Checkbox`-Objekts sind:

Methode	Bedeutung
`boolean getState ()`	Gibt den Status, in dem sich die Checkbox befindet, zurück.
`void setLabel (String label)`	Setzt die Bezeichnung der Checkbox (den Text, der rechts davon erscheint).
`void setState (boolean state)`	Bestimmt den Status der Checkbox (true heißt an, false bedeutet aus).

Das Gesamt-Beispiel (Abbildung 5.8) enthält die Checkbox „weltweit". Sie dient hier lediglich der Anschauung. Ihr ist keine Funktion zugeordnet.

In Java bilden Auswahlknöpfe oder Radio-Buttons eine spezielle Ansammlung (Gruppierung) von Checkboxen. Man implementiert jeden Radio-Button durch ein `Checkbox`-Objekt. Zusätzlich fügt man beim Kreieren jedes Radio-Buttons alle zusammengehörenden Elemente in ein gemeinsames Objekt vom Typ `CheckboxGroup` ein (siehe Beispiel 5.10). Dadurch wird gewährleistet, daß jeweils nur ein Auswahlknopf einer Liste angeschaltet ist.

Beispiel 5.10:
Oberflächenelement Radio-Button

```java
import java.applet.*;
import java.awt.*;
import java.awt.event.*;

public class RadioButton_Applet extends Applet {
    // Erzeugen der Radio-Buttons
    CheckboxGroup cbg = new CheckboxGroup();
    Checkbox     rbFrau = new Checkbox("Frau", cbg, true);
    Checkbox     rbHerr = new Checkbox("Herr", cbg, false);

    public void init () {
        // Radio-Buttons in die Benutzeroberfläche einfügen
        add (rbFrau);
        add (rbHerr);

        // Listener kreieren und bei Event-Sources
        // registrieren
```

(noch Beispiel 5.10)

```java
            RBFrauListener  rbFrauListener = new RBFrauListener
                (this);
            RBHerrListener  rbHerrListener = new RBHerrListener
                (this);
            rbFrau.addItemListener (rbFrauListener);
            rbHerr.addItemListener (rbHerrListener);
        }

        private void findPersnr ()
        {
            boolean geschlecht;     // F = true, M = false

            // Abfragen welcher Radio-Button an ist
            if (rbHerr.equals (cbg.getCurrent ()))
            { geschlecht = false; }
            else
            { geschlecht = true; }


            // weitere Anweisungen ....
        }

        public void rbFrau_selected ()
        {
           // Methode tritt in Aktion,
           // wenn User die CheckBox rbFrau auswählt

           // weitere Anweisungen ....
        }

        public void rbHerr_selected ()
        {
           // Methode tritt in Aktion,
           // wenn User die CheckBox rbHerr auswählt

           // weitere Anweisungen ....
        }
    }

    // Listener-Klassen
    // Listener für die Checkbox  rbFrau

    import java.applet.*;
    import java.awt.event.*;

    public class RBFrauListener implements ItemListener
    {
        RadioButton_Applet  applet;
```

Grafische Benutzeroberfläche

(noch Beispiel 5.10)

```java
    public RBFrauListener (RadioButton_Applet  myApplet)
    {
        applet = myApplet;
    }

    public void itemStateChanged (ItemEvent e)
    {
        int state;

        state = e.getStateChange ();
        if (state == ItemEvent.SELECTED)
        {
            // Checkbox   rbFrau angekreuzt
            applet.rbFrau_selected ();
        }
    }
}


// Listener für die Checkbox   rbHerr

import java.applet.*;
import java.awt.event.*;

public class RBHerrListener implements ItemListener
{
    RadioButton_Applet  applet;

    public RBHerrListener (RadioButton_Applet  myApplet)
    {
        applet = myApplet;
    }

    public void itemStateChanged (ItemEvent e)
    {
        int state;

        state = e.getStateChange ();
        if (state == ItemEvent.SELECTED)
        {
            // Checkbox   rbHerr angekreuzt
            applet.rbHerr_selected ();
        }
    }
}
```

177

Typische Methoden eines Objekts vom Typ CheckboxGroup sind:

Methode	Bedeutung
Checkbox getCurrent ()	Gibt den Auswahlknopf (Checkbox) aus der Liste zurück, der gerade „an" ist.
void setCurrent (Checkbox cb)	Setzt in der CheckboxGroup das Objekt cb in den Status „an" und schaltet die anderen Radio-Buttons in der Liste ab.

Die Ereignisbehandlung bezieht sich immer auf Objekte vom Typ Checkbox. Ob eine Gruppierung in einer CheckboxGroup vorliegt, ist hier nicht von Bedeutung. Wie bereits bekannt, erfolgt das Event-Handling über Listener-Klassen. Da ein Checkbox-Objekt einen Item-Event erzeugen kann, verwendet man hier Klassen, die das ItemListener-Interface implementieren. Beispiel 5.10 benutzt pro Radiobutton (rbFrau und rbHerr) eine eigene ItemListener-Klasse (RBFrauListener und RBHerrListener). Daher kennt das Listener-Objekt bereits seinen Verursacher und muß das selektierte Objekt nicht bestimmen. Dieser stark objektorientierte Ansatz ist nur eine mögliche Design-Entscheidung; man kann auch an alle Radio-Buttons einen zentralen Listener hängen, der dann die Ereignisbehandlung für die gesamte Gruppe übernimmt. In einem solchen Fall muß man allerdings vor einer entsprechenden Reaktion erst den Verursacher des Item-Events heraussuchen.

Das Gesamt-Beispiel (Abbildung 5.8) enthält die Radio-Buttons „Herr" und „Frau" in einer Liste (CheckboxGroup). Mit diesen Auswahlknöpfen kann man festlegen, ob das Informationssystem nach einem Mitarbeiter oder einer Mitarbeiterin suchen soll. Wenn man mit „Parts for Java" neue Auswahlknöpfe anlegt, so erzeugt das Tool automatisch ein neues Panel mit einer CheckboxGroup, in der die Radio-Buttons eingefügt werden. Der Entwickler setzt lediglich die entsprechenden Texte und vergibt bei Bedarf eigene Variablennamen.

Die Methode findPersNr in Beispiel 5.6 fragt, welcher Radio-Button in der Liste angeschaltet ist und steuert damit die Suche in der Personendatenbank.

Choice

Neben Check- und Listboxen gibt es ein weiteres Oberflächenelement, das zur Auswahl von möglichen Alternativen dient. Ein Choice ist eine aufklappbare Listbox mit verschiedenen, vorher festgelegten Auswahlmöglichkeiten, aus denen der Benutzer ein Element selektieren kann. Bei der Auswahl einer Option generiert Java einen Item-Event.

Beispiel 5.11:
Oberflächenelement
Choice

```java
import java.applet.*;
import java.awt.*;
import java.awt.event.*;

public class Choice_Applet extends Applet
{
    // Erzeugen des Choice-Objekts
    Choice   auswahl = new Choice ();

    public void init ()
    {
        // Auswahl-Elemente einfügen
        auswahl.addItem ("Herr");
        auswahl.addItem ("Frau");
        auswahl.addItem ("Fräulein");

        // Choice in die Benutzeroberfläche einfügen
        add (auswahl);

        // Item-Listener kreieren und bei
        // Event-Source (auswahl) registrieren

        ChoiceListener  auswahlListener =
                        new ChoiceListener (this);
        auswahl.addItemListener (auswahlListener);
    }

    public void handle_Select (String elementText )
    {
        // Reaktion auf Choice-Select programmieren
        // elementText enthält Text des ausgewählten Eintrags
        // ....

    }
}
```

Lebendige Java-Applets

(noch Beispiel 5.11)
```
// Listener für das Choice-Control auswahl

import java.applet.*;
import java.awt.event.*;

public class ChoiceListener implements ItemListener
{
    Choice_Applet  applet;

    public ChoiceListener (Choice_Applet  myApplet)
    {
        applet = myApplet;
    }

    public void itemStateChanged (ItemEvent e) {
        int     state;
        String  elementText;

        state = e.getStateChange ();
        if (state == ItemEvent.SELECTED)
        {
            // neues Choice-Element selektiert

            elementText = applet.auswahl.getSelectedItem ();
            applet.handle_Select (elementText);
        }
    }
}
```

Weitere typische Methoden eines Objekts vom Typ Choice sind:

Methode	Bedeutung
String getItem (int index)	Liefert das Auswahlelement an der Stelle index.
int getSelectedIndex () String getSelectedItem ()	getSelectedIndex gibt den Index des ausgewählten Elements zurück.
	Mit getSelectedItem erhalten Sie das ausgewählte Element als String.
void select (String element)	Selektiert per Programm das Auswahlelement mit dem Text element.

Label

Mit der Klasse Label erzeugt man in Java statische Texte in einer Benutzeroberfläche. Da Labels Objekte sind, ist es erlaubt, den Text mit der Methode

```
meinLabel.setText ("Das ist meine neuer Label-Text");
```

per Programm auszutauschen. Der Anwender dagegen kann einen Label-Text nicht selbständig verändern.

Label-Objekte finden Sie mehrfach im Quelltext von Beispiel 5.6.

Listbox

Mit der Klasse List erzeugt man eine Listbox, die je nach Status des Objekts einzelne oder mehrfache Selektionen erlaubt. Die Auswahl eines Listenelements wird wie üblich durch einen Farbwechsel (Highlighting) kenntlich gemacht. In diesem Fall erzeugt Java einen Item-Event, genauso wie im Fall des Choice-Controls. Ein Action-Event entsteht, wenn der Benutzer doppelt auf ein Listenelement klickt.

Beispiel 5.12:
Oberflächenelement Listbox

```java
import java.applet.*;
import java.awt.*;
import java.awt.event.*;

public class Listbox_Applet extends Applet {
    Vector PersDB;

    // Erzeugen der Listbox
    List    lbPersnr;

    public void init ()
    {
        // Listbox in die Benutzeroberfläche einfügen
        add (lbPersnr);
        fillListbox ();

        // Item-Listener kreieren und bei
        // Event-Source (auswahl) registrieren

        ListboxListener   auswahlListener =
                      new ListboxListener (this);
        lbPersnr.addItemListener (auswahlListener);
    }
```

(noch Beispiel 5.12)

```java
            private void fillListbox () {
                Person    ep;
                for (int i = 0; i < persDB.size(); ++i)
                {
                    pnr = String.valueOf (eP.personalNr);
                    lbPersnr.addItem (pnr);
                }
            }

            void handle_Select (int itemIndex) {
                // Reaktion auf Listbox-Select programmieren
                // itemIndex enthält Index des ausgewählten Eintrags
                // ....
            }
        }


        // Listener für die Listbox lbPersnr

        import java.applet.*;
        import java.awt.event.*;

        public class ListboxListener implements ItemListener
        {
            Listbox_Applet   applet;

            public ListboxListener (Listbox_Applet  myApplet) {
                applet = myApplet;
            }


            public void itemStateChanged (ItemEvent e) {
                int    state;
                int    index;

                state = e.getStateChange ();
                if (state == ItemEvent.SELECTED)
                {
                    // neues List-Element selektiert

                    index = applet.auswahl.getSelectedIndex ();
                    applet.handle_Select (index);
                }
            }
        }
```

Weitere typische Methoden eines Objekts vom Typ List sind:

Methode	Bedeutung
`void removeAll ()` `void delItem (int index)`	Diese Methoden dienen zum Löschen von Listenelementen. removeAll löscht die gesamte Listbox; mit delItem löscht man ein einzelnes Element über den Index.
`int getItemCount ()`	Ermittelt die aktuelle Anzahl der Elemente in der Liste.

`void select (int index)`
`void deselect (int index)`
`boolean isIndexSelected (int index)`
	Die Methode select wählt ein Element aus der Liste per Programm aus. Im Gegensatz dazu hebt die Methode deselect eine Auswahl wieder auf. Über die Methode isIndexSelected kann man abfragen, ob ein bestimmtes Listenelement selektiert ist.

`String getItem (int index)`	Gibt das Element am spezifizierten Index zurück.
`int getSelectedIndex ()` `String getSelectedItem ()`	getSelectedIndex liefert den Index des gerade ausgewählten Elements. Mit getSelectedItem erhalten Sie den Inhalt (String) des selektierten Listenelements.
`void replaceItem (String element, int index)`	Ersetzt das Listenelement beim angegebenen Index durch den String element.
`void setMultipleMode (boolean onOrOff)` `boolean isMultipleMode ()`	Der Auswahlstatus einer Liste wird beim der Kreieren des Objekts durch den Konstruktor festgelegt. Mit setMultipleMode kann man dies verändern. Sie setzt den Zustand der Liste auf einfache (Parameter onOrOff = false) oder mehrfache Auswahl (true). Der jeweilige Status der Liste läßt sich durch isMultipleMode abfragen.

Lebendige Java-Applets

Hinweis:
> Der Zählindex bei Objekten vom Typ List beginnt wie bei Arrays mit dem Wert Null.

Das Gesamtbeispiel 5.6 enthält ebenfalls eine Listbox („Personalnr"). Diese Liste tritt in Aktion, wenn der eingetippte Mitarbeitername mehrdeutig ist. In diesem Fall zeigt das System die möglichen Personalnummern an, aus denen der Anwender dann eine Auswahl treffen kann (siehe Abbildung 5.8). Das Programm füllt die Listbox „Personalnr" (lbPersnr) in der Methode findPersnr. Bei der Auswahl einer bestimmten Personalnummer zeigt das System die entsprechenden Daten im Resultatsteil an. Dies geschieht durch die Methode findPerson.

Panel

Ein Panel ist ein Container, der verschiedene Oberflächenelemente aufnimmt und gruppiert. Es ist besonders nützlich zum Festlegen eigener Regeln für die Positionierung von Controls (siehe auch Abschnitt 5.4.3 „Layout-Manager"). Durch Programmierung von Unterklassen der Klasse Panel kann man ein komplexes UI-Control mit eigenem Verhalten erzeugen, das man in verschiedenen Applikationen genau so wieder einsetzen kann. Dieses Vorgehen finden Sie häufig bei Animationen und Grafiken (siehe Kapitel 6, „Java für Fortgeschrittene"). Ein Applet erbt zum Beispiel von der Klasse Panel. Damit besitzt ein Applet einen einfachen und zunächst leeren Behälter für Oberflächenelemente, auf denen es seine Funktion aufbauen kann.

Beispiel 5.13:
Oberflächenelement Panel

```
import java.applet.*;
import java.awt.*;

public class Panel_Applet extends Applet
{
    // Erzeugen der Panels und weiterer Controls
    Panel    p1 = new Panel ();
    Panel    p2 = new Panel ();
    Button   b1 = new Button ("Neuer Label-Text");
    Button   b2 = new Button ("Noch ein Button");
    List     lbPersnr;

    public void init ()
    {
        // Panels mit eigenem LayoutManager versehen
```

```
                // siehe Abschnitt 5.4.3
                p1.setLayout ( new FlowLayout ());
                p2.setLayout ( new BorderLayout ());

                // Panels in Applet einfügen
                add (p1);
                add (p2);

                // Controls in Panels einsetzen
                p1.add (b1);   // Button b1 in Panel p1
                p1.add (b2);   // Button b2 in Panel p1
                // Listbox lbPersnr in Panel p2
                p2.add ("Center", lbPersnr);
            }
        }
```

Wie üblich klinkt man Panels mit Hilfe der Methode add in die Benutzeroberfläche eines Applets ein. Dieselbe Methode verwendet man, um Oberflächenelemente in ein Panel einzufügen (siehe Beispiel 5.13). In Beispiel 5.6 werden die Radiobuttons rbHerr und rbFrau im Panel JavaRadioPanel1 gruppiert.

TextField und TextArea

Eingabefelder für Strings werden in Java durch die Klassen TextField und TextArea realisiert. Ein TextField ist ein einfaches Feld. Eine TextArea ist ein Eingabefeld, das aus mehreren Zeilen besteht und eine horizontale und vertikale Laufleiste besitzt. TextField und TextArea sind Subklassen von TextComponent. Diese Klasse implementiert die generellen Eigenschaften von Eingabefeldern. TextComponent legt zum Beispiel fest, ob ein Feld Informationen nur darstellt (not editable) oder ob es Benutzereingaben akzeptiert (editable).

Hinweis: Ob die beiden Zustände *editable* und *not editable* vom Benutzer optisch unterschieden werden können, hängt von der Java-Implementation ab. Soll ein Textfeld grau dargestellt werden, sollte man es mit der Methode setEnabled (false) deaktivieren.

Der Benutzer kann einen Action-Event auslösen, wenn er in einem Textfeld die Eingabetaste (Return) drückt.

Wichtige Methoden, die in der Klasse `TextComponent` bereitgestellt werden, sind:

Methode	Bedeutung
`String getText ()` `void setText (String text)`	Mit `getText` kann man den Inhalt eines Eingabefelds auslesen. Die Methode `setText` setzt den Text eines Textfeldes auf einen vorgegebenen Wert.
`void setEditable (boolean editable)`	Mit dieser Methode kann man bestimmen, ob das Textfeld Eingaben entgegennimmt (`editable = true`) oder Daten nur darstellt (`editable = false`).

`String getSelectedText ()`
`void select (int selStart, int selEnd)`
`void selectAll ()`
	Die hier angegebenen Methoden verarbeiten oder selektieren Textausschnitte. Die Methode `getSelectedText` gibt den im Eingabefeld ausgewählten Teil-String zurück. Mit den Methoden `select` und `selectAll` kann man eine Auswahl über das Programm setzen.

Zusätzlich zu den oben beschriebenen Methoden in der Klasse `TextComponent` enthält die Klasse `TextField` eine Methode, die bei der Erstellung von geschützten Paßwort-Feldern nützlich ist:

Methode	Bedeutung
`void setEchoCharacter (char ch)`	Diese Methode gibt dem Eingabefeld ein neues Echo-Zeichen. Wenn der Anwender Eingaben vornimmt, wird das Echo-Zeichen anstelle der eingetippten Zeichen ausgegeben.

Eingabefelder, die bestimmte Typprüfungen durchführen, zum Beispiel numerische Eingabefelder, gibt es in der Java-Grundausstattung derzeit nicht. Entweder muß man diese Klassen selbst schreiben oder zusätzlich eine andere Klassenbibliothek einsetzen. Einige GUI-Builder enthalten bereits solche Klassen für typgebundene Eingabe. „Parts for Java" zum Beispiel unterscheidet zwischen Texteingabe und einem numerischem Eingabefeld.

Das Beispiel aus Abbildung 5.4 enthält mehrere Eingabefelder, darunter „Vorname" (tfVorname) und „Nachname" (tfNachname). Sie dienen zur Eingabe von Informationen, während die meisten anderen Textfelder im Personal-Informationssystem die Daten nur darstellen (editable = false). Hauptsächlich kommen dort die Textfeld-Methoden getText und setText zum Einsatz. Ein Action-Event für die Textfelder wird nicht benötigt.

Komplexe Oberflächendesigns

Die Benutzeroberfläche eines Applets besitzt eine konstante Größe, die durch die Angaben im HTML-Dokument festgelegt sind. Menüs, Dialoge oder das Öffnen eigener Fenster innerhalb des Browsers sind nicht möglich. Dadurch ergeben sich weitgehende Einschränkungen bei der Gestaltung und Nutzung der Benutzeroberfläche eines Applets.

Umgehen können Sie diese Schwierigkeiten durch das Erzeugen eines eigenständigen, vom Web-Browser unabhängigen Applikationsfensters auf dem Desktop des PCs. Hier können Sie weitere Oberflächenfunktionen, zum Beispiel Menüs, einsetzen. Solch ein eigenes Fenster führt aber oft beim Anwender zur Verwirrung, da es aus dem Kontext der Webseite „ausbricht". Daher ist das nicht immer eine gute Lösung. Mit den nachfolgend dargestellten Techniken können Sie sich auf andere Art innerhalb des Applet-Layouts mehr Raum verschaffen:

- Die Benutzeroberfläche eines Applets läßt sich zur Laufzeit per Programm dynamisch verändern. Zum Beispiel kann man verschiedene Panels übereinanderlegen, die je nach Kontext sichtbar oder unsichtbar sind.

- Kaufen Sie eine zusätzliche Klassenbibliothek mit erweiterten Oberflächenelementen. Zum Beispiel gibt es heute schon Notizbuch-Elemente (Tabbed-Folder- oder Notebook-Widgets), die ein Oberflächenelement erzeugen, das mehrere Seiten besitzt, auf denen der Benutzer hin- und herblättern kann.

5.4.3 Layout-Manager

Um die Dinge zu vereinfachen, hatten wir das Thema der Positionierung von Oberflächenelementen bis jetzt ausgeklammert. Nachdem wir uns in den vorangegangenen Abschnitten mit der Programmierung der Oberflächenelemente ausführlich beschäftigt haben, können wir uns nun dem komplexen Thema der Layoutgestaltung zuwenden. Wenn Sie mit einem GUI-Builder wie „Parts for Java" arbeiten, dann werden Sie üblicherweise das Layout eines Applets visuell in WYSIWYG-Technik aufbauen. Das ist einfach, übersichtlich und geht schnell von der Hand. Der notwendige Java-Quelltext wird dann vom Tool automatisch erstellt.

Das visuelle Verfahren wird vom Java-API jedoch nicht direkt unterstützt. Wie Sie im vorangehenden Abschnitt sicher bemerkt haben, wurden bei der direkten Java-Programmierung nie Koordinaten bei der Kreierung von Oberflächenelementen angegeben. Java vermeidet direkte Bildschirmkoordinaten, um die Plattformunabhängigkeit der entwickelten Anwendung zu gewährleisten.

Logischer Bildschirmaufbau

Das pure Java-API verfolgt deswegen das Konzept des logischen Bildschirmaufbaus mit Hilfe sogenannter Layout-Manager. Ein Layout-Manager ist ein Objekt, das die Größe und Position von Oberflächenelementen in einem Container kontrolliert. Dem Layout-Manger teilt der Programmierer das gewünschte Layout mit, z.B. „diese beiden Buttons sollen nebeneinander plaziert werden und dabei den verfügbaren Raum einnehmen", und der Layout-Manager übernimmt die Anordnung dann zur Laufzeit, abhängig von der tatsächlichen Größe der Elemente. Welche Arten von Anordnungen realisierbar sind, hängt vom benutzten Layout-Manager ab. Java enthält bereits verschiedene Layout-Manager (Subklassen der Klasse `LayoutManager`). Zwei der einfacheren sind zum Beispiel:

Flow-Layout — Im Flow-Layout werden alle Oberflächenelemente nacheinander horizontal angeordnet. Das Flow-Layout ist der Default-Layout-Manager für Panels und Applets.

Border-Layout — Beim Border-Layout positioniert man die Oberflächenelemente nach den vier Himmelsrichtungen plus einer Mittelposition (`Center`).

In einem Oberflächen-Container, in der Regel Applet oder Panel, bestimmt man mit der Methode setLayout einen neuen Layout-Manager (siehe die Beispiele 5.13 bis 5.15).

Die meisten GUI-Builder sind Adaptionen bereits existierender Programmierwerkzeuge, zum Beispiel für C++. Damit ist Ihnen das Konzept des logischen Bildschirmaufbaus eher fremd. Sie arbeiten mit Bildschirmkoordinaten und gestalten das Layout genau so, wie es später in der fertigen Applikation erscheint. Damit die Plattformunabhängigkeit gewahrt bleibt, besitzt „Parts for Java" einen eigenen Layout-Manager, das PartsFramerLayout. Es basiert auf logischen Koordinaten, die zur Laufzeit automatisch in die entsprechenden absoluten Bildschirmkoordinaten umgerechnet werden. Beim Einbau von Controls im Workbench-Window positioniert „Parts for Java" alle Elemente im eigenen, logischen Koordinatensystem (siehe Beispiel 5.6).

Heute gibt es noch nicht viele GUI-Builder, die das logische Konzept der Layout-Manager auch visuell gut unterstützen.

Hinweis:

> Häufig werden auch einfache und kostengünstige GUI-Builder angeboten, die aber nur mit absoluten Bildschirmkoordinaten arbeiten und die Layout-Manager von Java einfach abschalten. Diese Produkte sollten Sie mit Vorsicht einsetzen, da sie in Bezug auf die Benutzeroberfläche keinen plattformunabhängigen Quelltext generieren.

Flow-Layout

Das Flow-Layout ordnet alle UI-Controls zeilenweise an, zuerst von rechts nach links, dann von oben nach unten. Dabei stellt der Layout-Manager alle Oberflächenelemente in ihrer optimalen Größe (preferredSize) dar. Dies entspricht in den meisten Fällen der Minimalgröße (minimumSize). Zunächst wird eine Zeile gefüllt. Erst, wenn dort kein Platz zur Verfügung steht, plaziert das Flow-Layout die nachfolgenden Elemente in die nächste Zeile.

Abbildung 5.11:
Flow-Layout

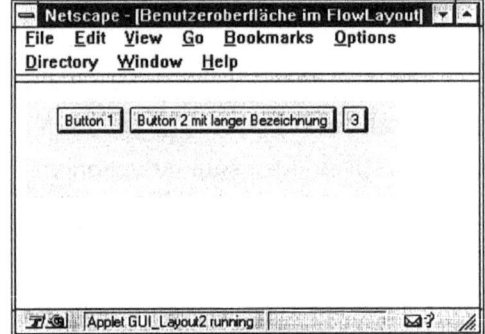

Abbildung 5.11 zeigt ein Applet mit einer Benutzeroberfläche im Flow-Layout. Die Ausdehnung der Buttons richtet sich allein nach der Länge der Beschriftung. Beispiel 5.14 enthält den Quelltext für dieses Beispiel-Applet. In einen Container, der nach dem Flow-Layout arbeitet, fügt man neue Oberflächenelemente mit der bereits bekannten Methode add ein. Alles andere erledigt Java dann automatisch.

Beispiel 5.14:
Applet im Flow-Layout (siehe Abbildung 5.11)

```
import java.applet.*;
import java.awt.*;

public class GUI_Layout1 extends Applet
{
    // FlowLayout - Controls in der Reihe

    public void init ()
    {
        setBackground (Color.yellow);
        Button button1 = new Button ("Button 1");
        Button button2 =
                new Button ("Button 2 mit langer Bezeichnung");
        Button button3 = new Button ("3");

        // FlowLayout ist Default in Applets
        // Controls gemaess FlowLayout einfuegen

        add (button1);
        add (button2);
        add (button3);
    }
}
```

Border-Layout

Wie Abbildung 5.12 darstellt, verfügt das Border-Layout über 5 verschiedene Positionsanker, die nach den vier Himmelsrichtungen und einer Mittelanordnung (Center) bezeichnet sind. Wenn der Programmierer nicht alle Positionen belegt, dann verteilt der Layout-Manager den restlichen Platz entsprechend. Zuerst werden die Positionsflächen North und South berücksichtigt; danach West und East. Die Ausdehnung dieser Flächen richtet sich nach dem benötigten Platz für die darin enthaltenen Oberflächenelemente Die Fläche Center erhält den Platz, der zuletzt noch frei bleibt.

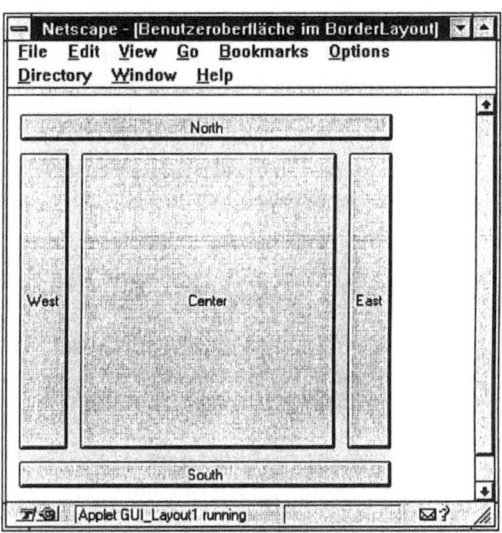

Abbildung 5.12: Border-Layout

Per Default ordnet das Border-Layout alle Elemente ohne Abstand voneinander an. Wenn man, wie in Abbildung 5.12 zu sehen, einen gewissen Abstand (gap) erzeugen will, dann legt man das per Java-Anweisung entsprechend fest.

Im Quelltext erzeugt man zunächst die einzelnen Buttons, die auf der Benutzeroberfläche zu sehen sind. Anschließend legt man das Border-Layout an und gibt dem Konstruktor den gewünschten Abstandswert mit. Mit der Methode setLayout wird dem Applet das Border-Layout zugeordnet. Anschließend baut man die UI-Controls mit der Methode add in die Oberfläche ein. Dabei gibt man den Namen des entsprechenden Positionsankers mit.

Beispiel 5.15:
Applet im Border-
Layout (siehe Abbildung 5.12)

```java
import java.applet.*;
import java.awt.*;

public class GUI_Layout1 extends Applet
{
    // BorderLayout nach den vier Himmelsrichtungen
    public void init ()
    {
        setBackground (Color.yellow);

        Button buttonNorth = new Button ("North");
        Button buttonSouth = new Button ("South");
        Button buttonEast  = new Button ("East");
        Button buttonWest  = new Button ("West");
        Button buttonCenter= new Button ("Center");
        // einfacher Konstruktor geht so
        // BorderLayout ()
        // mit diesem speziellen Konstruktor
        // setze ich einen Abstand
        // zwischen den verschiedenen Controls
        // BorderLayout (horizontalGap, verticalGap)

        BorderLayout layout = new BorderLayout (10, 10);
        setLayout (layout);   // BorderLayout setzen

        // Controls gemaess BorderLayout einfuegen
        add ("North",   buttonNorth);
        add ("South",   buttonSouth);
        add ("East",    buttonEast);
        add ("West",    buttonWest);
        add ("Center",  buttonCenter);
    }
}
```

Neben dem Flow- und dem Border-Layout enthält das Java-API noch das GridLayout und das GridBagLayout. Beide Layout-Manager arbeiten mit einer virtuellen Netzstruktur, in der sie ihre Oberflächenelemente ablegen. Beim Grid-Layout sind alle Zellen der Tabelle gleich groß; ihre Anzahl bestimmt sich durch die Konstruktionsparameter iRow und iCol.

Das GridBag-Layout verwendet eine komplexe Organisationsform, die aber sehr flexible, logische Layouts zuläßt. Basis ist hier ebenfalls ein Netz von virtuellen Tabellenzellen. Die Zellen können hier eine unterschiedliche Ausdehnung besitzen, jedoch sind in einer Zeile alle Zellen gleich hoch und in einer Spalte alle Zellen gleich breit. Die Zellengröße bestimmt sich automatisch durch die Ausdehnung der Oberflächenelemente, die der Programmier einzelnen Zellen zugeordnet hat. Dabei dürfen die Elemente mehrere Zellen belegen, und die Position einer Komponente in einer Zelle ist frei bestimmbar.

Nur, um Ihnen zu zeigen, welchen Programmumfang die Anwendung des GridBag-Layouts üblicherweise nach sich zieht, wurde die Layoutgestaltung (Abbildung 5.13) des Personal-Informationssystems (Abbildung 5.8) neu über das GridBag-Layout implementiert.

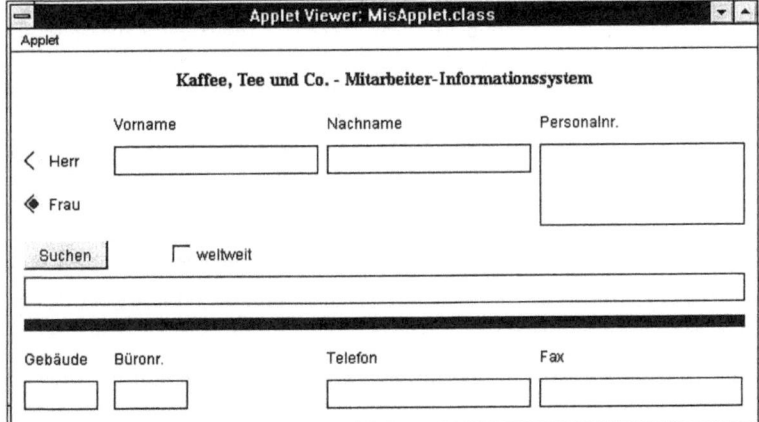

Abbildung 5.13:
Layoutgestaltung des Personal-Informationssystems über das GridBag-Layout

Den Quelltext zu Abbildung 5.13 sehen Sie nachfolgend in Beispiel 5.16. Das Applet `GridApplet` definiert einige grundlegende Verhaltensmuster für das GridBag-Layout. Es vereinfacht die Programmierung der Klasse `MisApplet`, die das „eigentliche" Applet darstellt, und in der die Benutzeroberflächenelemente der Reihe nach erzeugt und in das GridBag-Layout eingeordnet werden. Das GridBag-Layout wird in den weiteren Kapiteln dieses Buchs nicht mehr benötigt. Auf eine nachfolgende Diskussion des Programms soll daher hier verzichtet werden.

Beispiel 5.16:
Einsatz des
GridBag-Layout

```java
import java.awt.*;
import java.applet.*;

class GridApplet extends Applet {
  private GridBagLayout gbl;

  protected GridApplet()
  {
    gbl = new GridBagLayout();
    setLayout(gbl);
  }
  public final static int N = GridBagConstraints.NORTH;
  public final static int BOTH = GridBagConstraints.BOTH;
  public final static int NW = GridBagConstraints.NORTHWEST;
  public final static int W = GridBagConstraints.WEST;
  public final static int HORIZONTAL =
              GridBagConstraints.HORIZONTAL;
  public final static int VERTICAL =
              GridBagConstraints.VERTICAL;
  public final static int NONE = GridBagConstraints.NONE;


  public void setGrid(Component c,int x,int y,int width,
                      int height, int orientation,int fill,
                      int top,int left,int bot,int right)
  {
    setGrid(c,x,y,width,height,1.0,1.0,
         orientation,fill,top,left,bot,right);
  }

  public void setGrid(Component c,int x,int y,int width,
                      int height, double weightx,
                      double weighty,int orientation,
                      int fill,int top,int left,int bot,
                      int right)
  {
    GridBagConstraints gbc = new GridBagConstraints();
    gbc.gridx = x;
    gbc.gridy = y;
    gbc.gridwidth = width;
    gbc.gridheight = height;
    gbc.weightx = weightx;
    gbc.weighty = weighty;
    gbc.anchor = orientation;
    gbc.fill = fill;
    gbc.insets = new Insets(top,left,bot,right);
    gbl.setConstraints(c, gbc);add(c);
  }
```

(noch Beispiel 5.16)
```java
    public void setHorizontalLine(Color c,int x,int y,
                int width,int top,int left,int bot,int right)
    {
      Label l = new Label(" ");
      l.setBackground(c);
      l.setFont(new Font("dialog",Font.PLAIN,1));

      setGrid(l,x,y,width,1,W,HORIZONTAL,top,left,bot,right);
    }
}

// Klasse MisApplet
import java.awt.*;
import java.applet.*;

public class MisApplet extends GridApplet {
    private Checkbox       cbHerr;
    private Checkbox       cbFrau;
    private TextField      tfVorname;
    private TextField      tfNachname;
    private List           liPersnr;
    private Button         pbSuchen;
    private Checkbox       cbWeltweit;
    private TextField      tfMessage;
    private TextField      tfGebaeude;
    private TextField      tfBueronr;
    private TextField      tfTelefon;
    private TextField      tfFax;

    public MisApplet() {
      Label lbUeberschrift = new Label(
        "Kaffee, Tee und Co. - Mitarbeiter-Informationssystem",
        Label.CENTER);

      lbUeberschrift.setFont(new Font("Serif",Font.BOLD,14));
      setGrid(lbUeberschrift,1,1,4,1,NW,HORIZONTAL,10,10,0,10);

      Label lbVorname = new Label("Vorname");

      setGrid(lbVorname,2,2,1,1,NW,HORIZONTAL,10,0,0,5);

      Label lbNachname = new Label("Nachname");

      setGrid(lbNachname,3,2,1,1,NW,HORIZONTAL,10,0,0,5);

      Label lbPersnr = new Label("Personalnr.");

      setGrid(lbPersnr,4,2,1,1,NW,HORIZONTAL,10,0,0,10);
```

(noch Beispiel 5.16)

```
            CheckboxGroup cbgGroup1 = new CheckboxGroup();
            cbHerr = new Checkbox("Herr",false,cbgGroup1);
            setGrid(cbHerr,1,3,1,1,NW,HORIZONTAL,5,10,0,5);
            cbFrau = new Checkbox("Frau",true,cbgGroup1);
            setGrid(cbFrau,1,4,1,1,NW,HORIZONTAL,5,10,0,5);

            tfVorname = new TextField(20);
            setGrid(tfVorname,2,3,1,1,NW,NONE,5,0,0,5);
            tfNachname = new TextField(20);
            setGrid(tfNachname,3,3,1,1,NW,NONE,5,0,0,5);

            liPersnr = new List(4,false);
            setGrid(liPersnr,4,3,1,2,NW,BOTH,5,0,0,10);

            pbSuchen = new Button("Suchen");
            setGrid(pbSuchen,1,5,1,1,NW,HORIZONTAL,10,10,0,5);

            cbWeltweit = new Checkbox("weltweit",false);
            setGrid(cbWeltweit,2,5,1,1,N,NONE,10,0,0,5);

            tfMessage = new TextField();
            setGrid(tfMessage,1,6,4,1,NW,HORIZONTAL,5,10,0,10);

            setHorizontalLine(Color.blue,1,7,4,10,10,0,10);

            Label work = new Label("Gebäude");
            setGrid(work,1,8,1,1,NW,NONE,10,10,0,5);
            work = new Label("Büronr.");
            setGrid(work,2,8,1,1,NW,NONE,10,0,0,5);
            work = new Label("Telefon");
            setGrid(work,3,8,1,1,NW,NONE,10,0,0,5);
            work = new Label("Fax");
            setGrid(work,4,8,1,1,NW,NONE,10,0,0,10);

            tfGebaeude = new TextField(5);
            setGrid(tfGebaeude,1,9,1,1,NW,NONE,5,10,0,5);

            tfBueronr = new TextField(5);
            setGrid(tfBueronr,2,9,1,1,NW,NONE,5,0,0,5);

            tfTelefon = new TextField(20);
            setGrid(tfTelefon,3,9,1,1,NW,NONE,5,0,0,5);

            tfFax = new TextField(20);
            setGrid(tfFax,4,9,1,1,NW,NONE,5,0,10,10);
        }
    }
```

Wie gerade erläutert, ordnet man einem Oberflächen-Container einen spezifischen Layout-Manager zu. Durch die Verwendung mehrerer Panel-Objekte kann man jedem Panel einen eigenen Layout-Manager geben. Da sich Panels auch hierarchisch verschachteln lassen, sind beliebig komplexe und flexible Layoutkonstruktionen machbar.

5.5 Ausgabe von Meldungen

In vielen Situationen ist es denkbar, daß ein Applet kurze Nachrichten an den Anwender absetzen möchte. Eine Ausgabe von Meldungen kann auch beim Testen eines Applets sehr hilfreich sein. Wenn die Meldungsausgabe zur ordentlichen Funktion des Applets gehört, empfiehlt es sich, eine Meldungszeile in die Benutzeroberfläche des Applets einzufügen, entweder durch ein TextField-Oberflächenelement oder durch ein Label.

Eine andere Möglichkeit besteht darin, die Meldungszeile des Web-Browsers zu nutzen. Zu diesem Zweck stellt die Klasse Applet die Methode showStatus zur Verfügung (siehe Abbildung 5.14 und Beispiel 5.17). Dabei sollte man bedenken, daß man diese Form der Nachrichtenausgabe mit den Meldungen des Web-Browsers sowie mit Plugins und anderen Applets auf der gleichen Seite teilen muß.

Abbildung 5.14:
Programm-Nachricht in Meldungszeile des Web-Browsers

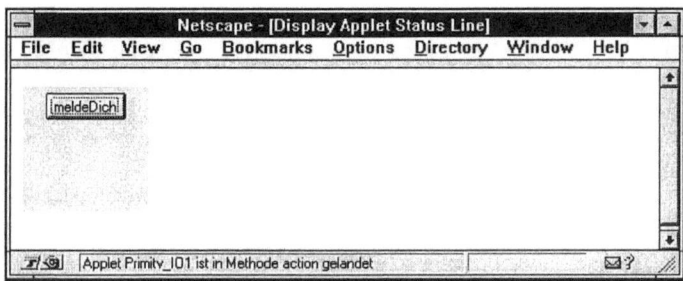

Der Netscape Navigator blendet zum Beispiel selbständig Meldungen ein wie „Applet XYZ running". Diese Ausgabe könnte eine Applet-Nachricht überschreiben und daher quasi sofort unsichtbar machen. Außerdem kann man bei dieser Technik nur eine Ausgabezeile nutzen.

Lebendige Java-Applets

Beispiel 5.17:
Methode showStatus
(siehe Abb. 5.14)

```
import java.applet.*;
import java.awt.*;

public class Primitive_I01 extends Applet
{
 Button meldeDich = new Button ("meldeDich");

 public void init ()
 {
  add (meldeDich);
 }

 public boolean action (Event e, Object arg)
 {
   showStatus ("Applet Primitv_I01 in Methode action gelandet
              ");
   return false;
 }
}
```

Die Ausgabe von Systemnachrichten auf den Standard Output-Stream (System.out) eignet sich dagegen nur für Testmeldungen während der Entwicklung. Hier kann man allerdings auch längere, mehrzeilige Nachrichten absetzen.

Beispiel 5.18:
Nachrichtenausgabe
auf System.out

```
import java.applet.*;

public class Primitiv_I02 extends Applet
{
    public void init ()
    {
       System.out.println
          ("Applet Primitve_I02 wird intialisiert");
    }

    public void start ()
    {
       System.out.println
          ("Applet Primitve_I02 ist gestartet");
    }
}
```

Wo diese Ausgaben erscheinen, ist unterschiedlich. Generell ist hierfür das sogenannte Console-Window zuständig. Beim JDK-

AppletViewer unter Windows ist das der Windows-Systemprozeß, aus dem der AppletViewer gestartet wurde; meistens ist dies das Kommandofenster des Windows-Prozesses. Unter Unix verhält es sich in etwa ähnlich. Einige Entwicklungsumgebungen, die den AppletViewer zum Testen eines erstellten Applets verwenden, leiten die entsprechenden Meldungen in ein eigenes Fenster um.

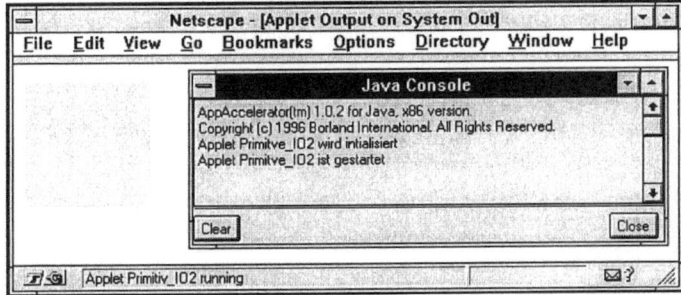

Abbildung 5.15: Programmnachricht auf System.out

Bei Web-Browsern kommt es darauf an, wie sie das Java-Console-Window umsetzen. Im Netscape Navigator öffnet der Programmierer bei Bedarf ein eigenes Java-Console-Fenster, in dem dann die Ausgaben auf System.out erscheinen (siehe Abbildung 5.15). Das bedeutet aber auch, daß ein „regulärer" Anwender eines Applets Debug-Meldungen einsehen kann, wenn man sie vor der Auslieferung nicht herausnimmt.

Java für Fortgeschrittene

Dieses Kapitel ergänzt die bereits erläuterten Grundlagen der Applet-Programmierung und beschäftigt sich vorwiegend mit Techniken, die im Multimedia-Bereich Anwendung finden. Der erste Teil 6.1 „Threads" hat jedoch allgemeinere Bedeutung. Er führt in die Praxis der mehrfachen, parallelen Java-Threads ein. Tatsächlich läuft bereits ein einfaches Java-Applet in einer Multithreading-Umgebung ab; diese Systemmechanismen steuert das Java-Laufzeitsystem im Hintergrund automatisch. In Ergänzung zu Kapitel 5.4 „Grafische Benutzeroberfläche" erläutert anschließend Abschnitt 6.2 „Grafik und Bilder" das grafische Java-API. Sie lernen den Umgang mit Bilddateien und grafischen Primitiven, wie das Zeichnen von Linien und Formen. Unterpunkt 6.3 „Sounds" beschreibt das Laden und Abspielen von Audiodateien in Java. Abschnitt 6.4 „Höfliche Multimedia-Applets" bringt einen kleinen Verhaltenskodex für Applets. Danach erhalten Sie einen Vorgeschmack auf die neue Java-Komponententechnologie „Java Beans". Thema 6.6 „Netz-Kommunikation" zeigt, welche Möglichkeiten ein Applet besitzt, um mit dem ausführenden Web-Browser oder über das Internet mit einem Server zu kommunizieren. So kann man zum Beispiel komplette Internet-Client/Server-Systeme mit Hilfe von Java konstruieren. Da eine umfassende Behandlung der Internet-Programmierung den Rahmen dieses Buches sprengen würde, konzentriert sich dieser Abschnitt im wesentlichen auf die möglichen Anwendungsgebiete. Schließlich bildet das Thema „Internationale Applets" den Schlußpunkt dieses Kapitels. Das JDK 1.1 unterstützt jetzt neu mehrsprachige Applikationen und berücksichtigt bei Bedarf regionale Unterschiede.

6.1 Threads

Ein Thread ist ein eigenständiger Ausführungspfad, der innerhalb eines Applets abläuft. Durch verschiedene, unabhängige Threads ist es möglich, eine parallele Verarbeitung durchzuführen. Mehrere gleichzeitige Threads sind allerdings schwieriger zu beherrschen als eine einzelne sequentielle Abfolge von Java-Anweisungen, wie wir sie bisher kennengelernt haben. Wenn Sie sich bereits in der Thematik von Multithreading-Anwendungen auskennen, so werden Sie mit der Implementation in Java leicht zurechtkommen. Bekannte Techniken wie die Behandlung von kritischen Abschnitten, die Ablaufsteuerung von Threads und die Vermeidung von Deadlocks sind auch hier von Belang.

Bei der Entwicklung von Applets kommen Threads häufig in diesen beiden Bereichen zum Einsatz:

- Das Erzeugen von grafischen Animationen, wie zum Beispiel im Blink-Applet (siehe Beispiel 6.1).
- Die gleichzeitige und asynchrone Verarbeitung von Daten, die den generellen Ablauf des Applets oder die Kommunikation mit dem Benutzer nicht blockieren. Dies wird dann genutzt, wenn eine bestimmte Aktion längere Zeit in Anspruch nimmt, zum Beispiel für komplexe numerische Algorithmen oder beim Laden von Sound-Dateien.

Animations-Thread

Um Ihnen die Arbeit mit Threads näher zu erläutern, kommen wir auf ein Beispiel zurück, das Sie bereits aus Kapitel 4 kennen. Gegenstand des Blink-Applets in Beispiel 6.1 ist eine einfache grafische Animation mit Hilfe eines Threads, der periodisch in einer Schleife abläuft. Dieses Applet erzeugt einen in mehreren Farben blinkenden Text. Der angezeigte Text ist variabel, denn er wird als Parameter im zugehörigen HTML-Dokument deklariert. In Kapitel 4 finden Sie die dazu passenden HTML-Anweisungen (Beispiel 4.2) und die Darstellung des Applets im Web-Browser (Abbildung 4.2).

Beim Aufbau von grafischen Animationen kommt meist neben dem Applet nur ein weiterer laufender Thread zum Einsatz, so daß diese Aufgabe trotz der Parallelität überschaubar bleibt und keine allzu großen Schwierigkeiten bereitet. Der generelle Programmrahmen von Beispiel 6.1 findet sich in vielen Animations-Applets. Sie können ihn nach Ihren eigenen Anforderungen leicht abändern. Web-Designer setzen solche dynamischen Multimedia-Effekte gerne ein, da sie damit ohne großen Aufwand eine Web-Seite mit visuellen Effekten aufpeppen können. Allerdings sollte man im Auge haben, welche Ladezeiten ein solches Applet mit sich bringt und wie die Systemressourcen des Client-PCs dadurch belastet werden.

Beispiel 6.1:
Grafische Animation

```java
//---------------------------------------------------
// Blink      Blinking Text
//---------------------------------------------------
//
// Beispiel fuer ein Applet mit Animationsthread
//
//---------------------------------------------------

import java.awt.*;
import java.applet.Applet;

public class Blink extends Applet implements Runnable {
   Thread      animator;
   int         num = 10, i;
   Color       colors [] = new Color [10];
   String      myString;
   Font        font;
   boolean     suspended = false;

   // Applet wird initialisiert
   public void init() {
     // Kommandozeilenparameter beschaffen
     myString = getParameter ("blinkstring");
     if (myString == null) {
        myString = "Blinkender Text";
     }
     setBackground (Color.lightGray);
     font = new Font("Helvetica",Font.BOLD,16);
     colors [0] = Color.magenta;
     colors [1] = Color.black;
     colors [2] = Color.red;
     colors [3] = Color.yellow;
     colors [4] = Color.blue;
     colors [5] = Color.white;
     colors [6] = Color.pink;
     colors [7] = Color.green;
     colors [8] = Color.orange;
     colors [9] = Color.cyan;
     i = -1;
   }

   // Diese Methode zeichnet das Applet-Layout
   public void paint(Graphics g) {
     String    text;
     g.setColor ( colors [i] );
     g.setFont   (font);
     g.drawString (myString, 10, 40 );
   }
```

```java
// Implementiert Runnable Interface
  // Hier läuft periodisch der Animations-Thread ab
  public void run() {
    while (Thread.currentThread() == animator)
    {
      // Zeichenfarbe (Index) wechseln
      ++i;
      if ( i == num ) { i = 0; }
      repaint ();   // Anforderung neu zeichnen

      // sleep - Delay
      try
      {
       if (Thread.currentThread() == animator)
          {
            Thread.sleep (800);   // Thread schläft
          }
      } catch (InterruptedException e){break;}
    }
  }

  // start Applet = start Animation thread
  public void start () {
   if ( animator == null )
   {
      animator = new Thread (this);
        animator.start ();
     }
  }

  // stop Applet = stop Animation thread
  public void stop () {
     animator.stop ();
     animator = null;
  }
}
```

Wie Sie an der Deklaration der Klasse Blink sehen, implementiert das Blink-Applet das Runnable-Interface:

`public class Blink extends Applet implements Runnable`

Das ist das Standard-Vorgehen, wenn man ein Animations-Applet programmiert. Dem Applet Blink wird damit ein weiterer Thread zugeordnet. Das Runnable-Interface bestimmt, daß die Methode run die Anweisungen enthält, die in diesem Thread ablaufen sollen. Den zusätzlichen Thread vereinbart man als

Instanzvariable des Applets, hier `animator`. In der Methode `start` des Applets erzeugt man den Animationsthread und startet ihn:

```
animator = new Thread (this);
animator.start ();
```

Das Erzeugen des Threads in der Methode `start` ist ein wichtiger Bestandteil der Verarbeitungslogik. Damit kann man in der Methode `stop` die Anweisungen verankern, die den Thread und damit die Animation beim Verlassen der Web-Seite wieder beenden. Beim nächsten Besuch der Seite startet der Web-Browser die Animation erneut. Durch diese Technik wird eine unnötige Belastung des Client-Rechners vermieden – eine Multimedia-Animation hat keinen Sinn, wenn der Anwender nicht hinsieht.

Beispiel 6.1 verwendet als Indikator, ob der Thread `animator` tatsächlich existiert (siehe auch Abbildung 6.1), den speziellen Wert `null`. Enthält die Instanzvariable `animator` diesen Wert, dann ist der Thread noch nicht geboren oder tot und muß bei Bedarf neu kreiert und gestartet werden.

Hinweis:

> Zur Laufzeit startet ein Web-Browser selbständig im Hintergrund mehrere System-Threads, die das Applet betreiben. Welche das sind, hängt von der speziellen, herstellerabhängigen Implementation des Web-Browsers ab. In jedem Fall gibt es mindestens zwei System-Threads: einen, der die Benutzeroberfläche steuert, und einen anderen, der für den Lebenszyklus des Applets verantwortlich ist.
>
> Mit diesen Vorgängen hat der Entwickler eines Applets üblicherweise nichts zu tun. Allerdings muß er bei der Verarbeitung von Threads stets dafür Sorge tragen, den speziellen Thread anzusprechen, der gerade gemeint ist. Im Beispiel des Blink-Applets ist das der Thread `animator`. Daher auch die entsprechenden Abfragen in der Methode `start` und `run`.

Das `Runnable`-Interface ist immer dann nützlich, wenn man ein Oberflächenelement mit einem eigenen Thread versehen möchte. Man kann dadurch die Verhaltensweisen eines beliebigen Objekts mit den Eigenschaften eines Threads kombinieren. Mehr zu der Interface-Technik können Sie im Kapitel 4.3 „Objektorientierte Programmierung mit Java" nachlesen. Die Grundlagen der Applet-Programmierung finden Sie im vorherigen Kapitel in Abschnitt 5.3 „Applet-Lebenszyklus".

Abbildung 6.1:
Lebenszyklus eines Threads

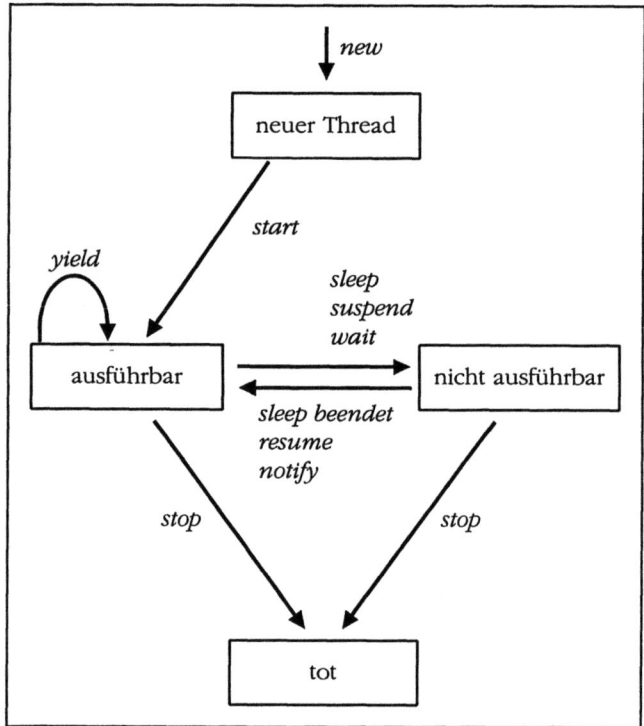

Durch das Subclassing der Klasse Thread erhält man eine anderes Verfahren, um eigenständige Threads zu erzeugen. Durch die einfache Vererbung in Java ist dies nur dann sinnvoll, wenn der Thread keine weiteren Objekteigenschaften aufweisen soll. Eine Anwendung zeigt Beispiel 6.2.

Genauso wie ein Applet besitzt auch ein Thread einen Lebenszyklus, der aus mehreren Stadien bestehen kann (siehe Abbildung 6.1). Die Bezeichnungen neben den Pfeilen geben die Methoden an, die eine Statusänderung bewirken. Ein falsch angewandter Methodenaufruf erzeugt dabei eine IllegalThreadState-Exception.

Zurück zu Beispiel 6.1: Die run-Methode in einem Animations-Applet folgt häufig einem bestimmten Schema, das sich auch im Beispiel-Applet wiederfindet:

1) Eine Endlos-Schleife wird aufgebaut, die solange läuft, wie der Animationsthread aktiv (current) ist. Das geschieht im Beispiel mit der Anweisung:

```
while (Thread.currentThread() == animator)
```

Wenn der Thread anmiator nicht gleich dem currentThread ist, dann hat das Applet vermutlich mehr als einen Animationsthread gestartet. Das kommt selten vor, ist aber nicht generell auszuschließen. Daher sollte man diesen Fall geeignet abfangen, zum Beispiel, in dem man den aktuellen Thread durch den Ausstieg aus der run-Methode beendet.

2) Im while-Loop folgt der Funktionsrumpf des Threads, der die Anweisungen zur Gestaltung des Animationsschritts enthält. Oft wird diese Phase mit einem Grafikbefehl wie etwa repaint abgeschlossen. Damit wird erreicht, daß der Web-Browser die Benutzeroberfläche des Applets neu zeichnet. Die programmierten Änderungen des Animationsschritts entfalten damit ihre Wirkung. Im Beispiel erscheint der angezeigte Text in einer anderen Farbe. Durch das periodische Neuzeichnen mit angeschlossener Pause entsteht ein blinkender Effekt.

3) Um eine künstliche Ruhephase zu erzeugen, läßt man den Animationsthread eine Weile schlafen. Dazu verwendet man üblicherweise folgende Anweisungsfolge (siehe auch Beispiel 6.1):

```
try
{
   if (Thread.currentThread() == animator)
   { Thread.sleep (800); }
} catch (InterruptedException e)     {break;}
```

Die Methode sleep (schlafzeit) läßt den gerade laufenden Thread um schlafzeit Millisekunden schlafen. Der Thread ist dann genau diese Zeit blockiert und wartet, bis er wieder aufwacht. Anschließend setzt er die Verarbeitung an der gleichen Stelle wieder fort. Sleep ist eine Klassenmethode und suspendiert den gerade aktuellen Thread. Daher versichert man sich vor dem Aufruf von sleep vorsichtshalber, welcher Thread gerade dran ist, damit man auch den richtigen einschlafen läßt. Jeder Thread, auch ein gerade schlafender, kann durch einen Interrupt unterbrochen und wieder aufgeweckt werden. Das ist die einzige Möglichkeit, einen schlafenden Thread vor Ablauf seiner Schlafzeit wieder ausführbar zu machen. Aus diesem Grund umschließt man einen Aufruf von sleep immer mit einem try/catch-Block.

Bei einer eventuellen Unterbrechung wird eine Ausnahme vom Typ `InterruptedException` generiert. In diesem Fall bricht der Animationsthread ab und beendet sich.

Scheduling

Ein Punkt, den ich bisher noch nicht angesprochen habe, ist das Abarbeiten der anstehenden Prozesse durch die CPU (Scheduling). Da in der Mehrzahl der Fälle nur ein Prozessor zur Bearbeitung der Programme zur Verfügung steht, können die anstehenden Threads nur nacheinander bedient werden. Sofern der Security-Manager es zuläßt, kann man Threads verschiedene Prioritäten zuordnen. Eine ausführliche Diskussion der Sicherheitsrestriktionen von Applets finden Sie in Kapitel 5.1 „Möglichkeiten und Einschränkungen von Java-Applets".

Java gibt demjenigen ausführbaren Thread die CPU, der die höchste Priorität besitzt. Per Default erhält ein neu kreierter Thread dieselbe Priorität wie sein Erzeuger. Liegen mehrere Threads mit der gleichen Priorität vor, so kommt das Scheduling-Verfahren des Betriebssystems zum Tragen, auf dem das Applet gerade läuft. Diese Systemtechniken sind auf den jeweiligen Plattformen unterschiedlich implementiert.

Falls ein Thread mit höherer Priorität ausführbar wird, dann suspendiert das System in der Regel den laufenden Thread und startet den höherwertigen. Über die `yield`-Methode (siehe Abbildung 6.1) können Threads sich selbst suspendieren und die CPU wieder freigeben.

Synchrone Threads

Erzeuger-Verbraucher-Problem

An dieser Stelle möchte ich auf die zweite größere Anwendung von Threads in Applets zu sprechen kommen. Wenn ein Applet eine zeitaufwendige Aufgabe zu lösen hat, die die weitere Verarbeitung blockieren könnte, dann verwendet man einen zweiten Thread, der gleichzeitig abläuft und diese Dinge erledigt. Ein Beispiel dafür ist das Laden von Sounddateien oder eine komplexe numerische Berechnung. In beiden Fällen läuft das Applet weiter, während im Hintergrund, unbemerkt vom Anwender, ein weiterer Thread agiert. In diesem Fall ist die Synchronisation wichtig. Das Applet sollte erfahren, ob die benötigten Daten bereits vorliegen oder nicht. Wenn die Informationen vorhanden sind, dann kann es ohne Probleme weitergehen, falls nicht, dann muß das Applet geeignet reagieren, zum Beispiel indem es eine „Ergebnis noch nicht vorhanden"-Meldung an den Benutzer ausgibt.

Das eben beschriebene Szenario läßt sich abstrakter als sogenanntes Erzeuger-Verbraucher-Problem beschreiben. Der Erzeuger generiert Daten in einem unabhängigen Thread, die der Verbraucher anschließend abnimmt. Das hier vorgestellte Szenario (Beispiel 6.2 bis 6.4) ist zugegebenermaßen hypothetisch, erklärt aber die notwendigen Verfahren auf einfache Weise. Es läßt sich mit wenigen Änderungen an reale Anforderungen anpassen. Der Source-Code zeigt die Java-Programmierung bekannter Techniken aus der Multithreading-Welt: die sogenannten kritischen Abschnitte und Javas Verständnis von Semaphoren, hier ist es das Monitor-Verfahren. Außerdem wollen wir uns damit befassen, wie man eigene Threads durch Subclassing kreieren kann, im Gegensatz zur Technik über das Runnable-Interface.

Beispiel 6.2:
Erzeuger-Thrad

```
//-------------------------------------------------------------
// Erzeuger
//-------------------------------------------------------------
//
// erzeugt periodisch einen String und legt ihn im Speicher ab
//
//-------------------------------------------------------------

import java.awt.Label;

public class Erzeuger   extends   Thread
{
    Speicher    sp;
    String []   texte = new String [10];
    Label       display;
    int         index = -1;

    private void init ()
    {
        texte [0] = "Text -- 1  -- Text ";
        texte [1] = "Text -- 2  -- Text ";
        texte [2] = "Text -- 3  -- Text ";
        texte [3] = "Text -- 4  -- Text ";
        texte [4] = "Text -- 5  -- Text ";
        texte [5] = "Text -- 6  -- Text ";
        texte [6] = "Text -- 7  -- Text ";
        texte [7] = "Text -- 8  -- Text ";
        texte [8] = "Text -- 9  -- Text ";
        texte [9] = "Text -- 10 -- Text ";
    }
```

Java für Fortgeschrittene

```
public Erzeuger (Speicher speicherElement, Label control)
{
    sp = speicherElement;
    display = control;        // Anzeige
    init ();
}

public void run ()
{
    while (true)   // Endlosschleife
    {
        ++index;
        if ( index > 9 ) index = 0;
        sp.put (texte [index]);       // ablegen im Speicher
        display.setText (texte [index]);  // Anzeige

        // Simulieren, daß Erzeuger Zeit zur Erledigung
        // der Aufgabe braucht

        try
        {
            sleep (10000);
        } catch (InterruptedException e) {}
    }
}
```

Das Erzeuger-Objekt läuft in einem eigenen Thread. Es stellt hintereinander einen Text (String) zur Verfügung, den das Verbraucher-Objekt abholen kann. Das Verbraucher-Objekt betreibt ebenfalls einen eigenen Thread. Der erzeugte Text wird in einem Speicher-Objekt (siehe Beispiel 6.4) abgelegt, auf das sowohl der Erzeuger als auch der Verbraucher Zugriff haben.

Erzeuger

Der Objekttyp Erzeuger ist eine Spezialisierung des Objekttyps Thread. Wichtig ist hier die Methode run, die die typische Funktionalität eines Erzeuger-Objekts ausführt, ähnlich wie in Beispiel 6.1, das das Runnable-Interface benutzt hat. Der Thread Erzeuger wird über seinen Konstruktor erzeugt, der gleichzeitig die init-Methode aufruft. Hier setze ich die Textbasis als das Array texte, das zehn verschiedene Strings anbietet. Es dient allein dazu, das Sammeln von Informationen in einem Erzeuger-Thread zu verdeutlichen. Aus der Textbasis entnimmt der Erzeuger sequentiell und zyklisch einen String und stellt ihn zum Verbrauch zur Verfügung.

Das generierte Objekt wird mit der Anweisung:

```
sp.put (texte [index]);
```

im Speicher-Objekt sp abgelegt.

Natürlich ist ein Array-Zugriff sehr schnell und stellt keine langandauernde Transaktion dar. Dieses Beispiel ist mit Absicht sehr einfach gehalten, um das grundsätzliche Vorgehen eines Erzeuger-Threads besser zu verdeutlichen. Hier könnte man sich auch vorstellen, daß anstelle der Textauswahl der Erzeuger-Thread größere Sounddateien lädt oder komplexe Berechnungen vornimmt. Aus diesem Grund simuliert das Programm künstlich eine längere Arbeitszeit und schläft bei jedem Schritt für 10 Sekunden.

Um den Verlauf des Erzeuger-Threads testweise darstellen zu können, besitzt die Klasse Erzeuger noch die besondere Instanzvariable display. Es handelt sich um einen Label, in dem das erzeugte Objekt in Echtzeit abgelegt wird. Damit kann man später prüfen, ob der Verbraucher-Thread tatsächlich die generierten Objekte in der richtigen Reihenfolge abnimmt. In einem echten, korrekt ablaufenden Projekt ist diese Instanzvariable natürlich entbehrlich. Ebenso können alle Anweisungen mit dem Kommentar Anzeige entfallen.

Verbraucher

Das Verbraucher-Objekt in Beispiel 6.3 ist ebenfalls eine Spezialisierung des Objekttyps Thread. Der Verbraucher ist daher auch ein eigenständiger Thread, dessen Funktion in der run-Methode dargelegt ist.

Beispiel 6.3:
Verbraucher-Thread

```
//---------------------------------------------------------------
// Verbraucher
//---------------------------------------------------------------
//
// holt periodisch einen String aus dem  Speicher ab
//
//---------------------------------------------------------------

import java.awt.Label;

public class Verbraucher extends Thread
{
    Speicher    sp;
    String      text;
    Label       display;
```

Java für Fortgeschrittene

```
public Verbraucher (Speicher speicherElement,
                    Label control)
{
   sp      = speicherElement;
   display = control;              // Anzeige
}

public void run ()
{
   while (true)   // Endlosschleife
   {
      text = sp.get ();            // holen aus Speicher
      display.setText (text);      // Anzeige
   }
}
}
```

Die Arbeitsweise des Verbrauchers ist denkbar einfach: In einer Endlosschleife holt er periodisch den erzeugten Text aus dem Speicher sp ab. Das geschieht mit der Anweisung:

`text = sp.get ();`

Ebenso wie die Klasse Erzeuger enthält die Klasse Verbraucher eine Instanzvariable, die den abgeholten Text zu Testzwecken in ein Label einstellt. In einem realen, funktionsfähigen Programm sind diese Anweisungen ebenfalls nicht mehr nötig.

Bisher war von der Synchronisation der beiden Threads „Erzeuger" und „Verbraucher" noch nichts zu sehen. Diese wichtige Aufgabe übernimmt das Speicher-Objekt.

Beispiel 6.4:
Klasse Speicher

```
//-----------------------------------------------------------
// Speicher
//-----------------------------------------------------------
//
// Fungiert als Zwischenablage für
// Erzeuger- und Verbraucher-Thread
// Enthält kritische Abschnitte
//
//-----------------------------------------------------------

public class Speicher
{
```

212

```
String     sp;
boolean    produced = false;

// Text aus Speicher abholen
// Kritischer Abschnitt

public synchronized String get ()
{

    while (produced == false)
    {   // Wert noch nicht angekommen
        try
        {
            wait ();    // Kritischen Abschnitt blockieren
        } catch (InterruptedException e) {}
    }

    produced = false;  // sp wird abgeholt
    notify ();         // Etwaige Blockierung aufheben
    return sp;
}

// Text in Speicher schreiben
// Kritischer Abschnitt
public synchronized void put (String text)
{
    while (produced == true)
    {   // Wert noch nicht abgeholt
        try
        {
            wait ();    // Kritischen Abschnitt blockieren
        } catch (InterruptedException e) {}
    }

    sp = text;
    produced = true;   // sp ist gespeichert
    notify ();         // Etwaige Blockierung aufheben
}
}
```

Kritischer Abschnitt	Die Klasse Speicher enthält zunächst die Instanzvariable sp, in der der Erzeuger den erstellten Text ablegt und die der Verbraucher ausliest. Hier hat man die Situation, daß zwei unterschiedliche Threads auf ein- und dasselbe Objekt, das Speicher-Objekt, zugreifen. In diesem Fall muß man dafür sorgen, daß Zugriffe nicht gleichzeitig, sondern nur hintereinander stattfinden. Me-

thoden, die mit Daten arbeiten, die von mehreren Threads modifiziert werden könnten, nennt man „kritische Abschnitte". Das gilt in Beispiel 6.4 für die Methoden get und put. Die Methode get stellt ein vom Erzeuger generierten Text zur Verfügung; mit der Methode put legt der Verbraucher einen Text im Speicher-Objekt ab. Durch das Schlüsselwort synchronized wird erreicht, daß nur jeweils ein Thread mit dem Speicher-Objekt arbeiten kann. Andere Threads müssen bei Bedarf auf die Freigabe warten.

Thread-Synchronisation über Monitore

Zur Synchronisation von Threads führt Java das Konzept der Monitore ein. Ein Monitor ist einem speziellen Objekt zugeordnet. Er kann das Objekt für einen Thread zulassen und alle weiteren blockieren. In Java gilt der Grundsatz: Jedes Objekt, das mindestens eine Methode mit dem synchronized-Schlüsselwort besitzt, erhält automatisch einen eigenen Monitor.

Eine weitere Aufgabe des Speicher-Objekts ist die Wahrung der Produktionsreihenfolge. Erst, wenn der Erzeuger einen neuen Text bereitgestellt hat, kann der Verbraucher die Daten abholen. Außerdem darf der Erzeuger nichts neues abliefern, falls das alte noch nicht abgeholt wurde. Zuständig für diese Steuerung ist die Instanzvariable produced, die vom Speicher-Objekt entsprechend des Zustands gesetzt und in den Methoden get und put abgefragt wird. Das allein reicht jedoch noch nicht aus. Zusätzlich muß das Speicher-Objekt den Erzeuger- und Verbraucher-Thread entsprechend benachrichtigen, da sie eventuell aufeinander warten müssen. Bei dieser Aufgabe tritt ebenfalls der Objekt-Monitor in Aktion. Er arbeitet mit den beiden Methoden notify und wait zusammen, die in der Wurzelklasse Object implementiert sind. Die wait-Methode versetzt einen Thread in den Zustand „nicht ausführbar" (siehe auch Abbildung 6.1). Er wartet dort so lange, bis ein anderer Thread ihn mit der Methode notify wieder aufweckt. Die notify-Methode wählt einen der Threads aus, die auf den Monitor für das entsprechende Objekt warten und weckt dadurch den schlafenden Thread wieder auf.

Die wait-Methode kann nur von dem Thread aufgerufen werden, der den Monitor für das entsprechende Objekt hält. Ein Programmierer erreicht das durch den Einsatz des synchronized-Schlüsselworts. Solange sich der Thread im wait-Status befindet, ist der Monitor auf das fragliche Objekt wieder frei und kann von einem anderen Thread beansprucht werden. Dadurch vermeidet Java eine mögliche Deadlock-Situation.

Threads

Hinweis: Java-Monitore sind reentrant. Der Thread, der bereits Rechte am Monitor besitzt, kann den gleichen kritischen Abschnitt (synchronized-Methode) oder einen anderen erneut aufrufen, ohne daß dieser Zugriff von dem Java-Laufzeitsystem blockiert wird.

In Abbildung 6.2 sehen Sie ein Applet, das ich mit „Parts for Java" entwickelt habe, um die Klassen Erzeuger und Verbraucher zu testen.

Abbildung 6.2:
Die Threads Erzeuger und Verbraucher im Test

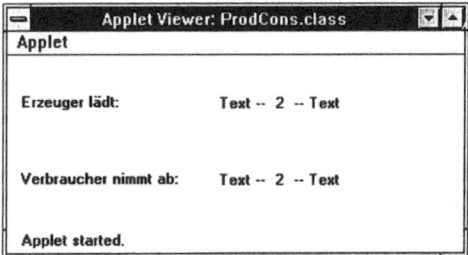

Zu Abbildung 6.2 gehört der Quelltext von Beispiel 6.5. Es handelt sich um einen Ausschnitt aus dem von „Parts for Java" generierten Applet. Der Quelltext zeigt, wie man die Threads Erzeuger und Verbraucher praktisch einsetzt und über ein gemeinsames Objekt (sp) vom Typ Speicher synchronisiert. Das Beispiel enthält nur die Methoden, die man selbst der von „Parts for Java" generierten Benutzeroberfläche hinzufügen muß. Eine nähere Beschreibung des hier verwendeten Entwicklungswerkzeugs finden Sie in Kapitel 3.

In der Methode extra_Init, die von der Methode init aufgerufen wird (in Beispiel 6.5 nicht aufgeführt), erzeugt das Applet das gemeinsame Speicher-Objekt sp für die beiden Threads erzeuger und verbraucher. Bei ihrer Erzeugung übergibt die Methode dieses Speicherobjekt an den jeweiligen Konstruktor. Außerdem erhält aus Testzwecken der Erzeuger das Label-Objekt lbErzeuger und der Verbraucher das Label-Objekt lbVerbraucher zugeordnet (siehe die Erläuterungen zu Beispiel 6.2 und 6.3). Diese beiden Objekte stellt das Applet in Abbildung 6.2 dar. Es erscheint der jeweils aktuell erzeugte und verbrauchte Text.

In der Applet-Methode start läßt man die beiden Threads loslaufen, während die Methode stop sie beendet. Das ist das gleiche Vorgehen wie in Beispiel 6.1, in dem das Runnable-Interface Anwendung fand. Die Label-Texte werden in den

215

Klassen Erzeuger und Verbraucher je nach Situation erneuert. Da der Erzeuger- und der Verbraucher-Thread miteinander synchronisiert sind, nimmt der Verbraucher die Texte in genau der Reihenfolge ab, in der sie der Erzeuger zur Verfügung stellt.

Beispiel 6.5:
Die Threads Erzeuger und Verbraucher im Test

```
/**
 * User modifiable extra init code.
 */
    private void extra_Init() {
        sp = new Speicher ();
        erzeuger = new Erzeuger (sp, lbErzeuger);
        verbraucher = new Verbraucher (sp, lbVerbraucher);
    }

    // Starten des Applets und der Threads
    public void start () {
        verbraucher.start ();
        erzeuger.start ();
    }

    // Wenn der Browser das Applet verlaesst, dann sollen auch
    // alle Threads gestoppt werden
    public void stop () {
        verbraucher.stop ();
        erzeuger.stop ();
    }
```

Im tatsächlichen Einsatz kann man das vorliegende Erzeuger-Verbraucher-Szenario etwas vereinfachen, wenn pro Speicher-Objekt nur ein einmaliges Erzeugnis benötigt wird. In diesem Fall kann der Verbraucher-Thread komplett entfallen, und das Applet übernimmt die Aufgaben des Verbrauchers. Außerdem kann auch die Thread-Semaphore eingespart werden. Dadurch sind die Methoden `wait` und `notify` nicht mehr notwendig. Das Applet fragt dann das Erzeugnis-Objekt gegen den speziellen Wert `null` ab, denn solange das Erzeugnis-Objekt `null` ist, läuft der Erzeuger-Thread noch.

6.2 Grafik und Bilder

Die Möglichkeiten, in Java visuelle Darstellungen zu erzeugen, sind sehr vielfältig. Innerhalb der Java-Klassenbibliothek enthalten die Packages `java.awt` und `java.awt.image` die für diesen Bereich notwendigen Klassen.

Grafik und Bilder

Allgemeines zur Grafik-Verarbeitung in Java

Wie in vielen anderen Windowing-Systemen auch dürfen Java-Programme nicht direkt in Echtzeit in der Benutzeroberfläche zeichnen. Die Steuerung des Bildschirmlayouts liegt beim AWT. Applets stellen lediglich Zeichenanforderungen an das AWT, das den anstehenden Bedarf bei passender Gelegenheit in einem eigenen AWT-Thread grafisch abarbeitet. Wenn ein Oberflächenobjekt sein grafisches Layout selbst bestimmen möchte, sind zwei Schritte notwendig:

1) Der Entwickler bildet eine Subklasse von einem passenden Oberflächenelement, zum Beispiel Applet, Panel oder Canvas. Ein Canvas ist eine Zeichenfläche, in der man grafische Java-Anweisungen absetzen kann.

2) In der gerade eröffneten Subklasse redefiniert man die Methode paint, die die speziellen Layoutfunktionen für das gewünschte Oberflächenobjekt enthält.

Kurz bevor das AWT die paint-Methode eines Objekts ausführt, gibt es diese Aktion über den Aufruf der Methode update bekannt. Die Methode update in der Klasse Component löscht den entsprechenden Bildschirmbereich, indem sie ein Rechteck von der Hintergrundfarbe über den bisherigen Inhalt legt. Anschließend wird die Methode paint aufgerufen. Diese Technik der Teilung der Kompetenzen kann man ausnutzen, um technische Tricks anzuwenden, die zum Beispiel Bildschirmflackern verhindern. In diesem Fall überschreibt der Entwickler neben der paint- auch die update-Methode. Die beiden Methoden paint und update besitzen einen Formalparameter, der meist mit g oder graphics bezeichnet ist. Er enthält den gerade aktuellen grafischen Kontext, also das Objekt, an das der Programmierer Zeichenanforderungen absendet. Verschiedene Beispiele für den Umgang mit dem Grafikkontext finden Sie in der Klasse GebaeudeCanvas (Beispiel 6.6).

Hat sich der Status eines Oberflächenelements verändert und soll das Objekt neu gezeichnet werden, signalisiert man dem AWT diesen Wechsel über den Aufruf von repaint.

Das Beispiel in Abbildung 6.3 enthält einige wichtige Elemente der Grafik-Programmierung. Es handelt sich um einen Lageplan für ein Bürogebäude. Der Raumplan besteht aus einer Grafik-Datei im GIF-Format, die im unteren Teil des Applets angezeigt ist. Darüber befindet sich ein Auswahlelement (Choice), das den Namen des gerade selektierten Raums anzeigt. Der Anwender kann einen Raum auswählen, wenn er auf der Zeichnung einen

Maus-Klick in einem Raum ausführt. Umgekehrt kann man im Choice-Element einen Raum selektieren, den das Applet dann in der Grafik hervorhebt. Das geschieht durch den ausgefüllten Selektionskreis Kreis, den das Applet in den ausgewählten Raum einzeichnet.

Abbildung 6.3:
Applet Lageplan

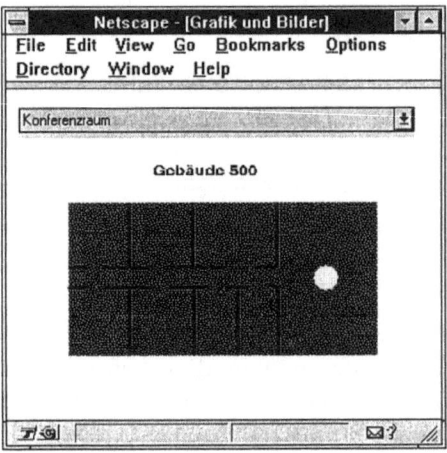

Die Beispiele 6.6 bis 6.8 enthalten den Quelltext der Klassen für das Applet in Abbildung 6.3.

Hinweis:

> Die Implementation des Beispielsystems ist so gestaltet, daß speziell die Bedeutung und Wirkung der Grafikbefehle klar ersichtlich ist. Dadurch ist die Funktion der Oberfläche (View) eng mit der tatsächlichen Arbeit des Applets (Modell) verknüpft.
>
> Wenn Sie beliebige Raumpläne mit diesem Applet darstellen und verarbeiten möchten, empfiehlt es sich, zwischen Modell und View zu trennen und die Programmierung entsprechend dieser beiden Sichten zu entzerren.

Laden und Darstellen von Grafikdateien

Zunächst wollen wir uns damit beschäftigen, wie man in einem Applet eine Grafikdatei lädt und anzeigt. Java erlaubt die auch in HTML-Dokumenten gebräuchlichen Bildformate GIF und JPEG. Der Raumplan in Abbildung 6.3 unter dem Choice-Element ist eine GIF-Datei. Einzig der Selektionskreis ist nicht Bestandteil der Grafikdatei, sondern wird durch das Applet gezeichnet.

Genau wie in HTML-Dokumenten lokalisiert man Grafikdateien in Applets über die URL, dem im World Wide Web gebräuchlichen Standard, um Objekte im Netz zu adressieren. Näheres zu den in Java eingebauten Netztechniken können Sie in Abschnitt 6.6 nachlesen; die Begriffe „Codebase" und „Document Base" erläutert genauer das Kapitel 5.2 „Einbindung von Applets in HTML-Seiten". Hier wollen wir lediglich auf einige Fakten eingehen, die für den Umgang mit Grafikdateien wichtig sind.

Es empfiehlt sich, nicht mit absoluten, sondern mit relativen URLs zu arbeiten. Am besten bestimmt man den URL-Stamm über die Adresse des Applets (Server-Lokation der class-Datei). Das leistet die Anweisung getCodeBase. Die Grafikdatei legt man in das Verzeichnis des Applets und gibt nur den Dateinamen an. Die folgende Methode lädt die Grafikdatei „gebaeude.gif" in ein Objekt vom Typ Image:

```
cImage = getImage(getCodeBase(), "gebaeude.gif");
```

Üblicherweise stellt man ein Bild wie eine GIF-Datei in einem Canvas-Oberflächenelement dar. Ein Canvas ist ein einfaches Oberflächenelement, das als Zeichenfläche dient und auf Maus-Events reagiert. Dazu muß der Entwickler, wie schon gesagt, die Klasse Canvas spezialisieren, um sein eigenes Objekt aufzubauen. In Beispiel 6.6 übernimmt die Klasse GebaeudeCanvas diese Funktion, da sie das Zeichnen im Lageplan-Applet durchführt.

Das Übertragen der Grafik-Datei gebaeude.gif veranlaßt der Konstruktor von GebaeudeCanvas. Ihm steht dafür das Applet-Objekt zur Verfügung (Übergabeparameter). Die Methode getImage lädt eine Grafikdatei im Hintergrund in einem eigenen Thread. Davon sieht der Entwickler zunächst nichts. Dieses Vorgehen hat verschiedene interessante Nebenwirkungen:

- Die Methode getImage startet den Ladevorgang, wartet aber nicht auf dessen Ende, sondern kommt sofort zurück.
- Ein Image ist quasi sofort verfügbar, auch wenn es nur teilweise geladen und dargestellt ist.
- Wenn das Applet für die weitere Verarbeitung darauf angewiesen ist, daß die Grafik bereits vollständig angekommen ist, dann muß der Entwickler den Status des Ladethreads abfragen, zum Beispiel durch ein MediaTracker-Objekt.

Auch die Klasse GebauedeCanvas in Beispiel 6.6 benutzt einen Media-Tracker, um zu warten, bis das Image komplett geladen ist. Das ist hier notwendig, weil der Canvas auf Maus-Events reagiert und er den Selektionskreis im Vordergrund über die dargestellte Grafik malen soll.

Beispiel 6.6:
Klasse Gebauede-Canvas

```
//--------------------------------------------------------------
// GebauedeCanvas
//--------------------------------------------------------------
// GebaeudeCanvas ist eine Unterklasse von Canvas
// Seine Funktion ist die Anzeige des RaumPlanes
// mit der Darstellung eines Selektionskreises
// Mausklicks führen zu einem Aufruf der selectRaum-
// Methode des LagePlan-Applets, sofern die Maus-Koordinaten
// innerhalb eines Raumes liegen
//--------------------------------------------------------------

import java.awt.*;
import java.awt.event.*;
import java.net.URL;

class GebaeudeCanvas extends Canvas
                    implements MouseListener  {
    LagePlan        cLagePlan; // LagePlan Applet
    Image           cImage;
    int             cCoordX;   // Koordinaten Sel-Kreis
    int             cCoordY;
    int             cSize;
    RaumPlan[]      cRaeume;   // Raumdaten

    // Der Default-Constructor setzt alle Werte
    GebaeudeCanvas(LagePlan pApplet) {
        cLagePlan = pApplet;
        cSize = 20; // Grösse des Selektionskreises
                    // Erzeugen der Raum-Daten
        RaumPlan[] r = {
            new RaumPlan(40,52,88,103,"Büro 501"),
            new RaumPlan(88,52,139,103,"Büro 502"),
            new RaumPlan(139,52,207,103,"Büro 503"),
            new RaumPlan(40,120,88,175,"Büro 504"),
            new RaumPlan(88,120,141,175,"Büro 505"),
            new RaumPlan(141,120,175,175,"Archiv"),
            new RaumPlan(175,120,208,175,"Kopierraum"),
            new RaumPlan(208,52,289,175,"Konferenzraum")
        };
        cRaeume = r;
```

(noch Beispiel 6.6)

```java
    // Laden des Images des Grundrisses
    cImage = cLagePlan.getImage(cLagePlan.getCodeBase(),
                            "gebaeude.gif");

    // Durch den Einsatz eines MediaTrackers wird
    // gewartet, bis das Image vollständig geladen ist
    try
    {
      MediaTracker tracker;
      tracker = new MediaTracker(this);
      tracker.addImage(cImage, 0);
      tracker.waitForID(0);
    } catch(InterruptedException e)  {}
                    addMouseListener(this);
    selectRaum(0);
  }

  public void paint(Graphics g) {
    // Lasse den Background zeichnen. Die Paint-Methode
    // der Superklasse Canvas füllt den Clipping-Bereich
    // mit der aktuellen Hintergrundfarbe
    super.paint(g);

    // Anzeige des Images, falls vorhanden
    if (cImage != null)
    {   g.drawImage(cImage, 0, 0, this);  }
    // Anzeige der Selektion, falls aktiviert
    if (cCoordX != -1)
    {
       // Setzen der Vordergrund-Farbe auf Gelb
       g.setColor(Color.yellow);

       // Zeichnen eines gefüllten Kreises
       // Rechteck-Koordinaten schliessen Kreis ein
       g.fillOval(cCoordX, cCoordY, cSize, cSize);
    }
  }


  // Event-Handling  -  Reaktion auf Maus-Klick

  public void mousePressed(MouseEvent event) {
    // Gehe durch alle gespeicherten Räume
    for (int index = 0; index < cRaeume.length; index++)
    {
       // Falls der Maus-Klick innerhalb der Koordinaten
       // eines Raumes ist, dann informiere das LagePlan
       // Applet über die Änderung der Selektion
```

(noch Beispiel 6.6)
```
            if (cRaeume[index].getUmriss().
                contains(event.getPoint()))
            {
              cLagePlan.selectRaum(index);
              selectRaum(index);
            }
          }
        }

        public void mouseClicked(MouseEvent e)   {}
        public void mouseReleased(MouseEvent e)  {}
        public void mouseEntered(MouseEvent e)   {}
        public void mouseExited(MouseEvent e)    {}

        // Diese Methode selektiert einen Raum im DrawCanvas
        // pIndex ist Position des Raumes innerhalb cRaeume
        public void selectRaum(int pIndex) {
          // Berechne Rechteck-Koordinaten um Kreis-Durchmesser
          Point point = cRaeume[pIndex].mittelPunkt();
          cCoordX = point.x - cSize/2;
          cCoordY = point.y - cSize/2;
          repaint();    // Neu zeichnen
        }

        // Gibt die Raum-Beschreibungen zur·ck

        RaumPlan[]   getRaeume() {
           return cRaeume;
        }
      }
```

Das Zeichnen einer geladenen Grafik geschieht in der Methode paint über den Grafikkontext g (Formalparameter der Methode paint):

```
if (cImage != null)
     {  g.drawImage(cImage, 0, 0, this); }
```

Das Darstellen des Bildes veranlaßt die Methode drawImage. Es gibt sie in verschiedenen Ausprägungen. Die hier benutze Variante ist die einfachste Form. Als Parameter übergibt man das Image-Objekt, die Koordinaten des linken, oberen Eckpunktes des Darstellungsrechtecks und ein Objekt, das das ImageObserver-Interface implementiert. Das ImageObserver-Objekt wird benachrichtigt, wenn dem AWT neue Informationen über den

Grafik und Bilder

Status des Image vorliegen. Bei einer Subklasse von Canvas genügt es in den meisten Fällen, das aktuelle Objekt (this) anzugeben. In diesem Beispiel berücksichtige ich die Informationen des ImageObservers nicht, da ich bereits einen Media-Tracker eingesetzt habe, um auf das Laden des Bildes zu warten. Das Bild ist dann entweder vollständig in der Variablen cImage abgespeichert, oder cImage enthält den speziellen Wert null.

Hinweis:

> Der AWT-Thread ist unabhängig vom Applet (siehe Abschnitt 6.1 „Threads"). Nicht das AWT, sondern das Objekt vom Typ GebaeudeCanvas wartet auf das Laden des Bildes. Daher führt in der Regel das AWT die Methode paint aus, bevor das Bild komplett geladen ist. Das kann je nach Programmverlauf sogar mehrmals der Fall sein. Deshalb fragt die Methode paint in Beispiel 6.6 den Zustand des Objekts cImage ab.
>
> Wenn man auf einen Media-Tracker verzichtet, zeigt das AWT die Bildinformationen eventuell zunächst unvollständig an, was zu Bildschirmflackern führen kann.

Um den Quelltext für das Beispiel komplett zu haben, folgen jetzt die beiden restlichen Klassen. Das Applet LagePlan baut die Oberfläche auf und steuert das Choice-Control chBeschreibung. Wählt der Anwender im Choice-Control einen Raum, wird über die Methode selectRaum das Setzen des Selektionskreises im Gebäudeplan veranlaßt. Umgekehrt meldet das Objekt Gebaeude-Canvas, wenn der Benutzer über einen Mausklick im Lageplan einen Raum ausgewählt hat. In diesem Fall muß das Applet auch im Choice-Control den entsprechenden Raum selektieren.

Beispiel 6.7:
Applet Lageplan

```
//-------------------------------------------------------------
// LagePlan
//-------------------------------------------------------------
// LagePlan ist ein Applet, das einen Gebäudeplan und ein
// Choice Control enthält
//-------------------------------------------------------------

import java.awt.*;
import java.awt.event.*;
import java.applet.*;
import java.net.URL;

public class LagePlan extends Applet
                      implements ItemListener {
```

```
            Choice           chBeschreibung;
            GebaeudeCanvas   gcCanvas;


            // Initialisierung des Applets
            public void init() {
                // Anlegen der Controls
                chBeschreibung = new Choice();
                chBeschreibung.addItemListener(this);
                gcCanvas = new GebaeudeCanvas(this);
                setLayout(new BorderLayout());
                add("North", chBeschreibung);
                add("Center", gcCanvas);

                // Füllen des Choice-Controls
                RaumPlan[] raeume = gcCanvas.getRaeume();
                for (int i=0; i < raeume.length; i++)
                    chBeschreibung.addItem(raeume[i].getBeschreibung());

                // Selektion des ersten Raumes
                chBeschreibung.select(0);
            }

            // Diese Methode wird aufgerufen, wenn der Benutzer im
            // Plan einen Raum über einen Mausklick auswählt.
            public void selectRaum  (int pIndex) {
                chBeschreibung.select(pIndex);
            }

            public void itemStateChanged(ItemEvent e) {
                gcCanvas.selectRaum(chBeschreibung.getSelectedIndex());
            }
        }
```

Event-Handling bei Grafiken

An dieser Stelle wollen wir uns damit befassen, wie die Ereignisbehandlung in der grafischen Bildverarbeitung abläuft. Allgemein sind die gleichen Techniken anwendbar, die bereits Abschnitt 5.4 „Grafische Benutzeroberfläche" ausführlich dargestellt hat. Wesentlich für das Benutzeroberflächenelement Canvas – als auch für die Container-Objekte, wie zum Beispiel Panel – sind die Maus-Ereignisse. Diese übersetzt Java in ein Objekt vom Typ MouseEvent mit den beiden wichtigen Unterarten MOUSE_CLICKED (bzw. MOUSE_PRESSED und MOUSE_RELEASED) und MOUSE_MOVED. Für das Abfangen des Maus-Klicks steht das MouseListener-Interface zur Verfügung, während das Bewegungsereignis MOUSE_MOVED mit dem MouseMotionListener bearbeitet wird.

Im Gegensatz zum delegationsbasierten Vorgehen aus Abschnitt 5.4, in dem das Programm eigene Listener-Klassen besaß, implementiert hier die Klasse GebaeudeCanvas das MouseListener-Interface direkt; die Klasse Lageplan macht das ähnlich mit dem ItemListener für das Auswahlelement chBeschreibung. Dieses Vorgehen ist besonders sinnvoll, wenn man ein Standard-GUI-Objekt, wie eben Canvas, durch Subclassing mit eigenem, entwicklerdefinierten Verhalten ausstatten möchte. Die Klasse zieht dann nur die Interfaces heran, die tatsächlich für dieses GUI-Element strategische Bedeutung besitzen. Alle Methoden aus dem implementierten Interface müssen spezifiziert sein, auch wenn sie hier praktisch keine Bedeutung haben; das gilt zum Beispiel für die Methoden mouseEntered und mouseExited aus Beispiel 6.6.

Bei Anwendung dieser Technik entfällt die separate Listener-Klasse, da das redefinierte GUI-Objekt gleichzeitig auch als Listener für sich selbst fungiert. Die Klasse GebaeudeCanvas stellt also einen speziellen Canvas dar und verarbeitet ebenso die Maus-Ereignisse, die über das MouseListener-Interface hereinkommen. Allerdings muß man auch hier mit dem Java-System die Nachrichtenkette vorab vereinbaren und bei der Erzeugung des GebaeudeCanvas-Objekts (im Konstruktor) die Methode

addMouseListener (this)

unterbringen (this bedeutet: die Funktion des MouseListener übernimmt das Objekt selbst).

Bei einem Zeichenelement wie einem Canvas ist es oft wichtig, zu einem Event die Koordinaten zu bestimmen, an denen der Event aufgetreten ist. Auch die Klasse GebaeudeCanvas hat dieses Aufgabe. Der Benutzer klickt in einem Raum im Lageplan und löst dadurch den Mouse-Event aus. Anschließend soll der GebaeudeCanvas in diesem Raum den Selektionskreis zeichnen. Die Methode getPoint des Mouse-Events liefert die Koordinaten des Ereignispunktes relativ zum Oberflächenelement, in dem der Event aufgetreten ist. In GebaeudeCanvas werden diese Koordinaten mit den denen der einzelnen Räume verglichen, um festzustellen, welchen Raum der Benutzer ausgewählt hat. Die Methode selectRaum setzt dann die entsprechenden Rechteck-Koordinaten, in denen der Auswahlkreis zu zeichnen ist und veranlaßt über die Methode repaint und das AWT einen Aufruf der Methode paint.

Die Klasse RaumPlan beschreibt ein Objekt, das die Informationen über einen Raum beinhaltet (Umrißkoordinaten und Bezeichnung) und raum-spezifische Berechnungen durchführt. Auf die Klasse RaumPlan möchte ich hier nicht weiter eingehen, da sie für die Erläuterung der Grafiktechniken in Java keine Rolle spielt.

Beispiel 6.8:
Klasse Raumplan

```
//--------------------------------------------------------------
// RaumPlan
//--------------------------------------------------------------
// Ein RaumPlan beschreibt die Position und Grösse eines
// Raumes innerhalb eines Grundriss-Images und enthält
// auch eine Beschreibung des Raumes
//--------------------------------------------------------------

import java.awt.*;

class RaumPlan extends Object {
    Rectangle  cUmriss;      // Raumgrösse und Position
    String     cRaumBeschreibung;

    // Der Constructor mit Koordinaten und Beschreibung
    RaumPlan(int pLinks,int pOben,int pRechts,
             int pUnten,String pBeschreibung) {
        cUmriss = new Rectangle(pLinks, pOben,
                                (pRechts - pLinks),
                                (pUnten - pOben));
        cRaumBeschreibung = pBeschreibung;
    }

    // Gib die Raum-Beschreibung zurück
    String  getBeschreibung() {
       return cRaumBeschreibung;
    }
    // Gib Grösse/Position des Raumes zurück
    Rectangle getUmriss() {
       return cUmriss;
    }

    // Berechne Position des Raummittelpunkts
    Point   mittelPunkt () {
       return new Point(cUmriss.x + cUmriss.width/2,
                        cUmriss.y + cUmriss.height/2);
    }
}
```

Grafik und Bilder

Grafische Primitve

Java besitzt verschiedene Objekte und Methoden, um einfache grafische Darstellungen zu erzeugen. Die meisten Techniken beziehen sich dabei direkt auf den Grafikkontext (Klasse Graphics), der als Formalparameter bei der Methode paint mitgeliefert wird. Mit der Methode graphics.drawString kann man zum Beispiel Texte in einen Canvas zeichnen. Weitere grafische Primitve mit deren typischen Methoden listet die folgende Tabelle auf. Empfängerobjekt ist auch hier immer der aktuelle Grafikkontext. Die detaillierte Spezifikation aller möglichen Parameter ist an dieser Stelle aus Platzgründen leider nicht möglich. Bitte schlagen Sie bei Bedarf in der Java-API-Dokumentation nach.

Form	Methode	Beschreibung
Linie	drawLine	Zeichnet eine Linie.
Rechteck	drawRect fillRect draw3DRect fill3DRect	Die Methode drawRect zeichnet ein Rechteck, fillRect füllt das Rechteck in der Farbe des Grafikkontextes. Für spezielle Rahmeneffekte eigenen sich die 3D-Methoden.
Ellipse (Kreis)	drawOval fillOval	Mit diesen Methoden erzeugen Sie leere oder ausgefüllte Ellipsen und Kreise.
Kreisbogen	drawArc	Zeichnet einen Kreisbogen.
Polygon	drawPolygon fillPolygom	Stellt eine leere oder ausgefüllte Polygonfläche dar.

Mit Ausnahme von Linien und Polygonen definiert man alle hier vorgestellten grafischen Primitive über ihr umschließendes Rechteck (siehe auch Beispiel 6.6).

Der Grafikkontext zeichnet mit der eingestellten Vordergrundfarbe, die man mit dem Aufruf

`graphics.setColor (zeichenfarbe);`

ändern kann. Die Anwendung von Grafikanweisungen wollen wir an Hand des Quelltextes von Beispiel 6.6 näher betrachten. Nachdem die Methode paint aus der Klasse GebaeudeCanvas den Lageplan ausgegeben hat, entscheidet sie mittels der Koordinatenbelegung (cCoordX ungleich −1), ob der Selektionskreis zu zeichnen ist. Die folgenden Anweisungen setzen die Zeichenfarbe und erzeugen den ausgefüllten Kreis.

```
g.setColor(Color.yellow);
g.fillOval(cCoordX, cCoordY, cSize, cSize);
```

Die Methode fillOval erhält dafür die Koordinaten des Quadrats, das den darzustellenden Kreis umschließt. Diese Koordinaten werden in der Methode selectRaum bestimmt.

Zu Anfang gab Ihnen Beispiel 6.1 bereits einen Einblick, wie Sie die grafischen Möglichkeiten von Java mit der Thread-Technik kombinieren können, um Animationen zu erzeugen. Die paint-Methode in Beispiel 6.1 ist nur ein kleine Anregung, man kann sogar ganze Bildfolgen abspielen, um den Effekt eines Trickfilms zu erzeugen. Ihren kreativen Ideen sind hier keine Grenzen gesetzt.

6.3 Sounds

Das Abspielen von Klangdateien ist in Java-Applets unkompliziert gelöst; allerdings sind als einziges Format AU-Dateien nach dem Sun-Standard zugelassen. Windows-Sounddateien, zum Beispiel im WAV-Format, müssen Sie vor der Nutzung in das AU-Format konvertieren. Genau wie bei Grafikdateien arbeitet man auch bei Audiodateien mit der Adressierung über URLs (siehe oben).

Abbildung 6.4 zeigt das Personal-Informationssystem von Kapitel 5 (dort Abbildung 5.8, Beispiel 5.6) in leicht veränderter Form. Die Nachrichtenzeile zum Anzeigen einer persönlichen Mitteilung ist jetzt nicht mehr vorhanden. In Abbildung 6.4 ist die Nachricht in einer Audio-Mitteilung gespeichert. Der Benutzer kann Sie über das Anklicken des Buttons „Nachricht abspielen" anhören. Ein vorzeitiges Stoppen der Audio-Wiedergabe ist durch das Drücken des Druckknopfes nebenan „Nachricht stop" möglich. Außerdem bricht der Sound gegebenenfalls auch ab, wenn das Applet sich beendet.

Da der Quelltext des Programms von Abbildung 6.4 in weiten Teilen identisch ist mit Beispiel 5.6, verzichte ich hier auf eine komplette Darstellung. Stattdessen erscheinen nur die Methoden, die direkt mit dem Abspielen von Sounds zu tun haben.

Sounds

Abbildung 6.4:
Sound Applet

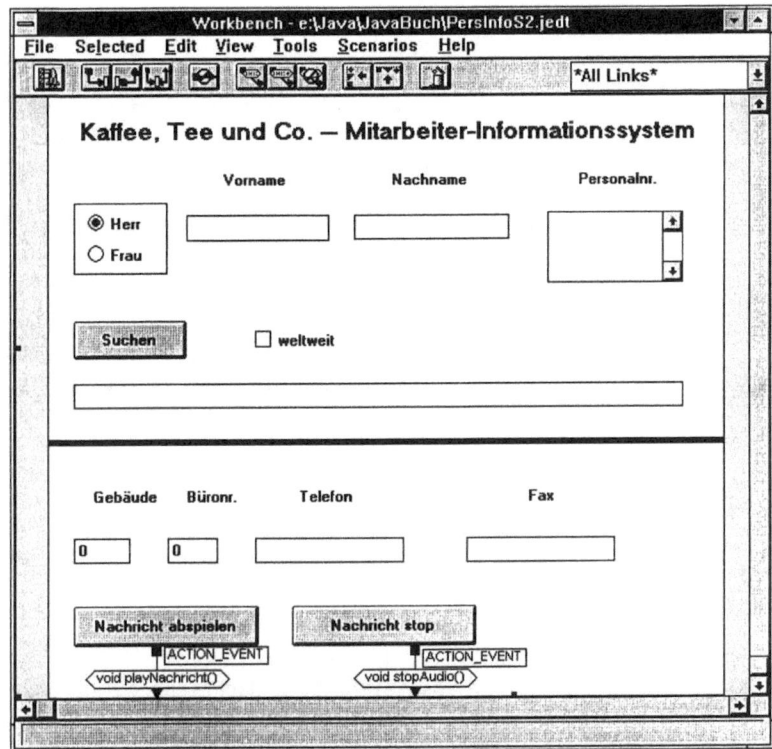

Beispiel 6.9:
Verarbeitung von
Sounddateien

```
public void playNachricht () {
   URL       soundURL = null;
   String    soundFile, stpnr;
   int       pnr;
   Person    eP;

   stpnr = lbPersnr.getSelectedItem ();
   pnr = Integer.parseInt (stpnr);

   // Person in PersDB über Personalnummer suchen
   for (Enumeration e = PersDB.elements ();
        e.hasMoreElements (); )
   {
      eP = (Person) e.nextElement ();
      if  ( pnr == eP.personalNr )
      {  // Person gefunden
         soundFile = eP.nachricht;   // Dateiname
```

229

```
          try
          {
            soundURL = new URL (getCodeBase (),
                               soundFile);      // URL
          } catch (MalformedURLException ex )
            { tfMessageLine.setText
              ("Keine Nachricht vorhanden"); }

          auNachricht = null;  // vorsichts. rücksetzen
          // AudioClip laden
          auNachricht = getAudioClip (soundURL);
          auNachricht.play ();  // AudioClip abspielen
        }
      }
    }

    public void stop () {
      // wenn Applet stop, dann Audio ggf. abbrechen
      stopAudio ();
    }

    public void stopAudio () {
      // abspielen Audio-Nachricht auf Wunsch stoppen
      if ( auNachricht != null )
      {
          auNachricht.stop ();
      }
    }
}
```

Setzen wir nun voraus, daß sich die Audiodateien im gleichen Verzeichnis wie das Applet selbst befinden und nutzen wir daher relative URL-Adressierung. Die Methode playNachricht spielt die Audio-Nachricht eines Mitarbeiters ab. Zunächst wird die Mitarbeiter-Datenbasis nach der richtigen Person durchsucht. Den Schlüssel für die Suche bildet die ausgewählte Personalnummer, wie es auch in Beispiel 5.6 generell gehandhabt wird. In der Instanzvariablen nachricht der Klasse Person befindet sich jetzt nicht mehr der Mitteilungstext, sondern der Name der Audio-Mitteilungsdatei des entsprechenden Mitarbeiters. Diese Information legt das Programm in der Variablen soundFile ab. Die Anweisung:

```
soundURL = new URL (getCodeBase (), soundFile);
```

bestimmt die URL-Adresse der Sounddatei. Ist keine Nachricht gespeichert, dann erscheint in der Meldungszeile des Applets eine entsprechende Mitteilung. Die nächsten beiden Anweisungen laden den Audioclip und spielen ihn ab:

```
auNachricht = getAudioClip (soundURL);
auNachricht.play ();
```

Die Methode play gibt einen Audioclip einmalig wieder. Eine periodische Berieselung erreichen Sie über die Methode loop. Mit der Methode stop kann man die Wiedergabe eines Audioclips vorzeitig beenden.

Im Gegensatz zu Grafikdateien lädt Java Audiodaten synchron im Applet-Thread. Daher ist die Methode getAudioClip erst beendet, wenn die Sounddatei komplett übertragen wurde. Je nach der Größe der Datei und der Güte der Internet-Verbindung kann das eine Weile dauern. In diesem Fall empfiehlt es sich, benötigte Audiodateien im voraus in einem eigenen Thread zu laden. Man kann hier analog zum Erzeuger-Verbraucher-Beispiel in Abschnitt 6.1 vorgehen.

6.4 Höfliche Multimedia-Applets

In diesem Abschnitt möchte ich einige Denkanstöße für benutzerfreundlichere Applets geben. In Web-Seiten kommen häufig Applets zum Einsatz, die eine grafische Animationen beinhalten und vielleicht sogar Sound-Effekte erzeugen.

Grundsätzlich gilt es zwei Dinge zu bedenken:

- So sollten die erwarteten Ladezeiten des Applets in Relation zum gewünschten Nutzen stehen. Applets, die große Grafik- und Sounddateien benötigen, werden in der Regel den Anwender entsprechend lange warten lassen. Bedenken Sie, daß Techniken, die interne Applet-Daten auf der Festplatte des Benutzers für eine wiederholte Nutzung abspeichern, jetzt erst aktuell entwickelt werden und bisher noch kein Standardverfahren vorliegt. Grundsätzlich sollten Sie damit rechnen, daß bei jeder Nutzung alle vom Applet verwendeten Informationen vom Web-Server auf den Client-PC übertragen werden müssen.

- Wenn die Wartezeiten unvermeidlich sind, dann geben Sie dem Benutzer einen Hinweis. Besser noch, Sie verwenden die

Thread-Technik (siehe Abschnitt 6.1) optimal und bieten während der Ladezeit bereits eine sinnvolle Funktion an.

- Grafische Animationen ziehen das Auge des Benutzers auf sich und beleben eine Web-Seite. Mit einem Applet ist es zum Beispiel einfach möglich, eine den Eingaben des Benutzers angepaßte, sich periodisch verändernde Werbebotschaft einzublenden. Multimedia-Effekte können jedoch einen potentiellen Anwender auch irritieren und zum schnellen Verlassen der Web-Seite bewegen. Das gilt auch für das Abspielen von Sounddateien. Eine andauernde Geräuschkulisse kann schnell belästigend wirken.

- Eine bewährte Vorgehensweise ist das optionale Abschalten von Animationen durch einen Maus-Klick oder durch Drücken der Enter-Taste. Laufende Bilder verwandeln sich in statische Darstellungen, und Ruhe kehrt ein. Man kann ein Applet auch so programmieren, daß die gleiche Benutzeraktion die Animation wieder in Gang setzen kann. Maus-Klicks und das Tippen auf der Tastatur erzeugen Events in Java. Das Arbeiten mit dieser Technik ist in Kapitel 5.4 „Grafische Benutzeroberfläche" und 6.2 „Grafik und Bilder" ausführlich beschrieben.

Wie schon in Abschnitt 6.1 „Threads" erläutert, laufen Threads, die Sie selbst in einem Applet erzeugen und starten, auch weiter, wenn der Web-Browser eine andere HTML-Seite anzeigt. Nur in sehr seltenen Fällen ist dieses Verhalten tatsächlich erwünscht. In der Regel soll die Verarbeitung im Applet pausieren, solange der Benutzer offensichtlich mit anderen Dingen beschäftigt ist. Im Hintergrund laufende Threads belasten die Ressourcen des Client-PCs. Sie können sich sicher vorstellen, wie bei längerem Surfen im Web sich die Belastungen durch unhöfliche Applets addieren können. Besser ist es, gleich bei der Entwicklung auf korrektes Verhalten zu achten und aktive Threads aus der stop-Methode des Applets zu beenden (siehe auch Kapitel 5.3 „Applet-Lebenszyklus").

6.5 Java Beans

Bestandteil des JDK 1.1 ist die neue Java-spezifische Komponententechnologie Java Beans. Genaugenommen ist ein Java Bean ein System von Java-Objekten, die nach einem bestimmten Muster zusammen agieren und natürlich den Regeln der Bean-

Architektur genügen. Ein Java Bean lebt also nur innerhalb einer bestimmten Java Virtual Machine und hat sehr viel Ähnlichkeit mit den bekannten VBX-Controls aus der Windows-Welt. Es ist eine wiederverwendbare Softwarekomponente, die man innerhalb einer geeigneten Java-Entwicklungsumgebung manipulieren und in eine eigene Anwendung einbauen kann (visuell, über Inspektor-Fenster oder durch eine Skriptsprache). Zum jetzigen Zeitpunkt gibt es leider noch keine Tools, die diesen Prozeß sinnvoll und komfortabel unterstützen. Daher kann ich hier keine Beispiele bringen, sondern beschränke mich auf die Grundlagen dieser neuen Technik.

Für den Entwickler bedeutet der Einsatz einer Java-Komponente zusammen mit einem entsprechenden Werkzeug eine erhebliche Ersparnis an Programmieraufwand. Das Verbinden von Beans entspricht eher einem ingenieurmäßigen Konstruktionsvorgang und hat nur noch wenig mit konventioneller Codierung zu tun. An dieser Stelle zeigt sich auch ein wichtiger Unterschied zwischen der Anbindung einer Klassenbibliothek (Programmierung) und der Verwendung eines Java Bean (Zusammenfügen).

Eine Kalkulationstabelle ist ein typischer Kandidat für ein Java Bean; alle komplexeren Oberflächenelemente gehören ebenfalls in diese Kategorie. Es ist auch möglich, nicht-sichtbare Beans zu konstruieren, zum Beispiel, um einen umfangreichen Geschäftsprozeß in einer Komponente als eine Einheit zu verkapseln.

Bestandteile der Java Beans

Die drei Elemente Eigenschaft (Property), externes Verhalten (Public Method) und Ereignis (Events) bilden die Grundlage eines Java Bean. Eigenschaften sind mit Namen bezeichnete Attribute der Komponente, wobei der Attribut-Zugriff durch get- und set-Methoden streng geregelt ist. Die öffentlichen Methoden eines Java Bean bilden die Funktionsbibliothek der Komponente; dieser Punkt bringt nichts Neues, denn es handelt hier sich um ganz „normale" öffentliche Methoden. Die Java-Beans kommunizieren untereinander und mit dem sie umgebenden Programm über Java-Events. Ein Ereignis tritt ein, wenn eine wichtige Information an andere Teile weitergereicht werden soll. Die Beans-Technologie verwendet das bereits in Kapitel 5.4.1 „Event-Behandlung" ausführlich dargestellte Ereignismodell von Java. Hinsichtlich der Anwendung von Events im Abstract Windowing Toolkit im Vergleich zu den Java Beans bestehen keine grundlegenden Unterschiede, den Komponenten stehen lediglich erweiterte Möglichkeiten zur Verfügung (siehe Suns Java Beans–Dokumentation unter http://www.javasoft.com/beans/spec.html).

Mit Hilfe der sogenannten „Introspection" erhält ein Entwicklungswerkzeug die Möglichkeit, die Fähigkeiten einer Java Bean zu untersuchen. Das Tool findet damit das Verhalten der Komponente heraus, das heißt, die Events, die ein Bean erzeugen und verarbeiten kann sowie die öffentlich angebotenen Methoden. Die Introspection-Technik schaut dabei nach speziellen Design Patterns oder expliziten Angaben in den Komponentenfunktionen. Java bietet eine quasi automatische Erkennung der publizierten Bean-Fähigkeiten über den „Reflection"-Mechanismus. Daneben kann der Hersteller eines Java Bean aber auch eine explizite Verhaltensdeklaration in einer entsprechenden BeanInfo-Klasse ablegen.

Zusammenarbeit mit anderen OO-Architekturen

Wenn der Einsatz eines Java Bean nur in der Java-Umgebung allein funktionieren würde, wäre das eine sehr starke Einschränkung hinsichtlich der möglichen Anwendungsfelder. Daher gibt es bereits ein Softwaremodul (Bridge), die eine Zusammenarbeit von MS COM-Objekten mit Java Beans erlaubt. Die lokale Funktion eines Java Bean innerhalb einer bestimmten Java Virtual Machine ist eine weitere Restriktion dieser Technologie. Auch hier gibt es derzeit Bemühungen, die Java Bean Architektur in das verteilte „Object Request Broker"-Modell (CORBA) der OMG zu integrieren.

6.6 Netz-Kommunikation

In diesem Abschnitt möchte ich Sie mit der Netzprogrammierung in Java bekanntmachen. Mit Netz meine ich hier das Internet oder Intranet, also ein vernetztes Rechnersystem, das das TCP/IP-Übertragungsprotokoll nutzt. Neben den allgemeinen Netz-Funktionen gibt es auch noch spezielle Methoden, die nur Java-Applets verwenden können; sie betreffen die Kommunikation mit dem ausführenden Web-Browser. Ein Applet kann zum Beispiel das Anzeigen eines beliebigen HTML-Dokuments auslösen. Außerdem kann ein Applet an ein anderes Applet im gleichen HTML-Dokument eine Nachricht senden. Beide Funktionen werden anschließend an Beispielen näher erläutert.

Der letzte Teil dieses Kapitels gibt Ihnen einen fundierten Einstieg in die Internet-Programmierung. Vor allem möchte ich beschreiben, welche Funktionen ein Java-Applet unter Berücksichtigung der Sicherheitsrestriktionen ausführen kann. In diesem Zusammenhang erhalten die Client/Server-Systeme eine besondere Bedeutung. Die Umsetzung der Internet-Terminologie und der -Konzepte in die Java-Klassenbibliothek ist weitgehend transparent. Die Netzprogrammierung in Java setzt voraus, daß man mit der Internet-Technologie umgehen kann. Einen einführenden Überblick zu diesem Thema vermittelt Kapitel 1 „Internet-Technologie im Unternehmen".

Allgemeine Kommunikationstechniken

Zunächst folgt eine Vorstellung der grundlegenden Begriffe und deren Umsetzung in Java. Die Java-Klassen, die die das Internet-Networking enthalten, befinden sich im Package `java.net`. Wichtige Methoden für die Kommunikation eines Applets mit dem Web-Browser sind außerdem im Interface `AppletContext` und in der Klasse `Applet` enthalten. Beide Konstrukte kommen aus dem Package `java.applet`. Der Applet-Context stellt Informationen über die ausführende Applet-Umgebung zur Verfügung und wird von dem darstellenden Objekt implementiert, zum Beispiel vom Applet-Viewer oder vom Java-Display eines Web-Browsers. Ein Applet kann über die Methode `getAppletContext` Informationen über sein aktuelles, ausführendes Umgebungssystem erhalten.

Als Internet-Anwender und -Entwickler geht man ständig mit URLs als Zugangsadressen für Web-Server um. In Abschnitt 6.2 „Grafik und Bilder" sowie 6.3 „Sounds" haben Sie bereits erfahren, daß ein Java-Applet Bilder und Audiodateien über die URL-Adresse lädt. Die Beispiel-Applets enthielten jeweils relativ einfache Methoden, um ihre Aufgaben zu erfüllen. Zumeist wurde direkt mit Funktionen aus der Klasse `AppletContext` gearbeitet.

An dieser Stelle wollen wir die Java-Umsetzung des Begriffs URL, das heißt die Klasse `URL`, etwas ausführlicher betrachten. Ein Beispiel für eine URL ist der folgende String:

`http://www.server.com:80/directory/homepage.html#ANFANG`

Neben der URL benötigt man manchmal noch die IP-Adresse eines Rechners selbst, also die rein numerische Form der Adressierung. In Java finden Sie deren Repräsentation in der Klasse `InetAddress`.

Als Adreßangabe in einem Web-Browser verwendet man üblicherweise die volle, absolute Adresse. Innerhalb eines HTML-Dokuments kann man mit absoluten oder relativen Adressen arbeiten. Das gleiche gilt für Java. Die Klasse `URL` besitzt eine Reihe von Konstruktoren, aus denen man je nach Bedarf den für

Java für Fortgeschrittene

die gegebene Situation geeigneten auswählen kann. Außerdem stehen verschiedene get-Methoden zur Verfügung, die die Bestandteile einer existierenden URL zurückgeben. Wesentliche Teile einer URL und deren Bezeichnung in Java sind:

Komponente	Beschreibung	Beispiel
protocol	Protokoll, das benutzt wird, um auf eine Internet-Ressource zuzugreifen. Die Java-Klassenbibliothek unterstützt standardmäßig die häufig genutzten Protokolle: HTTP und FTP sowie die Pseudo-Protokollbezeichnung MAILTO.	http
host name	Name eines Web-Servers. Java-Applets dürfen nur mit dem Host kommunizieren, von dem sie geladen wurden.	www.server.com
port	Zahl, die den Kommunikationskanal bezeichnet, auf dem der Datenverkehr abläuft. Viele Protokolle besitzen einen Standard-Port, zum Beispiel 80 für HTTP. Die Port-Adresse erhält besondere Bedeutung bei einer Client/Server-Verbindung im Rahmen einer TCP/IP-Kommunikation.	80
filename	Dateiname inklusive der Verzeichnisangabe gemeint.	/directory/homepage.html
reference	HTML-Dokumente können über Referenzen Verweise auf Teilabschnitte aufbauen. In HTML verwendet man dafür ein Anker-Tag: <A NAME=ANFANG>	#ANFANG

Laden von Applet-Ressourcen über URL-Adressierung

Da Applets nur mit dem eigenen Server kommunizieren dürfen, bezieht man sich in den Programmen in der Regel auf relative URLs und legt die fraglichen Dateien im gleichen Verzeichnis wie das Applet selbst ab. URLs in Applets aus allen Einzelteilen selbst zusammenzusetzen, ist nicht empfehlenswert. Die Angabe der Web-Server-URL als Konstante im Quelltext ist ebenfalls nur in Sonderfällen, zum Beispiel zur Sicherung des Autoren-Copyrights (siehe Abschnitt 5.1 „Möglichkeiten und Einschränkungen von Java Applets"), notwendig.

Einen besseren Weg, die URL des Applet-Web-Servers zu ermitteln, bieten diese beiden Methoden aus der Klasse Applet:

URL getCodeBase ()   Diese Methode gibt die URL des Web-Servers (inklusive Verzeichnis) zurück, von dem das Applet geladen worden ist.

URL getDocumentBase ()   Mit dieser Funktion erhalten Sie Server und Verzeichnis der Web-Site, auf der das HTML-Dokument liegt, in dem das Applet eingebettet ist.

In Beispiel 6.9 aus Abschnitt 6.3 „Sounds" lädt ein Applet eine Audiodatei über den folgenden Anweisungsblock:

| **Beispiel 6.10:** Fehlervermeidende Konstruktion einer URL | ```
try
{
    soundURL = new URL (getCodeBase (), soundFile);
} catch (MalformedURLException ex )
    { tfMessageLine.setText ("Keine Nachricht vorhanden"); }
``` |
|---|---|

Hier kommt der URL-Konstruktor vom Typ

URL (URL context, String spec)

zum Einsatz. Das ist in einem Applet das günstigste, weil mit am wenigsten Fehlerfallen behaftete, Verfahren. Die ausführliche Form einer URL-Konstruktion sieht so aus:

URL (String protocol, String host, int port, String file)

Absolute URLs kann man mit dem diesem Konstruktor kreieren:

URL (String spec)
```

Alle Konstruktoren erzeugen bei fehlerhaften Parametern eine `MalformedURLException`, die man beim Erstellen eines Objekts vom Typ URL über einen `try/catch`-Block geeignet abfangen muß (siehe Beispiel 6.10).

Es ist durchaus erlaubt, daß das Applet von einem anderen Web-Server stammt als das HTML-Dokument, in das es eingebettet ist. In diesem Fall zeigt der Code-Parameter auf den Web-Server, auf dem das Applet liegt, und die „Codebase" unterscheidet sich daher von der „Document Base". In diesem Fall geht die Codebase vor der Document Base, das bedeutet, daß die URL des Web-Servers, auf dem das Applet gespeichert ist, als die ausführende Instanz gilt. Nur mit diesem Server darf das Applet eine Kommunikationsverbindung unterhalten.

Eine weitere für die Kommunikation wichtige Methode ist das Herausfiltern des Host-Namens aus der gesamten URL. Die entsprechende Methode `getHost` finden Sie in der Klasse URL. Die folgende Anweisung wird daher oft in Networking-Programmen benutzt:

```
String host = getCodeBase ().getHost ();
```

Kommunikation von Applets mit dem Web-Server

Betrachten wir nun die Funktionen, die einem Applet zur Interaktion mit dem ausführenden Web-Server zur Verfügung stehen, an einem Beispiel. Abbildung 6.5 zeigt die Implementation eines Personal-Informationssystems. Von der Funktion her entspricht das dargestellte HTML-Dokument (siehe Beispiel 6.11) weitgehend dem bereits in Kapitel 5.4 „Grafische Benutzeroberfläche" besprochenen Programm (siehe Abbildung 5.8 und Beispiel 5.6). Die Veränderungen zeigen sich im HTML-Dokument (siehe Beispiel 6.11) und im Quelltext (siehe Beispiele 6.12 und 6.13). Eine kleine Änderung habe ich im Anzeige-Teil vorgenommen. Aus Platzgründen entfällt die Ausgabe einer persönlichen Nachricht des Mitarbeiters. Statt dessen zeigt der Button „Homepage" die Homepage des ausgewählten Mitarbeiters in einem neuen Fenster des Web-Browsers an. An dieser Stelle wollen wir nicht noch einmal auf die grundsätzliche Arbeitsweise des Personal-Informationssystems eingehen; bitte schlagen Sie dazu in Kapitel 5 nach.

Netz-Kommunikation

Abbildung 6.5:
Personal-Informationssystem realisiert über Kommunikation zwischen Applets und dem Web-Browser

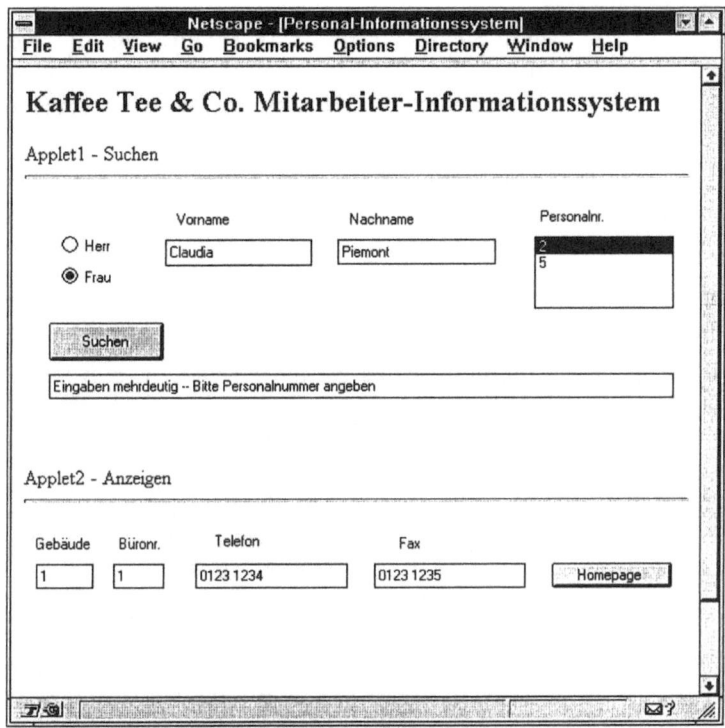

Beispiel 6.11:
HTML-Dokument zu Abbildung 6.5

```
<HTML>
<HEAD> <TITLE>Personal-Informationssystem</TITLE> </HEAD>
<BODY>
<H2>
Kaffee Tee & Co. Mitarbeiter-Informationssystem
</H2>
Applet1 - Suchen
<HR>
<APPLET  CODE=PersInfoSuchen.class WIDTH=530 HEIGHT=200
         NAME="suchen">
</APPLET>
<P>
Applet2 - Anzeigen
<HR>
<APPLET  CODE=PersInfoAnzeigen.class WIDTH=530 HEIGHT=200
         NAME="anzeigen">
</APPLET>
</BODY>
</HTML>
```

Wie Sie in Beispiel 6.11 sehen, liegt die wesentliche Umgestaltung des Beispielsystems im Einsatz von zwei miteinander kommunizierenden Applets anstelle eines Applets, das vorher die gesamte Arbeit erledigte.

Abbildung 6.5 zeigt im oberen Teil das Suchen-Applet, das den Such-Dialog übernimmt und die Meldungszeile enthält. Das untere Applet empfängt die Personalnummer der in Applet1 selektierten Person und zeigt dann die entsprechenden Daten aus der Personal-Datenbasis an. Wie beide Applets auf die Informationen zugreifen, ist für die hier vorgestellten Konzepte unerheblich. Es genügt zu wissen, daß beide Applets die Personaldaten lesen können. Sie sind in der Datenstruktur PersDB vom Objekttyp Vector abgespeichert.

Hinweis:

> Damit die beiden Applets zueinander finden, muß man sie mit einem Namen versehen (siehe Beispiel 6.11). Es können nur solche Applets miteinander in Kontakt treten, die in die gleiche Web-Seite eingebettet sind. Viele Web-Browser stellen ergänzend dazu die Anforderung, daß die Applets auch auf dem gleichen Server liegen müssen (identische Codebase).
>
> Applets, die die Kommunikationsfunktionen des Web-Browsers nutzen, lassen sich nicht in einem Applet-Viewer testen. Zur Ausführung benötigt man einen Java-fähigen Web-Browser.

Beide Beispiel-Applets habe ich mit dem Werkzeug „Parts for Java" erstellt. Um Ihnen einen Überblick über die Programmierung zu geben, folgen jetzt die beiden Darstellungen der Entwicklungsumgebungen.

Anschließend erscheint der Quelltext zu Abbildung 6.6 und 6.7 in gekürzter Form, so wie Sie es bereits aus Kapitel 5 kennen. Danach erläutere ich den Quelltext ausführlich und gebe weitere Hinweise zur Applet-Kommunikation. Wesentliche Anhaltspunkte sind auch hier, wie in Kapitel 5, im Quelltext fett markiert. Der Source-Code in Beispiel 6.12 und 6.13 dient in der Hauptsache dazu, Ihnen ein Gefühl für den Gesamtzusammenhang zu vermitteln Mit dem Thema Entwicklung einer Benutzeroberfläche haben wir uns bereits in Kapitel 5.4 ausführlich beschäftigt, daher sollen die entsprechenden Techniken hier nicht weiter diskutiert werden.

Abbildung 6.6:
Applet 1 – Suchen

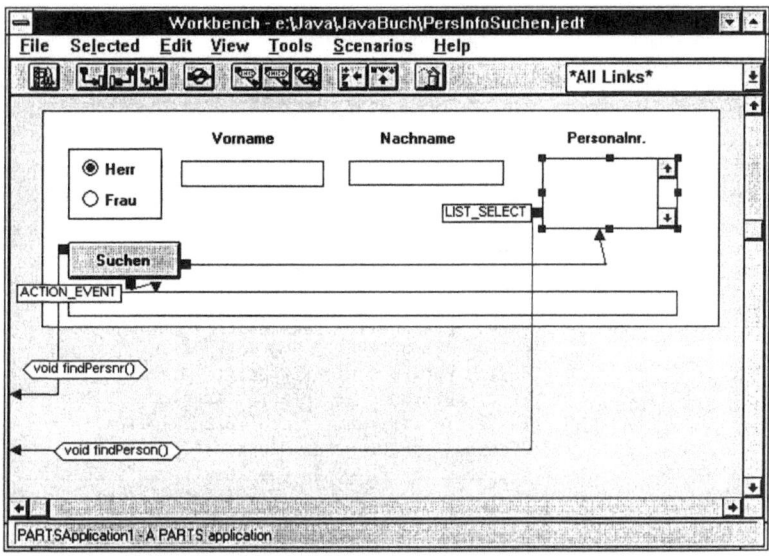

Abbildung 6.7:
Applet 2 – Anzeigen

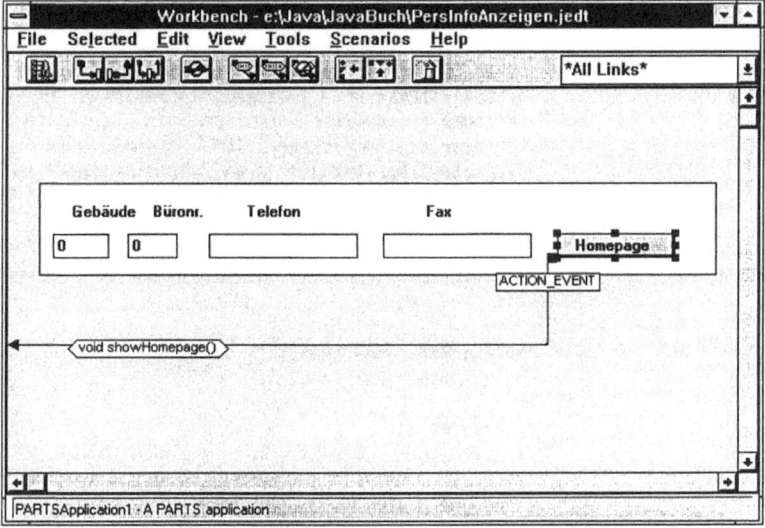

Wie Sie es aus Kapitel 5.4 „Grafische Benutzeroberfläche" bereits kennen, generiert „Parts for Java" seinen Quelltext zur Erzeugung des Applet-Layouts zu Anfang einer Datei. Die Methoden im letzten Teil der Applet-Klassen habe ich selbst erstellt. Sie beschäftigen sich mit der eigentlichen Aufgabe des Applets, und in diesem speziellen Fall übernehmen sie die Kommunikation der Applets mit dem Web-Browser.

Beispiel 6.12:
Suchen-Applet
Source-Code zu
Abbildung 6.6

```java
// gekürzt !!
// import-Anweisungen

public class PersInfoSuchen extends Applet {

/* variables that hold components */

CheckboxGroup CheckBoxGroup_1 = new CheckboxGroup();
PersInfoSuchen JavaApplet1 = this;
Panel JavaRadioPanel1 = new Panel();
Label JavaLabel4 = new Label();
Label JavaLabel3 = new Label();
Label JavaLabel2 = new Label();
Button JavaButton1 = new Button();
Vector PersDB = new Vector();
List lbPersnr = new List(8, true);
TextField tfVorname = new TextField(10);
Checkbox rbHerr = new Checkbox("Herr", CheckBoxGroup_1, true);
Checkbox rbFrau = new Checkbox("Frau", CheckBoxGroup_1, false);
TextField tfNachname = new TextField(10);
TextField tfMessageLine = new TextField(60);

/**
 * Register listener objects
 */

LbPersnrListener    lbPersnrEventHandler;
ButtonListener      JavaButton1EventHandler;
lbPersnrEventHandler = new LbPersnrListener (this);
lbPersnr.addItemListener (lbPersNrEventHandler);
JavaButton1EventHandler = new ButtonListener (this);
JavaButton1.addActionListener (JavaButton1EventHandler);

/**
 * Create an instance of PersInfoSuchen
 */

public PersInfoSuchen() {
      super ();
}
// gekürzt !!
// Aufruf der einzelnen Init-Methoden (siehe Beispiel 5.6)

// eigene Methoden des Entwicklers

public void searchAction () {
   tfMessageLine.setText(JavaStringEmpty);
   lbPersnr.clear();
   this.findPersnr();
}

public void findPersnr () {
   Person3    eP;
   String     vn, nn;
```

(noch Beispiel 6.12)

```
    String    pnr;
    boolean   gender;                  // F = true, M = false
    int       numElements;

    vn = tfVorname.getText ();
    nn = tfNachname.getText ();
    if ( rbHerr.equals (CheckBoxGroup_1.getCurrent ()) )
       { gender = false; }
    else
       { gender = true;  }
    numElements = PersDB.size ();

    for (int i = 0; i < numElements; ++i )
    {
       eP = (Person3) PersDB.elementAt (i);
       if ( (vn.equals (eP.vorName))      &&
            (nn.equals (eP.nachName))     &&
            (gender == eP.geschlecht))
       {
          pnr = String.valueOf (eP.personalNr);
          lbPersnr.addItem (pnr);
       }
    }


    // genau eine Person gefunden
    if (lbPersnr.countItems () == 1) {
       lbPersnr.select (0);
       findPerson ();
    }

    // keine Person gefunden
    if (lbPersnr.countItems () == 0) {
       tfMessageLine.setText
           ("Diese Person wurde in der DB nicht gefunden");
    }

    // mehr als eine Person gefunden
    if (lbPersnr.countItems () > 1) {
       tfMessageLine.setText
           ("Eingaben mehrdeutig -- Bitte Personalnummer angeben");
    }
}

// Kommunikation mit Applet "anzeigen"
// Display gefundene Person starten

public void findPerson () {
    Applet    anzeigen = null;
    String    stpnr;
    int       pnr;

    // Applet "anzeigen"  auf HTML-Page suchen
    anzeigen = getAppletContext ().getApplet ("anzeigen");
```

Java für Fortgeschrittene

(noch Beispiel 6.12)
```
            if ( anzeigen != null ) {
                if ( anzeigen instanceof PersInfoAnzeigen ) {
                    // richtiges Anzeigen-Applet gefunden
                    // anzeigen der Informationen starten
                    stpnr = lbPersnr.getSelectedItem ();
                    pnr = Integer.parseInt (stpnr);
                    ((PersInfoAnzeigen) anzeigen).findPerson (pnr, this);
                } else {
                    tfMessageLine.setText
                    ("Anzeigen-Applet vorhanden aber vom falschen Objekttyp");
                }
            } else {
                tfMessageLine.setText ("Anzeigen-Applet nicht vorhanden");
            }
        }
    }


    /*
     * Event Handling (Listener Classes)
     */

    import java.awt.event.*;

    public class LbPersnrListener implements ItemListener {
        PersInfoSuchen  personalApplet;

        public  LbPersnrListener (PersInfoSuchen  myApplet) {
            personalApplet = myApplet;
        }

        public void  itemStateChanged (ItemEvent e) {
            personalApplet.findPerson ();
        }
    }

    import java.awt.event.*;

    public class ButtonListener implements ActionListener {
        PersInfoSuchen  personalApplet;

        public  ButtonListener (PersInfoSuchen  myApplet) {
            personalApplet = myApplet;
        }

        public void  actionPerformed (ActionEvent e) {
            personalApplet.searchAction ();
        }
    }
```

Beispiel 6.13:
Anzeigen-Applet
Source-Code zu
Abbildung 6.7

```java
// gekürzt !!
// import-Anweisungen

public class PersInfoAnzeigen extends Applet {

/* variables that hold components */

PersInfoAnzeigen JavaApplet1 = this;
ValidTextField tfGebaeude = new ValidTextField();
Label JavaLabel8 = new Label();
Label JavaLabel5 = new Label();
Label JavaLabel7 = new Label();
ValidTextField tfBueronr = new ValidTextField();
Button JavaButton2 = new Button();
Label JavaLabel6 = new Label();
Vector PersDB = new Vector();
TextField tfFax = new TextField(20);
TextField tfTelefon = new TextField(20);

// eigene Instanzvariable

int             pnr = 0;
PersInfoSuchen  suchenApplet;

/**
 * Register listener objects
 */

ButtonListener       JavaButton1EventHandler;
JavaButton2EventHandler = new ButtonListener (this);
JavaButton2.addActionListener (JavaButton2EventHandler);

/**
 *  Create an instance of PersInfoAnzeigen
 */

public PersInfoAnzeigen() {
    super ();
}

// gekürzt !!
// Aufruf der einzelnen Init-Methoden, siehe Beispiel 5.6

// eigene Methoden des Entwicklers

public void findPerson (int aPersonalNr, PersInfoSuchen  anApplet) {
    Person3            eP;

    // Personalnummer und suchenApplet speichern
    pnr = aPersonalNr;
    suchenApplet = anApplet;

    // Felder löschen
    tfGebaeude.setIntValue (0);
```

Java für Fortgeschrittene

(noch Beispiel 6.13)
```
            tfBueronr.setIntValue (0);
            tfTelefon.setText ("");
            tfFax.setText ("");

            // Daten Person3 mit Personalnr pnr anzeigen
            for (Enumeration e = PersDB.elements (); e.hasMoreElements (); )
            {
               eP = (Person3) e.nextElement ();
               if ( pnr == eP.personalNr ) {
                  tfGebaeude.setIntValue (eP.gebaeudeNr);
                  tfBueronr.setIntValue (eP.bueroNr);
                  tfTelefon.setText (eP.tel);
                  tfFax.setText (eP.fax);
               }
            }
        }

        public void showHomepage () {
            Person3    eP;
            URL        homepage;

            for (Enumeration e = PersDB.elements (); e.hasMoreElements (); )
            {
               eP = (Person3) e.nextElement ();
               if ( pnr == eP.personalNr ) {
                 try {
                     homepage = new URL (getCodeBase (), eP.homepage);
                     getAppletContext ().showDocument  (homepage, "_blank");
                 } catch (MalformedURLException ex) {
                     suchenApplet.tfMessageLine.setText
                             ("Homepage nicht vorhanden");
                 }
               }
            }
        }
    }

    /*
     * Event Handling (Listener Classes)
     */

    import java.awt.event.*;

    public class ButtonListener implements ActionListener {
        PersInfoAnzeigen   personalApplet;

        public  ButtonListener (PersInfoAnzeigen  myApplet) {
            personalApplet = myApplet;
        }

        public void actionPerformed (ActionEvent e){
            personalApplet.showHomepage ();
        }
    }
```

Netz-Kommunikation

Suchen-Applet

Kommen wir zunächst zum ersten Teil der Applikation, dem „Suchen"-Applet. Von der Benutzeroberfläche her hat sich dort nicht viel verändert. Einzig das Löschen der Anzeigefelder vor jedem Suchvorgang übernimmt jetzt das „Anzeige"-Applet. Ein Klick auf den „Suchen"-Button löst die Methode findPersnr aus. Diese Methode ist im Prinzip identisch mit der gleichen Funktion in Beispiel 5.6. Hier wurde lediglich die Klasse Person um die Instanzvariable homepage erweitert (deshalb der neue Person3). Interessant wird es in der Methode findPerson, die in Aktion tritt, wenn der Anwender einen Mitarbeiter eindeutig bestimmt hat. Zur Verdeutlichung wiederholt Beispiel 6.14 diesen wichtigen Programmabschnitt, den wir anschließend diskutieren wollen.

Beispiel 6.14:
Kommunikation mit Anzeigen-Applet

```
anzeigen = getAppletContext ().getApplet ("anzeigen");
if ( anzeigen != null ) {
    if ( anzeigen instanceof PersInfoAnzeigen ) {
        // richtiges Anzeigen-Applet gefunden
        // anzeigen der Informationen starten
        stpnr = lbPersnr.getSelectedItem ();
        pnr = Integer.parseInt (stpnr);
        ((PersInfoAnzeigen) anzeigen).findPerson (pnr, this);
    } else {
        tfMessageLine.setText
           ("Anzeigen-Applet vorhanden, aber falscher Objekttyp");
    }
} else {
    tfMessageLine.setText ("Anzeigen-Applet nicht vorhanden");
}
```

Zunächst ist eine Objekt-Referenz für das Applet „anzeigen" auf der HTML-Seite zu beschaffen. Bei der Inter-Applet-Kommunikation ist es daher wichtig, einem Applet über das HTML-Tag einen Namen zuzuordnen, sonst kann man es im Programm nicht identifizieren. Im zugehörigen HTML-Dokument finden Sie hierzu das folgende Applet-Tag:

```
<APPLET  CODE=PersInfoAnzeigen.class WIDTH=530 HEIGHT=200
         NAME="anzeigen">
```

Eine äquivalente Möglichkeit besteht darin, den Namen des Applets über einen Applet-Parameter anzugeben (siehe Kapitel 5.2 „Einbindung von Applets in HTML-Seiten"):

```
<APPLET  CODE=PersInfoAnzeigen.class WIDTH=530 HEIGHT=200>
<PARAM   NAME="name"  VALUE="anzeigen">
```

Java für Fortgeschrittene

Mit dem Methodenaufruf

`getAppletContext ().  getApplet ("Appletname");`

ermittelt man im Java-Programm eine Referenz auf ein anderes Applet, das sich auf der gleichen Web-Seite befindet. Diese Referenz ist eine „normale" Instanz der Klasse `Applet`. Wenn man dieses Objekt besitzt, kann man ganz regulär die öffentlichen (`public`) Instanzmethoden aufrufen. Das gerade laufende Applet agiert unabhängig vom Inhalt des es umfassenden HTML-Dokuments. Deshalb sollte der Entwickler eine geeignete Reaktion vorsehen, falls das gewünschte Applet wider Erwarten nicht gefunden wird. Dafür ist die If-Konstruktion in Beispiel 6.14 zuständig. Im Fehlerfall blendet sie eine Mitteilung in die Meldungszeile ein.

Mit der nun folgenden Anweisungszeile ruft das „Suchen"-Applet die Methode `findPerson` des „Anzeigen"-Applets auf:

`((PersInfoAnzeigen) anzeigen).findPerson (pnr, this);`

Zunächst wandelt man durch ein Casting die erhaltene Objektreferenz `anzeigen`, die vom Typ `Applet` ist, in eine genaue Referenz vom Typ `PersInfoSuchen` um. Das ist notwendig, da die Methode `findPerson` in der Klasse `PersInfoSuchen` und nicht in der Oberklasse `Applet` deklariert ist. Diese Methode liefert an das „Anzeigen"-Applet die Parameter `pnr`, die die Personalnummer des ausgewählten Mitarbeiters enthält, und eine Objektreferenz auf das sendende „Suchen"-Applet (`this`). Wie Sie später sehen werden, erspare ich mir dadurch im „Anzeigen"-Applet die Forschung nach der Objektreferenz für das „Suchen"-Applet (siehe oben).

Anzeigen-Applet

Eine wesentliche Aufgabe übernimmt im „Anzeigen"-Applet (Beispiel 6.13) die eben erwähnte Methode `findPerson`. Sie speichert für den eventuellen, späteren Bedarf die übergebene Personalnummer und die Referenz auf das „Suchen"-Applet in eigenen Instanzvariablen ab. Anschließend löscht sie die Anzeigefelder der Benutzeroberfläche und zeigt die Daten des Mitarbeiters mit der Personalnummer `pnr` an. Dazu liest das Applet die Personal-Datenbasis.

Die Methode `showHomepage` zeigt das persönliche HTML-Dokument eines Mitarbeiters an, sofern die Seite gespeichert ist. Der Name der Seite ist in der Instanzvariable `homage` der Klasse

Person3 abgelegt. Zentraler Bestandteil dieser Methode ist die Code-Sequenz in Beispiel 6.15.

Beispiel 6.15: Anzeigen einer HTML-Seite

```
try {
    homepage = new URL (getCodeBase (), eP.homepage);
    getAppletContext ().showDocument (homepage, "_blank");
} catch (MalformedURLException ex) {
    suchenApplet.tfMessageLine.setText
        ("Homepage nicht vorhanden");
}
```

Das Programm geht davon aus, daß die Homepage jeder Person im gleichen Verzeichnis abgespeichert ist wie das Applet. Daher handelt es sich bei dem String, der in der Instanzvariablen homepage abgelegt ist, um einen einfachen Dateinamen. Er ist als relative URL zu interpretieren. Das entsprechende URL-Objekt wird mit der ersten Zeile im try-Block von Beispiel 6.15 erzeugt. Die Möglichkeit einer fehlerhaften oder nicht vorhandenen Angabe in der Variablen homepage behandelt der catch-Block; denn der URL-Konstruktor erzeugt bei einer nicht ausführbaren Angabe eine MalformedURLException.

Die Methode showDocument aus dem Interface AppletContext zeigt daraufhin die entsprechende Seite über den Web-Browser an. Diese Funktionalität kann man zum Beispiel gut dazu nutzen, um Hilfe-Dokumente anzuzeigen. Die Methode showDocument hat die folgende allgemeine Form:

```
void showDocument (URL webpage, String targetWindow)
```

Der erste Parameter gibt die URL der Web-Seite an, die man darstellen möchte. Der Parameter targetWindow bezieht sich auf HTML-Frames. Welche Werte dabei möglich sind, hängt vom benutzten Browser ab. Netscape Navigator 2.0 und dazu kompatible Web-Browser kennen die folgenden:

Target-Wert	Beschreibung
"_blank" und "_new"	Zeigt das Dokument in einem neuen, namenlosen Browser-Fenster an.
"FensterX"	Durch die Angabe eines bestimmten Fensternamens erreicht man die Darstellung im Frame FensterX. Wenn das Fenster nicht existiert, dann wird es neu erzeugt.

Target-Wert	Beschreibung
"_self"	Zeigt das HTML-Dokument webpage im gleichen Browser-Fenster an, in dem vorher das Applet lief und verläßt so die Seite mit dem Applet. Diese Angabe führt zur selben Reaktion wie der Aufruf showDocument (webpage).
"_parent" und "_top"	Stellt das HTML-Dokument im Parent-Frame oder Top-Frame dar. Wenn dieser Frame nicht vorhanden ist, dann geschieht dasselbe wie bei Angabe von "_self".

Praktische Anwendungen des Java-Networking

Der abschließende Teil dieses Kapitels erläutert, welche Internet-Programmiertechniken Java-Applets zur Verfügung stehen und wie man sie praktisch einsetzen kann. Die Sicherheitsrestriktionen von Javas Sandbox-Modell erlauben nur die Kommunikation mit dem Web-Server, von dem ein Applet geladen wurde. Von dort kann man den Inhalt einer URL auslesen oder auch Daten auf eine durch eine URL gegebene Verbindung schreiben (sofern auf der Gegenseite auch ein Skript bereitsteht, um diese Daten abzunehmen – eine einfache HTML-Seite kann selbstverständlich nicht „beschrieben" werden). Die Hauptanwendung dieser Technik liegt im Bedienen eines CGI-Skripts, das auf dem Web-Server abgespeichert ist. Durch das Schreiben auf eine URL-Verbindung (URLConnection) kann man Daten an ein CGI-Skript senden. Vor der Verbreitung von Java waren CGI-Skripts ein häufig genutztes Mittel, um Daten aus HTML-Formularen auf dem Web-Server zu verarbeiten.

Mit der Client/Server-Programmierung in Java hat man jedoch eine wesentlich komfortablere und umfassender Technik zur Verfügung. Auf der Client-Seite nutzt man ein Java-Applet, das über TCP/IP mit einer eigenständigen Applikation auf dem Web-Server kommuniziert. Es ist nicht erforderlich, daß das Programm auf dem Web-Server ebenfalls in Java geschrieben ist. Es ist jedoch oft der Fall. Es gibt zwei grundlegende Typen:

- Das Versenden von Datagrammen (UDP-Paketen) ist eine etwas primitive, dafür aber auch einfache Technik, um Nachrichten vom Client an ein Server-Programm zu verschicken. Es handelt sich dabei um eine asynchrone Kommunikationsform. Im Gegensatz zu einer TCP-Verbindung prüft das Protokoll selbst nicht, ob verschickte Nachrichten auch tatsächlich angekommen sind.

- Eine beständige Client/Server-Verbindung erhalten Sie über eine TCP-Verbindung (oft auch „Socket-Kommunikation" genannt, obwohl auch für UDP-Pakete Sockets benutzt werden). Dies ist eine Punkt-zu-Punkt-Verknüpfung, die solange besteht, bis einer der Partner sie abbricht. Technisch gesehen erhält jeder Teilnehmer einen neuen Port auf seinem Rechner zugeordnet, an den er dann einen Socket bindet. Über den Socket wird anschließend das Versenden und Empfangen der Daten abgewickelt.

Wie Sie sehen, reicht diese Thematik weit in die Tiefen der Internet-Kommunikation. Wenn man sich darin auskennt, ist die Netzwerkprogrammierung in Java keine großes Problem, denn die Java-Umsetzung ist relativ transparent. Da hier die technische Seite die Grenzen meines Buchs überschreitet, will ich in der Hauptsache die praktische Bedeutung dieser Technologie kommentieren, denn gerade hier liegen wichtige Vorteile von Java.

Eine andauernde Kommunikationsverbindung zwischen einem Client-PC und einem Web-Server gab es vor Java nicht. CGI-Skripte bieten nur einen kurzen Kontakt zum Web-Server, während der Übertragung einer Nachricht. Gerade eine Datenbankanwendung benötigt aber eine länger bestehende Verbindung zwischen Client und Server, um effektiv arbeiten zu können.

Das zweite große Einsatzgebiet von netzwerkorientierten Client/Server-Systemen liegt in der Umgehung der Applet-Sicherheitsrestriktionen. Das klingt zunächst seltsam, ist jedoch bei näherer Betrachtung die derzeit einzig „sichere" Technik, um Applets im weltweiten Internet effizienter einsetzen zu können. Die Sicherheit von Javas Sandbox-Modell bleibt bei dieser Vorgehensweise voll erhalten.

Ein eigenständiges Programmsystem auf dem Web-Server übernimmt bestimmte Aufgaben, die das Applet auf der Web-Seite auf Grund der Sicherheitseinschränkungen nicht ausführen darf. Allerdings ist natürlich der Zugriff auf den Client-PC stets ausgeschlossen, denn das Server-Programm kann eben nur auf dem Web-Server arbeiten oder via TCP/IP mit anderen Hosts kommunizieren. Eine eigenständige Applikation unterliegt keinerlei Einschränkungen. So können auf dem Web-Server zum Beispiel lokale Dateien gelesen und geschrieben werden. Auch das Ausführen weiterer Programme ist möglich: Alles Dinge, die ein Applet nicht tun kann. Weiter darf der Server-Teil mit anderen Internet-Hosts beliebig kommunizieren. Auch das ist einem Applet untersagt.

Java für Fortgeschrittene

Die Vorgehensweise ist einfach erklärt: Das Applet auf dem Client-System führt seine Aufgaben aus, zum Beispiel präsentiert es Informationen und verarbeitet die Eingaben des Anwenders. Zum gegebenen Zeitpunkt nimmt das Applet via Socket-Kommunikation eine Verbindung zum Server-Programm auf dem eigenen Host auf. Beide Partner besitzen dann eine beständige Punkt-zu-Punkt-Verbindung, solange sie eben benötigt wird. Das Applet übermittelt seine Arbeitsanforderungen an das Server-Programm, das die gewünschten Aufträge ausführt und gegebenenfalls eine Rückmeldung gibt. Hier ist es lediglich notwendig, daß sich Client-Applet und Server-Programm auf der sachlogischen Ebene miteinander verständigen können. Dazu dient meist ein vorher definiertes, einfaches Kommunikationsprotokoll.

Eine kurze, technische Diskussion des Java-Networkings mit Programmbeispielen finden Sie im Java-Tutorial von Sun. Allerdings geht man hier überwiegend von eigenständigen Java-Anwendungen aus. Die dort gemachten Aussagen lassen sich also nur mit Vorsicht auf die Situation von Applets übertragen. Mir ist keine Literaturstelle bekannt, die dieses Thema im Hinblick auf Applets umfassend behandelt. Ab und an findet man im Online-Magazin JavaWorld (http://www.javaworld.com/) einen Artikel, der sich diesem Themenbereich widmet.

Remote Method Invocation (RMI)

Die Remote Method Invocation (RMI) ist ein neues API im JDK 1.1. RMI ist quasi das Analogum zum traditionellen Remote Procedure Call (RPC), denn diese Technik gestattet die „Objekt-zu-Objekt"-Kommunikation in verteilten Java-Client/Server-Systemen. Ein Java-Programm kann eine öffentliche Methode eines entfernten Objekts aufrufen, sofern es eine gültige Objektreferenz besitzt. Zu Beginn einer Sitzung erhält man erste Objektreferenzen über den für diesen Zweck neu geschaffenen RMI-Naming-Service. Dieses Verfahren läßt sich nur in homogenen Java-Welten einsetzen, das bedeutet eine Java Virtual Machine kann sich mit einem anderen Java-System verständigen, nicht aber mit einer C++-Anwendung.

Für die Inter-Objekt-Kommunikation in heterogenen Netzen hat die Object Management Group (OMG) bereits vor einigen Jahren den CORBA-Standard (CORBA ist die Abkürzung für Common Object Request Broker Architecture) herausgebracht. Die OMG ist eine unabhängige Interessengemeinschaft von OO-Produzenten und Anwendern. CORBA bietet im Vergleich zu RMI eine wesentlich breitere Funktionalität, arbeitet aber mit einem höheren Verwaltungsaufwand, was die Performance unter Umständen ungünstig beeinflußt. RMI ist voll in die Java-Umgebung eingebettet; CORBA erfordert die Publikation jeder öffentlichen Objektschnittstelle über die eigenständige Programmiersprache IDL (Interface Definition Language). Derzeit diskutiert man unter den Herstellern, in wie weit die RMI-Technik mit den Zielen und Einsatzfeldern von CORBA konkurriert. Es ist daher momentan unklar, welchen Platz die RMI-Technik letztendlich in Zukunft einnehmen wird, und wie die weitere Entwicklung verläuft.

6.7 Internationale Applets

Das seit dem JDK 1.1 neu eingeführte Internationalization Framework gestattet jetzt das Entwickeln von mehrsprachigen Java-Anwendungen, wobei die sprachabhängigen Teile konzeptuell vom Rest des Programms getrennt sind. Landesspezifische Teile einer Anwendung sind zum Beispiel Texte, Feldbezeichnungen in der Benutzeroberfläche, formatierte Zahlenwerte, Datums- und Zeitangaben, Multimedia-Ressourcen, wie zum Beispiel Klangdateien und Grafiken sowie Programmeldungen. Ähnlich wie Java die betriebssystemabhängigen Funktionen selbständig verkapselt, kann jetzt ein Entwickler Regionen-Ressourcen schaffen, die sich in unterschiedlichen Klassen befinden. Die Applikationslogik befaßt sich nur noch mit „Template-Objekten", die falls notwendig durch die Angabe eines Landes oder einer Sprache ergänzt werden. Java verbindet die Angaben in den Ressource-Klassen mit der Programmlogik und erzeugt die sprachabhängige Darstellung, zum Beispiel eine Benutzeroberfläche in Deutsch, Englisch oder Französisch.

Weiter stehen eine Reihe von Klassen und Methoden für Textvergleiche, Such- und Sortierroutinen zur Verfügung, die zum Beispiel deutsche Umlaute korrekt berücksichtigen. Die Klasse Collator bildet den Ausgangspunkt für diesen Themenbereich. Das Formatieren von Nachrichten, Zahlen, Zeit- und Datumsinformationen ist ein anderer, wesentlicher Aspekt, der häufig regionalen Unterschieden unterliegt. Auch für diesen Zweck stellt das Java-API jetzt Funktionen bereit.

Locale

Das „Locale" ist der grundlegende Begriff des neuen Internationalization API. Ein spezielles Locale-Objekt (Klasse Locale im Package java.util) identifiziert eine bestimmte geographische oder politische Region mit gleicher Sprache und denselben kulturellen Regeln; bezogen auf die Programmtechnik sind hier hauptsächlich Dinge wie Zeitzonen und Formatierungsregeln gemeint. Ein Locale ist keine globale Variable eines internationalen Java-Programms; statt dessen besitzt jedes Objekt, das mit regionenabhängigen Informationen in Kontakt kommt, ein Locale-Attribut, beziehungsweise verfügen die entsprechenden Methoden über einen Locale-Parameter. Das gilt auch für die Benutzeroberflächenelemente aus dem AWT. Durch diese Architektur kann eine Applikation mit mehreren unterschiedlichen Sprachen arbeiten oder während der Laufzeit die Benutzeroberfläche auf ein anderes Land umschalten (siehe auch Abbildung 6.8, Beispiel 6.16 bis 6.20).

Dem Entwickler steht es weiterhin frei, ganz auf die Arbeit mit Locale-Objekten zu verzichten. In diesem Fall wird per Default die Vorgabe des Host-Systems benutzt, das heißt, Java liest die Systemeinstellungen (Property-Objekt der Klasse System aus). Bei einem Applet ist das Host-System immer der Web-Browser beziehungsweise der Applet-Viewer; dieser entnimmt die regionalen Einstellungen aus dem Betriebssystem. Bei einem Windows-System, das auf „Deutschland" eingestellt ist, arbeitet die Software dann automatisch mit einem deutschen Default-Locale. Der Entwickler kann das Default-Locale am Beginn einer Anwendung auch fest einstellen, und zwar durch die Anweisung:

`Locale.setDefault (newLocale);`

Diese Angabe wird von den betroffenen Objekten anschließend berücksichtigt. Allerdings bemerken AWT-Objekte einen Wechsel des sie betreffenden Locale nicht; die entsprechenden Maßnahmen muß der Entwickler selbst vorsehen (siehe auch das nachfolgende Programmbeispiel).

Um ein Locale-Objekt im Programm zu erzeugen, verwendet man am besten die in der Locale-Klasse vordefinierten Konstanten, zum Beispiel `Locale.GERMANY`. In mehrsprachigen Ländern, wie etwa der Schweiz oder Kanada, ist diese Klassifizierung oft nicht ausreichend. In diesem Fall benötigt man den ISO-Code für die Sprache (ISO-Standard 639) und das Land (ISO-Standard 3166). Eine Zusammenstellung aller ISO-Codes findet man im Internet unter

`http://www.chemie.fu-berlin.de/diverse/doc/ISO_3166.html`

bzw.

`http://www.chemie.fu-berlin.de/diverse/doc/ISO_639.html`

Ein neues Locale-Objekt erzeugt man dann so:

new Locale (ISO-Sprache, ISO-Land);

Abbildung 6.8:
Applet mit mehrsprachiger Benutzeroberfläche

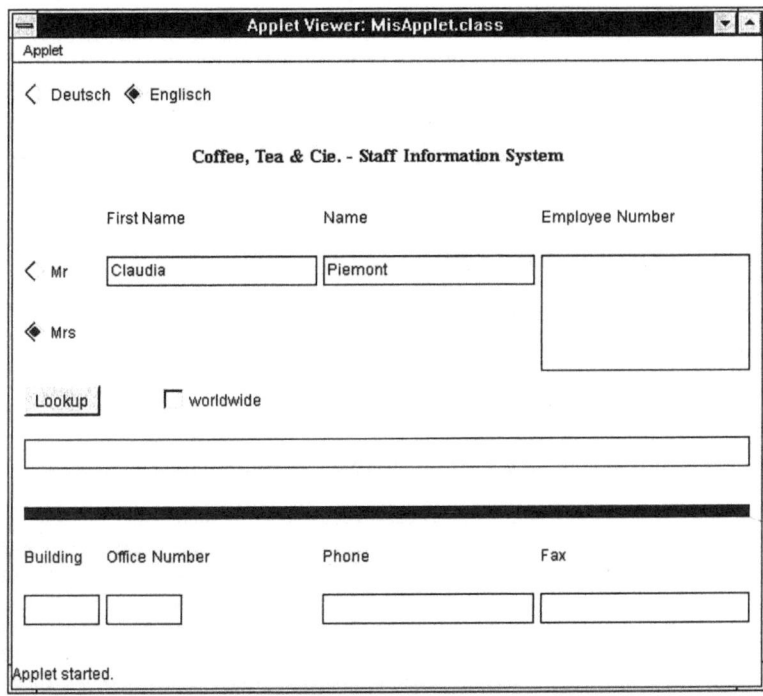

Resource Bundles

Ressourcen, die von einem Locale-Objekt abhängig sind, lassen sich in sogenannten Resource Bundles zusammenfassen. Dazu verwendet man Subklassen der Klassen PropertyResourceBundle oder ListResourceBundle. Ein ListResourceBundle speichert die Objekte in einer „Schlüssel-Wert"-Liste, während in der Klasse PropertyResourceBundle ein Objekt vom Typ Property verwendet wird.

Kommen wir nun zu einem konkreten Beispiel: Abbildung 6.8 zeigt die Benutzeroberfläche des bereits bekannten Personal-Informationssystems. Ergänzt wurde die Applikation durch die Radio-Buttons „Deutsch" und „Englisch", mit denen man die Sprache, mit der das Applet arbeitet, umschalten kann. Die Bezeichnungen der Sprach-Schaltflächen erscheinen stets konstant in der Sprache des Host-System, hier also auf Deutsch.

Bei der Betrachtung des Programms wollen wir uns wegen der besseren Übersicht auf die Aspekte der Internationalisierung

Java für Fortgeschrittene

beschränken. Die tatsächliche Suchfunktion des Applets in der Personaldatenbank spielt für die Realisierung der Mehrsprachigkeit keine Rolle und ist daher in den jetzt folgenden Programmabschnitten nicht mehr vorhanden (siehe dazu Kapitel 5 und 7). Zum Zeitpunkt der Drucklegung des Buches war die Java-Entwicklungsumgebung „Parts for Java" noch nicht in der Lage, mit dem Internationalization API umzugehen. Daher müssen wir leider an dieser Stelle für das Benutzeroberflächen-Design das komplexe GridBag-Layout einsetzen (siehe Abschnitt 5.4.3 „Layout-Manager).

Beispiel 6.16:
Resource Bundle

```java
// Deutsches Resource Bundle (Default)

import java.util.ListResourceBundle;

public class RsMisApplet extends ListResourceBundle
                {
  public Object[][] getContents() {
    return cWerte;
  }

  public static final String IDBUSUCHEN = "IDBUSUCHEN";
  public static final String IDCBLANGDE = "IDCBLANGDE";
  public static final String IDCBLANGEN = "IDCBLANGEN";
  public static final String IDCBFRAU = "IDCBFRAU";
  public static final String IDCBHERR = "IDCBHERR";
  public static final String IDCBWELTWEIT = "IDCBWELTWEIT";
  public static final String IDLBBUERONR = "IDLBBUERONR";
  public static final String IDLBFAX = "IDLBFAX";
  public static final String IDLBGEBAEUDE = "IDLBGEBAEUDE";
  public static final String IDLBNACHNAME = "IDLBNACHNAME";
  public static final String IDLBPERSONALNR = "IDLBPERSONALNR";
  public static final String IDLBTELEFON = "IDLBTELEFON";
  public static final String IDLBTITEL = "IDLBTITEL";
  public static final String IDLBVORNAME = "IDLBVORNAME";
  Object[][] cWerte =
  {
    {IDBUSUCHEN,    "Suchen"},
    {IDCBLANGDE,    "Deutsch"},
    {IDCBLANGEN,    "Englisch"},
    {IDCBFRAU,      "Frau"},
    {IDCBHERR,      "Herr"},
    {IDCBWELTWEIT,  "weltweit"},
    {IDLBTITEL,     "Kaffee, Tee und Co. - Mitarbeiter-" +
                    "Informationssystem"},
    {IDLBBUERONR,   "Büronr."},
    {IDLBTELEFON,   "Telefonnr."},
    {IDLBFAX,       "Faxnr."},
    {IDLBGEBAEUDE,  "Gebäude"},
    {IDLBNACHNAME,  "Nachname"},
```

```
    {IDLBPERSONALNR,"Personalnr."},
    {IDLBVORNAME,   "Vorname"}
  };
}

// Englisches Resource Bundle

public class RsMisApplet_en extends RsMisApplet {

  public RsMisApplet_en()
  {
    Object [][] x =
    {
    {IDBUSUCHEN,     "Lookup"},
      {IDCBLANGDE,   "German"},
      {IDCBLANGEN,   "English"},
      {IDCBFRAU,     "Mrs"},
      {IDCBHERR,     "Mr"},
      {IDCBWELTWEIT, "world-wide"},
      {IDLBTITEL,"Coffee, Tea & Cie. - Staff Information System"},
      {IDLBBUERONR,  "Office Number"},
      {IDLBTELEFON,  "Phone"},
      {IDLBFAX,      "Fax"},
      {IDLBGEBAEUDE, "Building"},
      {IDLBNACHNAME, "Name"},
      {IDLBPERSONALNR,"Employee Number"},
      {IDLBVORNAME,  "First Name"}
    };
    cWerte = x;
  }
}
```

Beschäftigen wir uns aber zunächst mit der Arbeitsweise der Resource Bundle. Die Benutzeroberfläche benötigt für jeden Label, jeden Button und für die Checkbox-Beschreibungen je eine deutsche und englische Bezeichnung. Außerdem soll jedes GUI-Objekt durch einen spezifischen, sprachunabhängigen Namen gekennzeichnet sein. Für die Aufbewahrung der sprachspezifischen Texte wählen wir der Einfachheit halber die ListResourceBundle-Technik. Hier ordnet man einem Schlüssel-String einen Objekt zu; hier also dem Namen des GUI-Elements die deutsche oder englische Bezeichnung. Um Programmfehler zu vermeiden, wurden die Namen der Oberflächenelemente in String-Konstanten abgelegt (Klasse RsMisApplet); die weiteren Anweisungen beziehen sich stets auf die Konstanten. Alle deutschen Texte befinden sich zusammengefaßt im Default-Bundle RsMisApplet, alle englischen Texte in der Klasse RsMisApplet_en (siehe Beispiel 6.16). Da die deutsche Region (de) in unserer Umgebung dem Default-Anfangszustand entspricht, entfällt die

Definition eines speziellen deutschen Resource Bundle (RsMis-Applet_de). Zu beachten ist, daß die Klasse RsMisApplet_en eine Unterklasse von RsMisApplet ist und daher auch den Konstruktor von RsMisApplet unverändert übernimmt, der dort dann nicht mehr zu definieren ist. Alle Resource Bundles beginnen mit dem gleichen Namensstamm, in diesem Fall „RsMisApplet". Das Laden eines Resource Bundles geschieht über die Anweisung:

```
resource = ResourceBundle.getBundle ("RsMisApplet", locale);
```

(siehe auch Beispiel 6.18). Java setzt dann aus dem Namensstamm „RsMisApplet" und den Attributen des Objekts locale den aktuellen Klassennamen zusammen und übergibt die korrekte Ressourcen-Zusammenstellung. In Resource Bundles kann man Strings oder beliebige Objekte ablegen. Der Zugriff erfolgt beim ListResourceBundle über die Methoden:

```
getString (Schlüssel)    oder    getObject (Schlüssel)
```

Wenn man Objekte entnimmt, muß man sie anschließend per Type-Cast in den richtigen Objekt-Typ umwandeln. Mit Hilfe dieses Framework arbeitet man also im Quelltext nur mit Objekten, deren Inhalt aufgrund der Angabe im Locale-Objekt zugesteuert wurde.

Beispiel 6.17:
Klasse MisApplet

```
import java.awt.*;
import java.applet.*;
import java.util.Locale;

public class MisApplet extends GridLocaleApplet {
    LocaleCheckbox      cbHerr;
    LocaleCheckbox      cbFrau;
    TextField           tfVorname;
    TextField           tfNachname;
    List                liPersnr;
    LocaleButton        pbSuchen;
    LocaleCheckbox      cbWeltweit;
    LocaleCheckbox      cbEnglisch;
    LocaleCheckbox      cbDeutsch;
    TextField           tfMessage;
    TextField           tfGebaeude;
    TextField           tfBueronr;
    TextField           tfTelefon;
    TextField           tfFax;

    public MisApplet() {
      super("RsMisApplet");
      Panel langpanel = new Panel();
```

(noch Beispiel 6.17)

```
// Radiobuttons Deutsch/Englisch

langpanel.setLayout(new FlowLayout(FlowLayout.LEFT,0,0));
CheckboxGroup cbgGroup2 = new CheckboxGroup();
bDeutsch = new LocaleChecbox
        (RsMisApplet.IDCBLANGDE,true,cbgGroup2);
cbDeutsch.setLocale(Locale.getDefault());
new LocaleCheckboxHandler(this,cbDeutsch,Locale.GERMAN);
langpanel.add(cbDeutsch);
cbEnglisch = new LocaleCheckbox
        (RsMisApplet.IDCBLANGEN,false,cbgGroup2);
cbEnglisch.setLocale(Locale.getDefault());
new LocaleCheckboxHandler(this,cbEnglisch,Locale.ENGLISH);
langpanel.add(cbEnglisch);

// Weitere Konstruktion der Benutzeroberfläche

settGrid(langpanel,1,1,4,1,NW,HORIZONTAL,10,10,0,10);
Label lbUeberschrift = new LocaleLabel
        (RsMisApplet.IDLBTITEL,Label.CENTER);
lbUeberschrift.setFont(new Font("Serif",Font.BOLD,14));
setGrid(lbUeberschrift,1,2,4,1,NW,HORIZONTAL,10,0,0,10);

Label lbVorname = new LocaleLabel(RsMisApplet.IDLBVORNAME);

setGrid(lbVorname,2,3,1,1,NW,HORIZONTAL,10,0,0,5);

Label lbNachname = new LocaleLabel(RsMisApplet.IDLBNACHNAME);

setGrid(lbNachname,3,3,1,1,NW,HORIZONTAL,10,0,0,5);

Label lbPersnr = new LocaleLabel(RsMisApplet.IDLBPERSONALNR);

setGrid(lbPersnr,4,3,1,1,NW,HORIZONTAL,10,0,0,10);

CheckboxGroup cbgGroup1 = new CheckboxGroup();
cbHerr = new LocaleCheckbox
        (RsMisApplet.IDCBHERR,false,cbgGroup1);
setGrid(cbHerr,1,4,1,1,NW,HORIZONTAL,5,10,0,5);
cbFrau = new LocaleCheckbox(RsMisApplet.IDCBFRAU,true,cbgGroup1);
setGrid(cbFrau,1,5,1,1,NW,HORIZONTAL,5,10,0,5);

tfVorname = new TextField(20);
setGrid(tfVorname,2,4,1,1,NW,NONE,5,0,0,5);

tfNachname = new TextField(20);
setGrid(tfNachname,3,4,1,1,NW,NONE,5,0,0,5);

liPersnr = new List(4,false);
setGrid(liPersnr,4,4,1,2,NW,BOTH,5,0,0,10);

pbSuchen = new LocaleButton(RsMisApplet.IDBUSUCHEN);
setGrid(pbSuchen,1,6,1,1,NW,HORIZONTAL,10,10,0,5);
cbWeltweit = new LocaleCheckbox(RsMisApplet.IDCBWELTWEIT,false);
setGrid(cbWeltweit,2,6,1,1,N,NONE,10,0,0,5);

tfMessage = new TextField();
```

Java für Fortgeschrittene

(noch Beispiel 6.17)
```
        setGrid(tfMessage,1,7,4,1,NW,HORIZONTAL,5,10,0,10);

        setHorizontalLine(Color.blue,1,8,4,10,10,0,10);

        Label work = new LocaleLabel(RsMisApplet.IDLBGEBAEUDE);
        setGrid(work,1,9,1,1,NW,HORIZONTAL,10,10,0,5);

        work = new LocaleLabel(RsMisApplet.IDLBBUERONR);
        setGrid(work,2,9,1,1,NW,HORIZONTAL,10,0,0,5);

        work = new LocaleLabel(RsMisApplet.IDLBTELEFON);
        setGrid(work,3,9,1,1,NW,HORIZONTAL,10,0,0,5);

        work = new LocaleLabel(RsMisApplet.IDLBFAX);
        setGrid(work,4,9,1,1,NW,HORIZONTAL,10,0,0,10);

        tfGebaeude = new TextField(5);
        setGrid(tfGebaeude,1,10,1,1,NW,NONE,5,10,0,5);

        tfBueronr = new TextField(5);
        setGrid(tfBueronr,2,10,1,1,NW,NONE,5,0,0,5);

        tfTelefon = new TextField(20);
        setGrid(tfTelefon,3,10,1,1,NW,NONE,5,0,0,5);

        tfFax = new TextField(20);
        setGrid(tfFax,4,10,1,1,NW,NONE,5,0,10,10);
    }
}
```

Die Klasse MisApplet enthält den Startpunkt der Anwendung, das Applet selbst. Diese Klasse erbt von GridLocaleApplet (Beispiel 6.18), einer Klasse, die verschiedene Methoden enthält, die den Aufbau einer Benutzeroberfläche nach dem Gridbag-Layout standardisiert. Auch ein großer Teil der Anweisungen in der Klasse MisApplet dient nur der Konstruktion des Benutzeroberflächen-Layouts. Alle Methoden und Anweisungen, die rein das Gridbag-Layout betreffen, sollen an dieser Stelle nicht weiter interessieren.

Beispiel 6.18:
Klasse
GridLocaleApplet

```
import java.awt.*;
import java.applet.*;
import java.util.ResourceBundle;
import java.util.Locale;

class GridLocaleApplet extends Applet
{
    private GridBagLayout    gbl;
    private String           cResourceBundleName;
```

(noch Beispiel 6.18)

```java
// Konstruktor

protected GridLocaleApplet(String pResourceBundleName) {
  cResourceBundleName = pResourceBundleName;
  gbl = new GridBagLayout();
  setLayout(gbl);
}


// einem GUI-Objekt eine spezielles Locale zuordnen

public void setLocale(Locale l) {
  super.setLocale(l);
  doLayout();
}


// Bezeichnungen nach einem Wechsel des Locale umsetzen

public void doLayout() {
  setLocaleText(this);
  super.doLayout();
}


private void setLocaleText(Component c) {
  if (c instanceof Container) {
    // alle Elemente des Containers durchgehen und umsetzen

    Component[] cs = ((Container)c).getComponents();
    for (int i = 0; i < cs.length; i++)
        setLocaleText(cs[i]);
    return;
  }

  if (!(c  instanceof Localable))
     return;

  // GUI-Objekt, das das Localable-Interface implementiert
  // hier ist der Bezeichnungstext in der Benutzeroberfläche
  // zu wechseln

  String name = c.getName();
  if ((name == null) || (name.equals("")))
     return;

  // ResourceBundle entsprechend dem Locale des GUI-Objekts laden

  ResourceBundle rsb = ResourceBundle.getBundle
          (cResourceBundleName,c.getLocale());
  try {
    ((Localable)c).setLocaleText(rsb.getString(name));
  } catch(java.util.MissingResourceException ex){}
}
```

Java für Fortgeschrittene

(noch Beispiel 6.18)
```
        // Methoden und Konstanten, die den Umgang mit dem GridbagLayout
        // vereinfachen

        public final static int N = GridBagConstraints.NORTH;
        public final static int BOTH = GridBagConstraints.BOTH;
        public final static int NW = GridBagConstraints.NORTHWEST;
        public final static int W = GridBagConstraints.WEST;
        public final static int HORIZONTAL = GridBagConstraints.HORIZONTAL;
        public final static int VERTICAL = GridBagConstraints.VERTICAL;
        public final static int NONE = GridBagConstraints.NONE;

        public void setGrid(Component c,int x,int y,int width,int height,
                            int orientation,int fill,int top,int left,
                            int bot,int right)
        {
          setGrid(c,x,y,width,height,1.0,1.0,orientation,
                  fill,top,left,bot,right);
        }


        public void setGrid(Component c,int x,int y,int width,int height,
                            double weightx,double weighty,
                            int orientation,int fill,int top,int left,
                            int bot,int right)
        {
          GridBagConstraints gbc = new GridBagConstraints();
          gbc.gridx = x;
          gbc.gridy = y;
          gbc.gridwidth = width;
          gbc.gridheight = height;
          gbc.weightx = weightx;
          gbc.weighty = weighty;
          gbc.anchor = orientation;
          gbc.fill = fill;
          gbc.insets = new Insets(top,left,bot,right);
          gbl.setConstraints(c, gbc);
          add(c);
        }
        public void setHorizontalLine(Color c,int x,int y,int width,
                            int top,int left,int bot,int right)
        {
          Label l = new Label(" ");
          l.setBackground(c);
          l.setFont(new Font("dialog",Font.PLAIN,1));
          setGrid(l,x,y,width,1,W,HORIZONTAL,top,left,bot,right);
        }
      }
```

Mit den beiden Anweisungen

```
cbDeutsch.setLocale(Locale.getDefault());
cbEnglisch.setLocale(Locale.getDefault());
```

wird den Radiobuttons fest das deutsche Default-Locale zugeordnet. Egal, auf welche Sprache die Benutzeroberfläche eingestellt ist, die Bezeichnung für diese Radiobuttons erscheint immer auf Deutsch.

Beispiel 6.19:
Listener-Klasse für die Radio-Buttons

```
import java.awt.*;
import java.awt.event.*;
import java.util.Locale;

class LocaleCheckboxHandler implements ItemListener {
    Container cContainer;
    Locale    cLocale;

    // Konstruktor
    LocaleCheckboxHandler(Container pContainer,Checkbox pCb,
                          Locale pLocale)
    {
        cContainer = pContainer;
        cLocale = pLocale;
        pCb.addItemListener(this);
    }

    public void itemStateChanged(ItemEvent e) {
        if (e.getStateChange() == ItemEvent.SELECTED)
            cContainer.setLocale(cLocale);
    }
}
```

Locale-Attribut bei Oberflächenelementen

Die Umschaltung der Oberflächentexte aktiviert die spezielle Listener-Klasse `LocaleCheckboxHandler` (Beispiel 6.19). Je nach dem, welcher Radiobutton selektiert ist, startet die Methode `itemStateChanged` das Umsetzen der Texte. Wie schon bei den Radio-Buttons „Deutsch / Englisch" dargestellt, kann man bei allen GUI-Objekten ein Locale setzen. Leider führt dies nicht zu einer automatischen Umgestaltung der Benutzeroberfläche; dies muß der Entwickler selbst erledigen. Aus diesem Grund ist es erforderlich, alle Standard-Benutzeroberflächenelemente, die auf ein Wechsel des Locale reagieren sollen, durch eigene Subklassen zu ersetzen (siehe Beispiel 6.20). Um nun diese Objekttypen

Java für Fortgeschrittene

gegenüber den anderen GUI-Objekten eindeutig zu klassifizieren, wird das Localable-Interface eingeführt.

Beispiel 6.20:
Spezielle GUI-Objekte, die das Localable-Interface implementieren

```java
// Localable Interface
public interface Localable {
  public void setLocaleText(String pText);
}

// Klasse LocaleButton
import java.awt.Button;
public class LocaleButton extends Button implements Localable
{
    public LocaleButton(String pName) {
       setName(pName);
    }

    public void setLocaleText(String pText) {
       setLabel(pText);
    }
}

// Klasse LocaleCheckbox
import java.awt.Checkbox;
import java.awt.CheckboxGroup;

public class LocaleCheckbox extends Checkbox implements
       Localable {
    public LocaleCheckbox(String pName) {
      setName(pName);
    }
    public LocaleCheckbox(String pName,boolean pState) {
      setName(pName);
      setState(pState);
    }
    public LocaleCheckbox(String pName,boolean pState,
                          CheckboxGroup pGroup) {
      setCheckboxGroup(pGroup);
      setName(pName);
      setState(pState);
    }
    public void setLocaleText(String pText) {
      setLabel(pText);
    }
```

(noch Beispiel 6.20)
```
// Klasse LocaleLabel
import java.awt.Label;

public class LocaleLabel extends Label implements Localable {
   LocaleLabel(String pName) {
      setName(pName);
   }

   LocaleLabel(String pName,int pAlignment) {
      setName(pName);
      setAlignment(pAlignment);
   }

   public void setLocaleText(String pText) {
      setText(pText);
   }
}
```

Wenn der Benutzer die Sprache wechselt, das heißt, einen der beiden Radio-Buttons „Deutsch/Englisch" auswählt, dann treten die Methoden doLayout und setLocaleText aus der Klasse GridLocaleApplet in Aktion. Beide Funktionen sind der Übersicht halber in Beispiel 6.21 noch einmal dargestellt.

Beispiel 6.21:
Wechsel der Sprache in der Benutzeroberfläche

```
// Bezeichnungen nach einem Wechsel des Locale umsetzen

public void doLayout() {
   setLocaleText(this);
   super.doLayout();
}

private void setLocaleText(Component c) {
   if (c instanceof Container){
      // alle Elemente des Containers durchgehen und umsetzen

      Component[] cs = ((Container)c).getComponents();
      for (int i = 0; i < cs.length; i++)
         setLocaleText(cs[i]);
      return;
   }
   if (!(c instanceof Localable))
      return;

   // GUI-Objekt, das das Localable-Interface implementiert
   // hier ist der Bezeichnungstext in der Benutzeroberfläche
   // zu wechseln
```

(noch Beispiel 6.21)
```
        String name = c.getName();
        if ((name == null) || (name.equals("")))
            return;

        // ResourceBundle entsprechend dem Locale des
        // GUI-Objekts laden

        ResourceBundle rsb = ResourceBundle.getBundle
            (cResourceBundleName,c.getLocale());
        try {
            ((Localable)c).setLocaleText(rsb.getString(name));
        } catch(java.util.MissingResourceException ex){}
    }
```

Die Methode setLocaleText beginnt bei der angegebenen GUI-Komponente; zu Anfang des Gesamtablaufs ist dies das Applet. Wenn der Übergabeparameter ein Container ist, dann spricht die Methode rekursiv jedes einzelne Oberflächenelement an, das in diesem Objekt enthalten ist. Falls es sich um ein einzelnes GUI-Objekt handelt (Blatt des Hierarchiebaums), das zusätzlich das Localable-Interface beinhaltet, dann erfolgt der Sprachumsetzungsprozeß. Dazu ist zunächst das zuständige Locale des GUI-Objekts zu bestimmen:

c.getLocale();

Die Methode getLocale gibt das Locale-Objekt des jeweiligen GUI-Objekts zurück. Wenn dort kein Locale gespeichert ist, dann sucht die Funktion im nächst höheren Container, in dem das Oberflächenelement enthalten ist. In unserem Beispiel ist der höchste GUI-Container der Hierarchie immer das Applet. Bis auf die Spezialfälle der Radiobuttons „Deutsch / Englisch" erhält kein Oberflächenelement ein eigenes Locale. Der ItemListener Locale-CheckboxHandler wechselt jeweils das Locale für das gesamte Applet. Dieses Objekt stellt in diesem Fall also den Rückgabewert der Methode getLocale dar und dient anschließend zum Laden des benötigten Resource Bundles:

```
ResourceBundle rsb = ResourceBundle.getBundle
        (cResourceBundleName,c.getLocale());
```

Zuletzt setzt das Programm die Bezeichnung auf der Benutzeroberfläche entsprechend um:

((Localable)c).setLocaleText(rsb.getString(name));

7 Datenbankzugriff mit Java – JDBC-API

Der Lebenszyklus von Java-Applets aus den Kapiteln 4 bis 6 beschränkt sich auf die temporäre Existenz von Applets. Neue Java-Objekte entstehen während der Laufzeit eines Applets und verschwinden spätestens dann, wenn das Applet terminiert. Um den Informationsinhalt und den Zustand von Objekten dauerhaft über Sitzungsgrenzen hinaus abzuspeichern, gibt es mehrere Verfahren. Man spricht hier auch von sogenannten persistenten Objekten.

Dieses Kapitel erläutert vorwiegend den Zugriff auf relationale Datenbanken. Relationale Datenbanksysteme (abgekürzt RDBMS) sind heute das gängige Speichermedium für Daten aller Art im Unternehmen. Daher ist es für ein Applet wesentlich, Daten aus diesen Datenbanksystemen lesen und in sie schreiben zu können, wobei im Lesen, Analysieren und Darstellen von Informationen sicherlich eine der Hauptaufgaben von Applets liegen wird.

In Kapitel 2 „Erfolgreicher Business-Einsatz von Java" haben Sie bereits einige reale Applet-Softwaresysteme kennengelernt, die im Hintergrund relationale Datenbanken abfragen und die gewonnenen Daten extrahieren und analysieren.

Grundlage für das Verständnis dieses Kapitels bilden die früheren Programmierkapitel dieses Buchs, insbesondere Kapitel 4 „Basis-Java" und Kapitel 5 „Lebendige Java-Applets". Außerdem ist noch der Beginn von Abschnitt 6.6 „Netz-Kommunikation" wichtig.

Übersicht Kapitel 7

Einer der großen Vorteile von Java-Applets gegenüber dem Einsatz von HTML-Formularen und CGI-Skripts liegt in Javas Fähigkeit, eine länger andauernde, gegenseitige Datenbank-Verbindung aufzubauen, innerhalb der echte Datenbank-Transaktionen abgewickelt werden können. Das JDBC-API ist eine Klassenbibliothek, die es Java-Anwendungen ermöglicht, mit RDBMS zu kommunizieren. Die Standardsprache für die Datendefinition und -manipulation in relationalen Datenbanksystemen ist SQL (Structured Query Language); JDBC unterstützt den SQL-Standard direkt.

Der erste Abschnitt 7.1 „JDBC im Java-Applet" gibt anhand eines Programmbeispiels einen detaillierten Überblick zur Anwendung der angebotenen Klassen und Methoden. Der nächste Abschnitt 7.2 beschäftigt sich mit wichtigen Sicherheitsüberlegungen: Was ist zu beachten, wenn ein Applet auf eine Datenbank zugreifen will? Dieser Punkt erläutert die vorliegende Problematik und stellt einige praktische Lösungsmethoden vor. Wenn Sie JDBC im Internet einsetzen wollen, dann sollten Sie diesen Teil zumindest überfliegen. Hier finden Sie wesentliche Tips, die über die ersten Klippen hinweghelfen. Abschließend stellt Unterpunkt 7.3 „Andere Techniken für persistente Objekte" kurz weitere Verfahren vor, mit denen man Objekte über das Leben eines Applets hinaus abspeichern kann.

7.1 JDBC im Java-Applet

Mit Hilfe der JDBC-Klassenbibliothek können Sie in einem Applet auf relationale Datenbanken zugreifen. Das bedeutet, daß Sie aus der Datenbank Daten lesen und Werte in der Datenbank abändern oder neue Informationen dort ablegen können. Der Zugriff erfolgt über standardisierte SQL-Anweisungen.

Einen Einblick in die JDBC-Architektur vermittelt die Zeichnung 7.1. Das Java-Applet läuft auf einem Client-Rechner und enthält Methodenaufrufe aus der JDBC-Klassenbibliothek. Ein Parameter eines solchen Aufrufs ist häufig eine SQL-Anweisung, die das JDBC an den Datenbank-Treiber der relationalen Datenbank weiterleitet. Das RDBMS selbst liegt auf dem Web-Server. Die JDBC-Ebene gibt die Anforderung über das Internet oder Intranet an die Datenbank weiter. Das hier dargestellte Konzept stellt allerdings nur eine einfache Lösung des Verbindungsszenarios dar. Eine weitere Diskussion dieses speziellen Themas folgt in Abschnitt 7.2 „Sicherheitsrestriktionen".

Die Datenbankprogrammierung mit Java unterscheidet sich nur wenig von vergleichbaren Techniken, die in anderen Programmiersprachen verwendet werden.

Kurz gesagt, erledigt die JDBC-Klassenbibliothek die folgenden Aufgaben:

- Sie stellt eine Verbindung (engl. connection) zu einer Datenbank her,
- sie nimmt SQL-Statements entgegen und leitet sie an den Datenbank-Treiber weiter und
- sie verarbeitet Resultatsmengen (Datenbanktabellen) und gibt bei Bedarf Fehlermeldungen via Java-Exceptions zurück.

Abbildung 7.1:
Datenbankzugriff im Java Applet

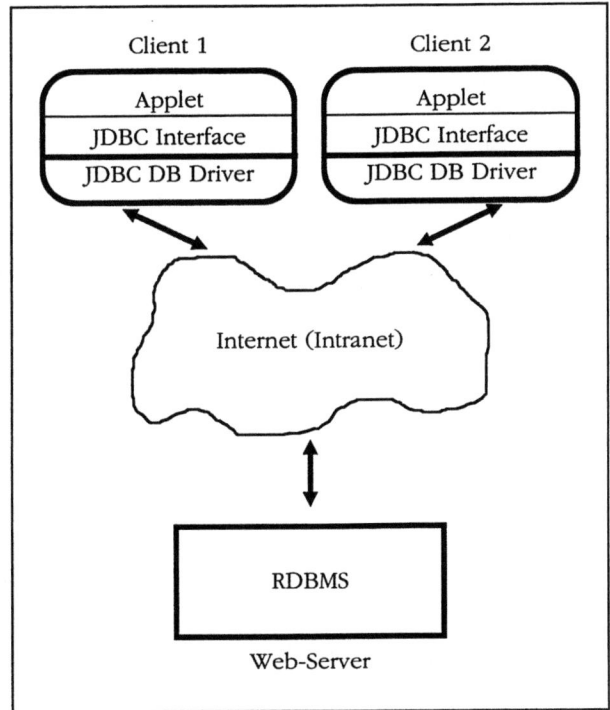

Hinweis: Der SQL-Standard unterscheidet mehrere Ebenen der Konformität, die ein RDBMS erfüllen kann. JDBC überläßt die Art der SQL-Unterstützung dem jeweiligen Datenbank-Treiber (also der zugrundeliegenden Datenbank), den Sie in Ihrem Applet einbinden. Gefordert wird lediglich eine Basisfunktionalität, der sogenannte „ANSI SQL-2 Entry Level". Diese grundlegenden SQL-Anweisungen sollen alle JDBC-Datenbank-Treiber verstehen.

Datenbankzugriff mit dem Java JDBC API

Übersicht Abschnitt 7.1

Falls Sie mit der Technologie relationaler Datenbanken nur wenig vertraut sind, gibt der nächste Abschnitt eine kurze Einführung. Dort finden Sie die wesentlichen Fakten, die Sie für das Verständnis des nachfolgenden Programmbeispiels benötigen.

Methodenbruch zwischen objektorientiertem und relationalem Modell

Relationale Datenbanken betrachten nur die Datenseite einer Softwarekomponente, während Objekte einen ganzheitlichen Ansatz verfolgen (siehe auch Kapitel 4.3 „Objektorientierte Programmierung mit Java"). Dies führt zu einem Methodenbruch zwischen datenorientierter und objektorientierter Sicht.

Bei Applets, die nur lesend auf wenige Datenbanktabellen zugreifen, kann man diesen Unterschied gewiß vernachlässigen. Gleiches gilt für sehr kleine Applikationen. Bei einem mittleren bis großen Softwaresystem, das seine Modell-Objekte persistent in einer relationalen Datenbank ablegen möchte, machen sich die unterschiedlichen Softwaretechnologien allerdings deutlich bemerkbar. Eine sinnvolle Vorgehensweise ist hier die Trennung der Konzepte durch das Einfügen eines weiteren Objekt-Systems als Verwaltungsinstanz mit klaren Zuständigkeiten für die einzelnen Klassen.

Wie schon erläutert, handelt es sich bei JDBC um ein sogenanntes Low-Level-API, das sich direkt per SQL-Anweisung an eine relationale Datenbank wendet. Damit befindet man sich auf der Ebene des relationalen Modells und nicht mehr in der ganzheitlichen Umwelt eines Objekts. Einige Hersteller entwickeln bereits Werkzeuge und Klassenbibliotheken, die den Modellbruch verkapseln und es dem Programmierer so ermöglichen, die objektorientierte Vorgehensweise durchgängig beizubehalten, obwohl die Daten persistent in einem RDBMS abgelegt werden.

Es überschreitet den Rahmen meines Buchs, dieses Thema hier ausführlicher zu diskutieren. Weiterführende Literatur finden Sie in den Fachmagazinen zu objektorientierter Technologie und Java, die hin und wieder Artikel über die Koexistenz relationaler und objektorientierter Verfahren veröffentlichen.

Den hier beschriebenen Methodenbruch können Sie auch jetzt schon gänzlich vermeiden, wenn Sie zur Speicherung ihrer Objekte ein objektorientiertes Datenbanksystem (OODBMS) einsetzen (siehe auch Abschnitt 7.3 „Andere Techniken für persistente Objekte"). OODBMS haben allerdings den Nachteil, daß sie wenig verbreitet und als Speicher für Massendaten nur bedingt geeignet sind.

7.1.1 Relationale Datenbanksysteme und SQL

Dieser Abschnitt gibt einen Überblick über SQL und relationale Datenbanken. Vor allem finden Sie hier die wichtigsten SQL-Anweisungen und Konzepte, die Sie für das Verständnis des nachfolgenden Programmbeispiels benötigen. Eine ausführliche Einführung in das Thema „Relationale Datenbanken" bieten zum Beispiel die folgenden Texte:

G. Schlageter, W. Stucky: Datenbanksysteme: Konzepte und Modelle, Teubner, 1983

C. Date: An Introduction to Database Systems I, 6 Ed., Addison Wesley, 1995

Tabellenstruktur in RDBMS

Innerhalb einer relationalen Datenbank sind die Informationen in Tabellenform abgelegt. Grob kann man zunächst davon ausgehen, daß ein Informationsobjekt in einer einzelnen Tabelle gespeichert ist. Betrachtet man die Struktur der Klasse Person, die ich in Kapitel 4 „Basis-Java" bereits vorgestellt hatte, dann erhält man etwa die Datenbank-Tabelle in Abbildung 7.2.

Eine Person repräsentiert einen Mitarbeiter oder eine Mitarbeiterin eines Unternehmens. Innerhalb der Belegschaft kann ein Mitarbeiter eindeutig über seine Personalnummer identifiziert werden. Das gilt jedoch nicht für den Namen der Person, der mehrdeutig sein kann.

Beispiel 7.1: Daten der Klasse Person

```
//-----------------------------------------------------------
// Person     Mitarbeiter/in in einer Firma
//-----------------------------------------------------------
public class Person {
    // Deklaration der Instanzvariablen

    int         personalNr;
    String      vorName;
    String      nachName;
    boolean     geschlecht;     // F true, M false
    int         gebaeudeNr;
    int         bueroNr;
    String      tel;
    String      fax;
    String      email;
    String      nachricht;

    // Methoden ......
}
```

In einer relationalen Datenbank speichert man nur die Daten (Instanzvariablen) eines Objekts. Die Methoden sind hier nicht von Belang. In der typischen Tabellenstruktur stellt eine Tabellenzeile einen kompletten Datensatz dar, zum Beispiel die Person „2 Claudia Piemont". Die einzelnen Datenfelder sind spaltenweise geordnet. In den Datenfeldern dürfen sich nur primitive Datentypen befinden, zum Beispiel numerische Werte oder Zeichenketten. Man kann also Instanzvariable den Tabellenspalten direkt zuordnen, wenn es sich dabei um einen einfachen Datentyp handelt. Bei komplexen Objekten muß man den Weg über weitere Datenbanktabellen gehen. In diesem Fall legt man in einer zusätzlichen Datenspalte nur den Identifikator des aggregierten Objekts ab (über den Primär-Schlüssel oder eine generierte Pseudo-Identifikation). In einer weiteren Datenbanktabelle speichert man dann das komplette Objekt mit allen „primitiven" Instanzvariablen. Über die Identifikator-Spalten kann man anschließend beide Tabellen miteinander verknüpfen (Join) und so das gesamte Objekt lesen oder schreiben. Bei einer mehrstufigen Objekt-Hierarchie muß man diesen Vorgang rekursiv fortsetzen.

Abbildung 7.2: Datenbanktabelle PERSONAL

PERSONALNR	VORNAME	NACHNAME	GESCHLECHT	GEBAEUDENR
1	Ute	Schmidt	F	1
2	Claudia	Piemont	F	1
3	Frederik	Ramm	M	1
5	Claudia	Piemont	F	4
......				

BUERONR	TEL	FAX	EMAIL	NACHRICHT
1	0123 1234	0123 1235	ute@kaffe.tee.de	nicht im Büro
1	0123 1234	0123 1235	claudia@kaffe.tee.de	-
2	0123 1266	0123 1235	fred@kaffee.tee.de	-
3	0123 1276	0123 1235	-	im Urlaub
......				

Abbildung 7.2 zeigt die Datenbanktabelle PERSONAL. Am besten stellen Sie sich im Geist die beiden Tabellenteile horizontal nebeneinander gelegt vor, da es sich hier nur um eine Tabelle in der Datenbank handelt. In der Tabelle PERSONAL sind die Daten der Objekte vom Typ Person als einzelne Sätze (Zeilen) gespeichert. Da eine Tabelle stets aus einer Menge von Personen besteht und nicht nur ein einzelnes Objekt enthält, habe ich den Datenbanknamen PERSONAL gewählt.

SQL ist Standardsprache für RDBMS	Die Datendefinitionssprache deklariert die Struktur einer Tabelle in der Datenbank; mit der Datenmanipulationssprache greift man lesend oder schreibend auf die Werte in einer Tabelle zu. Beide Sprachdefinitionen vereinigt die Datenbanksprache SQL, die für RDBMS den Standard-Dialekt darstellt. Zusätzlich publizieren viele Datenbanken Meta-Informationen zur Datenbank, zum Beispiel, welche Tabellen in der Datenbank existieren und wie die Spaltenstruktur aussieht. Auch diese Inhalte können Sie via JDBC abfragen.
CREATE TABLE	Es wird selten vorkommen, daß man in einem Applet eine neue Tabelle erzeugt. Trotzdem möchte ich Ihnen hier kurz zeigen, wie das geht. Wenn man eine neue Tabelle einrichten möchte, dann muß man die folgenden Informationen bereitstellen:

- Bezeichnung der Tabelle
- Bezeichnung der einzelnen Spalten
- Datentyp der einzelnen Spalten

Für das Kreieren einer neuen Tabelle verwendet man die SQL-Anweisung CREATE TABLE. Nach Ausführung des SQL-Statements in Beispiel 7.2 erhält man eine leere Tabellenstruktur PERSONAL in der Datenbank. In der SQL-Anweisung sind die Namen der Spalten sequentiell aufgelistet. Hinter jedem Spaltennamen gibt man den Datentyp des jeweiligen Datenfelds an. Die RDBMS-Datentypen sind entsprechend der Ausprägung der Instanzvariablen in Java (Klasse Person) gewählt. Ein INTEGER ist eine Ganzzahl. Eine Spalte vom Typ CHAR (10) enthält einen String mit der festen Länge von 10 Zeichen. Die boolsche Instanzvariable geschlecht wurde in ein Datenfeld vom Typ CHAR (1) umgesetzt.

Beispiel 7.2: Kreieren der Datenbanktabelle PERSONAL	``` CREATE TABLE PERSONAL (PERSONALNR INTEGER NOT NULL, VORNAME CHAR (60), NACHNAME CHAR (60), GESCHLECHT CHAR (1), GEBAEUDENR INTEGER, BUERONR INTEGER, TEL CHAR (30), FAX CHAR (30), EMAIL CHAR (80), NACHRICHT CHAR (255), PRIMARY KEY (PERSONALNR)); ```

Eine Spalte (oder Kombination von Spalten), die einen Datensatz eindeutig identifiziert, nennt man auch Primärschlüssel (engl. primary key) der Tabelle. Diese Spalten dürfen in der Realität nicht leer sein, daher benutzt man hier den Ausdruck NOT NULL.

Hinweis:

> Bei den meisten RDBMS ist es unerheblich, ob man SQL-Anweisungen groß oder klein schreibt.
>
> Alle Datenfelder der Datenbank besitzen einen Datentyp. Die möglichen Datentypen sind abhängig vom eingesetzten RDBMS. Die wichtigsten Datentypen wie zum Beispiel INTEGER oder CHAR (nn) sind von ihrer Bedeutung her standardisiert. Die Datentypen des RDBMS entsprechen nicht eins zu eins den primitiven Datentypen oder gar den Objekten von Java. Daher nimmt die JDBC-Klassenbibliothek stets eine Typumwandlung vor (siehe folgender Abschnitt).

SELECT

Das Lesen von Daten aus Datenbanktabellen geschieht über die SQL-Anweisung SELECT. Man kann Datenspalten aus einer oder mehreren Tabellen auswählen und beliebig kombinieren. Die SELECT-Anweisung liefert immer eine Menge von Datensätzen zurück. Man kann sich das so vorstellen, als würde eine neue virtuelle Tabelle kreiert, die aus den im SQL-Statement spezifizierten Spalten besteht. Daher nennt man SQL auch eine mengenorientierte Sprache. In Java bezeichnet man mit dem Begriff „Resultset" das Ergebnis einer SELECT-Abfrage.

Der Entwickler kann die Menge der zu lesenden Datensätze durch die Angabe einer Bedingung, die mit dem Schlüsselwort WHERE eingeleitet wird, weiter einschränken. Auch die Angabe von Ordnungskriterien über ORDER BY ist möglich.

Die allgemeine Form einer einfachen SELECT-Anweisung zeigt Beispiel 7.3.

Beispiel 7.3:
SELECT allgemein

```
SELECT   column1, column2, column3, ...
FROM     tablename
WHERE    bedingung;
```

Mit der folgenden Anweisung liest man aus der Tabelle PERSONAL die Spalten PERSONALNR, VORNAME und NACHNAME:

```
SELECT PERSONALNR, VORNAME, NACHNAME
FROM   PERSONAL;
```

Wenn man auf alle Inhalte eines Datensatzes zugreifen will, dann muß man nicht jede Spalte einzeln aufführen. Man kann das durch das Symbol * abkürzen wie in:

```
SELECT * FROM PERSONAL WHERE PERSONALNR > 10;
```

Mit diesem SELECT-Statement erhält man alle Datensätze aus der Tabelle PERSON, bei denen der Wert der PERSONALNR mehr als 10 beträgt. Die Datensätze werden in ihrer gesamten Länge, das heißt mit allen Spalten, übertragen.

Im Beispielprogramm des nachfolgenden Abschnitts werden Sie die SELECT-Anweisung von Beispiel 7.4 vorfinden. Literale vom Datentyp CHAR (nn) schließt man in SQL in einfache Hochkommata ein. Der Datenbank-SELECT soll alle weiblichen Personen in der Tabelle PERSONAL mit dem Namen „Claudia Piemont" ermitteln. Die Suchkriterien für die Spalten GESCHLECHT, VORNAME und NACHNAME sind variabel. Der Anwender gibt sie in den Eingabefeldern der Benutzeroberfläche vor (siehe Abbildung 7.3). Bei der Suche kann es vorkommen, daß mehrere Personen gleichen Namens in der Datenbank existieren, so daß mehr als ein Satz von der Datenbank zurückgeliefert wird. Das Programm erhält jeweils vollständige Datensätze. Der Entwickler kann an Hand der Spalte PERSONALNR die Sätze eindeutig zuordnen. Durch die ORDER BY-Klausel werden die resultierenden Datenzeilen nach der Spalte PERSONALNR sortiert.

Beispiel 7.4: SELECT im Personalinformationssystem	``` SELECT * FROM PERSONAL WHERE GESCHLECHT = 'F' AND VORNAME = 'CLAUDIA' AND NACHNAME = 'PIEMONT' ORDER BY PERSONALNR; ```
Ändern von Daten in einem RDBMS	Neben dem reinen Lesen von Daten kann man via SQL auch Dateninhalte auf der Datenbank verändern. Wichtige Anweisungen sind: UPDATE Bestehende Datensätze verändern INSERT Neue Datensätze einfügen DELETE Bestehende Datensätze löschen

UPDATE   Betrachten wir an dieser Stelle noch die einfache Form der UPDATE-Anweisung, weil sie im folgenden Programmbeispiel eingesetzt wird. Mit dem UPDATE-Statement (siehe Beispiel 7.5) lassen sich in der Datenbank die Werte innerhalb eines oder mehrerer Sätze austauschen. Wir wollen jetzt ausschließlich den Fall berücksichtigen, bei dem sich genau ein Satz verändert. Üblicherweise ändert man nur die Datenfelder ab, die nicht zum Primärschlüssel gehören; denn in der Realität wandeln sich die Inhalte eines Objekts häufig, die identifizierenden Merkmale aber nur sehr selten.

Beispiel 7.5:
UPDATE allgemein

```
UPDATE  tablename
SET     column1 = value1,
        column2 = value2,
        column3 = value3
WHERE   primarykeyColumn = ident;
```

Das Beispielprogramm (siehe nächster Abschnitt) verwendet die UPDATE-Anweisung in Beispiel 7.6. Es wird der Satz mit der dort angegebenen Personalnummer bestimmt, und die Werte der Spalten GEBAEUDENR, BUERONR, TEL, FAX, EMAIL und NACHRICHT werden überschrieben. Hier sind ebenso wie bei der SELECT-Anweisung in Beispiel 7.4 Datenwerte vom Typ CHAR (nn) in einfache Hochkommata eingeschlossen. Die Spaltenwerte in Beispiel 7.6 stellen nur ein Beispiel für eine mögliche UPDATE-Anweisung dar. Tatsächlich liest die Software die Daten aus der Benutzeroberfläche aus und baut das UPDATE-Statement entsprechend zusammen (siehe Abbildung 7.3).

Beispiel 7.6:
UPDATE im Personalinformationssystem

```
UPDATE  PERSONAL
SET     GEBAEUDENR = 1,
        BUERONR    = 2,
        TEL        = '01234 5678',
        FAX        = '01234 4677',
        EMAIL      = 'CLAUDIA.PIEMONT@KAFFEE.TEE.DE',
        NACHRICHT  = 'FREUNDLICHE EMAILS WILLKOMMEN'
WHERE   PERSONALNR = 1;
```

Datenbank-Transaktionen

Ein wesentlicher Begriff in der Datenbankprogrammierung ist die sogenannte Transaktion. Ein RDBMS führt Änderungen in der Datenbank zunächst in einem temporären Zwischenspeicher aus. Mit der SQL-Anweisung COMMIT macht man diese Anwendungen öffentlich, das heißt permanent verfügbar. Die SQL-Anweisung ROLLBACK dagegen nimmt Änderungen im Zwischenspeicher zurück. Eine Datenbank-Transaktion ist die Zusammenfassung aller SQL-Anweisungen zwischen zwei COMMIT-Statements. Sie werden stets als Anweisungsgruppe behandelt. So kann man zum Beispiel die korrekte Abarbeitung aller Anweisung innerhalb der Gruppe fordern, bevor man die Änderungen insgesamt freigibt.

Man geht im allgemeinen davon aus, daß der Datenbankzustand im Zwischenspeicher von niemand gelesen oder von außen geändert werden kann. Der einzig steuernde Zugriff liegt beim Anwendungsprogramm via COMMIT oder ROLLBACK. Datenbankadministratoren können auch diesen Vorgang bei Bedarf beeinflussen. Darauf möchte ich hier jedoch nicht näher eingehen, da dies eher die Ausnahme darstellt. Das Verhalten des RDBMS bei Programmende ohne COMMIT-Anweisung oder gar bei einem Programmabsturz während offener Datenbankverbindung bestimmt der jeweilige Datenbank-Treiber des RDBMS-Herstellers.

7.1.2 Personalinformationssystem mit DB-Zugriff

Um Ihnen einen ausführlichen Eindruck von der Arbeitsweise und den Fähigkeiten von JDBC zu geben, beschäftigen wir uns jetzt mit einem Programmbeispiel, das Sie bereits aus Kapitel 5 kennen, das Mitarbeiter-Informationssystem der Firma „Kaffee, Tee & Co" (siehe Abbildung 7.3).

Nach der Eingabe eines Mitarbeiternamens kann man durch Anklicken des Suchen-Buttons nach dieser Person suchen. Wird das Applet fündig, so zeigt es die entsprechenden Daten unter dem Querbalken an. Sie erfahren den Arbeitsort des Mitarbeiters (Gebäudebezeichnung und Büronummer) und seine Telefon- und Faxnummer. Außerdem kann jeder Mitarbeiter eine persönliche Nachricht hinterlegen, die das Informationssystem ebenfalls ausgibt. Unter dem Suchen-Button befindet sich ein Textfeld, in dem die Applikation Systemmeldungen ausgibt, zum Beispiel, daß der gesuchte Mitarbeiter nicht gefunden werden konnte.

An der Benutzeroberfläche des Applets hat sich im Vergleich zu Beispiel 5.5 aus Kapitel 5 wenig geändert. Auch diesmal wurde die gesamte Applikation mit der Hilfe des Entwicklungswerkzeugs „Parts for Java" erstellt. Im Unterschied zu Beispiel 5.5 sind hier jedoch die Mitarbeiterdaten tatsächlich in einer relationalen Datenbank abgespeichert. Das Applet greift im Hintergrund auf diese Datenbank zu und liest die gewünschten Daten aus. Neben der reinen Informationsdarstellung ist es jetzt auch möglich, Daten in der Datenbank zu verändern. Die Angaben in den Feldern unter dem Querbalken lassen sich in der Datenbank überschreiben. Dazu kann man den Ändern-Button benutzen. Diese Funktion habe ich hauptsächlich deshalb gewählt, um einige weitere Bestandteile der JDBC-Klassenbibliothek in mein Programmbeispiel einzubauen. In der Praxis sollte ein solcher Prozeß natürlich mit einem Paßwortschutz versehen sein, was hier nicht der Fall ist.

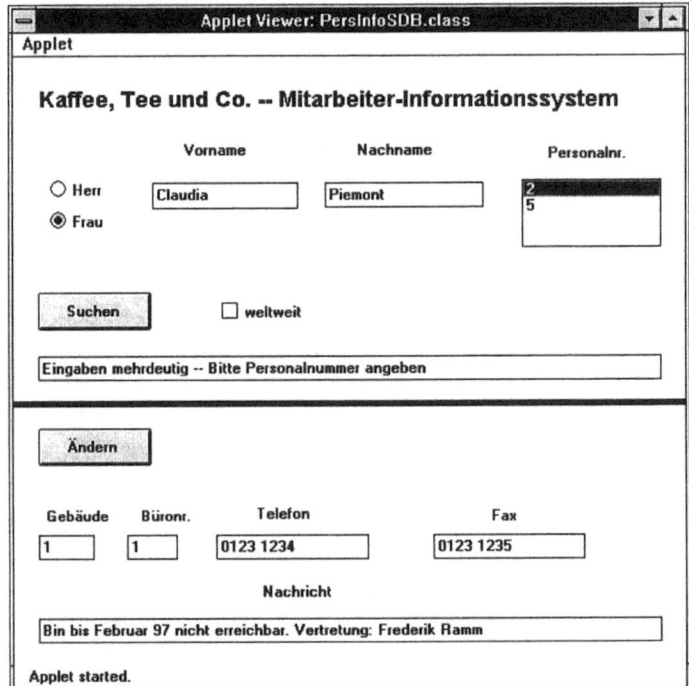

Abbildung 7.3:
Applet Personal-Informationssystem mit Datenzugriff auf ein RDBMS

Um Ihnen zunächst einen Überblick zum Programm zu geben, sehen Sie in Beispiel 7.7 und Beispiel 7.8 den gekürzten Quelltext des Personal-Informationssystem aus Abbildung 7.3. Der dargestellte Source-Code dient in erster Linie dazu, den Umgang mit dem JDBC-API zu erläutern. Gleichzeitig zeigt er, wie man den Datenbankzugriff via JDBC in ein reales Projekt integrieren kann. Ich habe mit Absicht den Komplexitätsgrad des Beispiels soweit eingeschränkt, daß die wesentliche Grundzüge von JDBC sichtbar werden. Wichtige Anhaltspunkte sind im Quelltext fett markiert. Beispiel 7.8 enthält den Quelltext für die Klasse Person, das zugrunde liegende Objektmodell der Applikation. Mit dem Werkzeug „Parts for Java" habe ich vor allem das Layout des Applets gestaltet und einige einfache Funktionen erstellt. Viele Details zur Programmierung einer grafischen Benutzeroberfläche sind nicht mehr abgebildet. Eine ausführliche Diskussion dieses Themenbereichs bietet Kapitel 5 „Lebendige Java Applets". Bitte schlagen Sie bei Bedarf dort nach.

Hinweis:

> Wenn man mit JDBC arbeitet, benötigt man einen Java-Datenbank-Treiber, der die Verbindung zu einem RDBMS herstellt. Diesen Treiber erhalten sie entweder direkt vom Datenbank-Hersteller oder von unabhängigen Softwarehäusern. Auf dieses Thema geht Abschnitt 7.2 „Sicherheitsrestriktionen" näher ein.
>
> Für das Verständnis des Beispielprogramms ist es unerheblich, welcher Datenbank-Treiber verwendet wird. Um kein bestimmtes Produkt herauszustellen, enthält der Quelltext einen abstrakten Datenbank-Treiber.

Beispiel 7.7:
Applet und Listener-Klassen zum Personal-Informationssystem in Abbildung 7.3

```
import dbdriver.sql.*;

public class PersInfoDB extends Applet {

/* variables that hold components */

PersInfoDB JavaApplet1 = this;

// gekürzt !!
// Dekalaration der weiteren Oberflächenelemente
// siehe auch Programmbeispiel 5.5 in Kapitel 5

// eigene Instanzvariable

Vector  persDB;

/**
 * Register listener objects
 */

LbPersnrListener      lbPersnrEventHandler;
Button1Listener       JavaButton1EventHandler;
Button2Listener       JavaButton2EventHandler;

lbPersnrEventHandler = new LbPersnrListener (this);
lbPersnr.addItemListener (lbPersNrEventHandler);
```

Datenbankzugriff mit dem Java JDBC API

(noch Beispiel 7.7)

```java
JavaButton1EventHandler = new ButtonListener (this);
JavaButton1.addActionListener (JavaButton1EventHandler);
JavaButton2EventHandler = new ButtonListener (this);
JavaButton2.addActionListener (JavaButton2EventHandler);

/**
 * Create an instance of PersInfoDB
 */
public PersInfoDB() {
      super ();
}

// gekürzt !!
// Aufruf der einzelnen Init-Methoden

/**
 * User modifiable extra init code.
 */
private void extra_Init() {

   // Disable Ändern-Button
   JavaButton2.disable ();

   // Datenbank-Treiber laden
   try {
      Person.ladeTreiber ();
   } catch (Exception ex) {
      // Typ der Exception + Message
      tfMessageLine.setText ( ex.toString() );
   }
}

// eigene Methoden des Entwicklers

public void searchAction () {
   tfMessageLine.setText(JavaStringEmpty);
   lbPersnr.clear();
   tfGebaeude.setIntValue(JavaIntegerEmpty);
   tfBueronr.setIntValue(JavaIntegerEmpty);
   tfTelefon.setText(JavaStringEmpty);
   tfFax.setText(JavaStringEmpty);
   tfNachricht.setText(JavaStringEmpty);
   this.findPersnr();
   JavaButton2.disable();
}

public void findPersnr () {
   Person     eP;
   String     vn, nn;
   String     pnr;
   boolean    gender;           // F = true, M = false
   int        numElements;
```

(noch Beispiel 7.7)

```
            vn = tfVorname.getText ();
            nn = tfNachname.getText ();
            if ( rbHerr.equals (CheckBoxGroup_1.getCurrent ()) )
               { gender = false; }
            else
               { gender = true;   }


            // Datenbankabfrage  ( SELECT )
            // ggf einblenden der Personalnr in die List-Box

            try {
               persDB = Person.get (gender, vn, nn);
               numElements = persDB.size ();
               // keine Person gefunden
               if (numElements == 0) {
                  tfMessageLine.setText
                     ("Diese Person wurde in der DB nicht gefunden");
               }

               // genau eine Person gefunden
               if  (numElements == 1) {
                  eP = (Person) persDB.firstElement ();
                  pnr = String.valueOf (eP.personalNr);
                  lbPersnr.addItem (pnr);
                  lbPersnr.select (0);
                  JavaButton2.enable ();
                    findPerson ();
                 }

                // mehr als eine Person gefunden
                if (numElements > 1) {
                   for (int i = 0; i < numElements; ++i ) {
                      eP = (Person) persDB.elementAt (i);
                      pnr = String.valueOf (eP.personalNr);
                      lbPersnr.addItem (pnr);
                   }
                }
            } catch ( SQLException ex ) {
               String        sqlState, sqlMessage;

               sqlState = ex.getSQLState ();
               sqlMessage = ex.getMessage ();
               tfMessageLine.setText
                  ("SQLException: " + sqlState + "  " + sqlMessage);
            }
         }


         public void findPerson () {
            String    stpnr ;
            int       pnr;
            Person    eP;
```

Datenbankzugriff mit dem Java JDBC API

(noch Beispiel 7.7)
```
            stpnr = lbPersnr.getSelectedItem ();
            pnr = Integer.parseInt (stpnr);

            for (Enumeration e = persDB.elements (); e.hasMoreElements (); ) {
               eP = (Person) e.nextElement ();
               if ( pnr == eP.personalNr ) {
                  tfGebaeude.setIntValue (eP.gebaeudeNr);
                  tfBueronr.setIntValue (eP.bueroNr);
                  tfTelefon.setText (eP.tel);
                  tfFax.setText (eP.fax);
                  tfNachricht.setText (eP.nachricht);
               }
            }
         }


         public void updatePerson () {
            Person    eP;
            String    stpnr, tel, fax;
            int       pnr, gn, bn;

            stpnr = lbPersnr.getSelectedItem ();
            pnr = Integer.parseInt (stpnr);

            for (Enumeration e = persDB.elements (); e.hasMoreElements (); ) {
               eP = (Person) e.nextElement ();
               if ( pnr == eP.personalNr ) {
                  gn = tfGebaeude.getIntValue ();
                  bn = tfBueronr.getIntValue ();
                  eP.einziehen (gn, bn);
                  tel = tfTelefon.getText ();
                  fax = tfFax.getText ();
                  eP.setTelfax (tel, fax);
                  eP.setNachricht ( tfNachricht.getText ());

                  // Satz in DB aendern (UPDATE)
                  try {
                     eP.update ();
                     tfMessageLine.setText
                        ("Satz wurde in DB erfolgreich geändert");
                  } catch ( SQLException ex ) {
                     String        sqlState, sqlMessage;

                     sqlState = ex.getSQLState ();
                     sqlMessage = ex.getMessage ();
                     tfMessageLine.setText
                        ("SQLException: " + sqlState + "  " + sqlMessage);
                  }
               }
            }
         }
      }
```

(noch Beispiel 7.7)
```
/*
 * Event Handling (Listener Classes)
 */

import java.awt.event.*;

public class LbPersnrListener implements ItemListener {
    PersInfoDB   personalApplet;

    public  LbPersnrListener (PersInfoDB  myApplet) {
        personalApplet = myApplet;
    }

    public void  itemStateChanged (ItemEvent e) {
        personalApplet.findPerson ();
        personalApplet.JavaButton2.enable ();
    }
}


// Listener für „Suchen"-Button

import java.awt.event.*;

public class Button1Listener implements ActionListener {
    PersInfoDB   personalApplet;

    public  Button1Listener (PersInfoDB  myApplet) {
        personalApplet = myApplet;
    }

    public void  actionPerformed (ActionEvent e) {
        personalApplet.searchAction ();
    }
}


// Listener für „Ändern"-Button

import java.awt.event.*;

public class Button1Listener implements ActionListener {
    PersInfoDB   personalApplet;

    public  Button1Listener (PersInfoDB  myApplet) {
        personalApplet = myApplet;
    }

    public void  actionPerformed (ActionEvent e) {
        personalApplet.updatePerson ();
    }
}
```

Beispiel 7.8:
Klasse Person zum Personal-Informationssystem in Abbildung 7.3

```java
//----------------------------------------------------------------
// Person    Mitarbeiter/in in einer Firma
//----------------------------------------------------------------

import java.lang.*;
import java.util.Vector;
import dbdriver.sql.*;

public class Person {

    // Klassenvariable

    static boolean driverLoaded = false;
    static final String driverName = "dbdriver.jdbc.Driver";
    static final String dbUrl =
        "jdbc:dbnet://host:356/MS_Access/PERSONAL";

    // Instanzvariable

    int       personalNr;
    String    vorName;
    String    nachName;
    boolean   geschlecht;      // F true, M false
    int       gebaeudeNr;
    int       bueroNr;
    String    tel;
    String    fax;
    String    email;
    String    nachricht;

    // Klassenmethoden

    static void ladeTreiber() throws Exception {
        // Lade den Datenbank-Treiber falls nicht bereits
        // geschehen

        if (!driverLoaded) {
            Class.forName (driverName); // lädt den Datenbank-Driver
            driverLoaded = true;
        }
    }


    // SELECT auf Datenbank, gibt Vector mit Person-Objekten zurück

    static Vector  get(boolean pGeschlecht,String pVorName,
                   String pNachName)
              throws  SQLException {
        Vector v = new Vector();

        try {
            // Öffne die Connection zu der Datenbank
```

(noch Beispiel 7.8)

```java
        Connection con = DriverManager.getConnection(dbUrl);
        Statement stmt = con.createStatement();

        // SQL_SELECT zusammenbauen, Beispiel etwa:

        // SELECT    *
        // FROM      PERSONAL
        // WHERE     GESCHLECHT = 'F'          AND
        //           VORNAME    = 'CLAUDIA'    AND
        //           NACHNAME   = 'PIEMONT'
        // ORDER BY PERSONALNR;

        String g = "F";
        if (!pGeschlecht)
          g = "M";
        String query =
            "SELECT * FROM PERSONAL " +
            "WHERE GESCHLECHT = '" + g +"' AND " +
            "VORNAME = '" + pVorName.toUpperCase() + "' AND " +
            "NACHNAME = '" + pNachName.toUpperCase() + "' " +
            "ORDER BY PERSONALNR";

        // SELECT ausführen mit executeQuery, liefert Menge ResultSet

        ResultSet rs = stmt.executeQuery(query);

        // Loop über ResultSet -> Vector zusammenstellen

        while(rs.next())
          v.addElement(new Person(rs));

        // DB Connection beenden

        rs.close();
        stmt.close();
        con.close();
      } catch(SQLException ex) {
        // Weiterleiten einer eventuell enstandenen SQL-Exception
        throw ex;
      }
      return v;
}

// Konstruktoren

public Person (int nr, String vN, String nN, boolean mf) {
    personalNr = nr;
    vorName    = vN;
    nachName   = nN;
    geschlecht = mf;
}

public Person (Person einePerson) {
    personalNr = einePerson.personalNr;
```

(noch Beispiel 7.8)

```
                    vorName     = einePerson.vorName;
                    nachName    = einePerson.nachName;
                    geschlecht  = einePerson.geschlecht;
                }

                // Erzeuge ein Objekt vom Typ Person aus dem Resultset,
                // das durch SELECT auf DB gewonnen wurde
                // ResultSet enthält aktuellen Satz
                // Fuehre Typumwandlung DB -> Java durch

                private Person ( ResultSet pRs)           throws SQLException
                {
                   personalNr = pRs.getInt("PERSONALNR");
                   vorName = pRs.getString("VORNAME");
                   nachName = pRs.getString("NACHNAME");
                   String g = pRs.getString("GESCHLECHT");
                   geschlecht = true;
                   if (g.equals("M"))
                      geschlecht = false;
                   gebaeudeNr = pRs.getInt("GEBAEUDENR");
                   if (pRs.wasNull())
                      gebaeudeNr = 0;
                   bueroNr = pRs.getInt("BUERONR");
                   if (pRs.wasNull())
                      bueroNr = 0;
                   tel = pRs.getString("TEL");
                   if (pRs.wasNull())
                      tel = " ";
                   fax = pRs.getString("FAX");
                   if (pRs.wasNull())
                      fax = " ";
                   email = pRs.getString("EMAIL");
                   if (pRs.wasNull())
                      email = " ";
                   nachricht = pRs.getString("NACHRICHT");
                   if (pRs.wasNull())
                      nachricht = " ";
                }

                // Instanzmethoden

                // Empfänger-Objekt (Receiver) dieser Methode ist ein Objekt
                // vom Typ Person
                // etwa   einPerson.update ();
                // Die von der Aufgabe her veränderlichen Daten der Person
                // (wie Telefon, Fax, EMail usw ,,,)
                // werden in die Datenbank geschrieben, d.h.
                // Änderung des betroffenen Datensatzes in der DB, der die
                // Person repräsentiert.

                public void update () throws SQLException {
                   // Instanzvariable des Objekts hernehmen und SQL-UPDATE
                   // zusammenbauen       Beispiel etwa:
```

(noch Beispiel 7.8)

```
//  UPDATE    PERSONAL
//  SET       GEBAEUDENR = 1,
//            BUERONR    = 2,
//            TEL        = '01234 5678',
//            FAX        = '01234 4677',
//            EMAIL      = 'CLAUDIA.PIEMONT@KAFFEE.TEE.DE',
//            NACHRICHT  = 'FREUNDLICHE EMAILS WILLKOMMEN'
//       WHERE     PERSONALNR = 1;

String stel = "NULL";
if (tel != null)
  stel = "'" + tel + "'";
String sfax = "NULL";
if (fax != null)
  sfax = "'" + fax + "'";
String semail = "NULL";
if (email != null)
  semail = "'" + email + "'";
String snachricht = "NULL";
if (nachricht != null)
  snachricht = "'" + nachricht + "'";
String upd =  "UPDATE PERSONAL SET " +
              "GEBAEUDENR =" + String.valueOf(gebaeudeNr) + "," +
              "BUERONR =" + String.valueOf(bueroNr) + "," +
              "TEL=" + stel + "," +
              "FAX=" + sfax + "," +
              "EMAIL=" + semail + "," +
              "NACHRICHT=" + snachricht +
              " WHERE PERSONALNR =" + String.valueOf(personalNr);

try {
    // Öffne die Connection zu der Datenbank
    Connection con = DriverManager.getConnection(dbUrl);
    Statement stmt = con.createStatement();

    // UPDATE mit executeUpdate ausführen
    stmt.executeUpdate(upd);

    // DB Connection beenden
    stmt.close();
    con.commit();
    con.close();
} catch (SQLException ex) {
    // Weiterleiten einer eventuell enstandenen SQL-Esception
    throw ex;
} catch (java.lang.Exception ex)
{ // Unwahrscheinlich, sollte aber abgefangen werden  }
}

// get-Methoden

public int getGebaeudeNr ()
{  return gebaeudeNr;  }
```

(noch Beispiel 7.8)
```
public int getBueroNr ()
{ return bueroNr; }

public String getTel ()
{ return tel; }

public String getFax ()
{ return fax; }

public String getEmail ()
{ return email; }

public String getNachricht ()
{ return nachricht; }

 // set-Methoden

// in ein Buero einziehen
public void einziehen ( int gN, int bN ) {
   gebaeudeNr = gN;
   bueroNr = bN;
}

// Telefon und Fax Nr setzen
public void setTelfax (String nrTel, String nrFax) {
   tel = nrTel;
   fax = nrFax;
}

public void setEmail ( String  adresse)
{ email = adresse; }

public void setNachricht (String text)
{ nachricht = text; }

}
```

Verbindung zur Datenbank aufbauen

Jede JDBC-Sitzung beginnt mit dem Laden des entsprechenden Datenbank-Treibers (engl. JDBC Database Driver). Diese Funktionalität verbirgt sich hinter der Klassenmethode ladeTreiber in der Klasse Person. Das Applet ruft diese Methode während seiner Initialiserungsphase auf. Die Anweisung:

`Class.forName (driverName);`

lädt einen speziellen Datenbank-Treiber, der durch die Variable driverName bezeichnet ist. Die Klasse driverName erhalten Sie als Bestandteil eines JDBC-Driver-Pakets von einem Datenbank-Hersteller oder Softwarevertrieb. Beim Laden des Treibers erzeugt die Klasse driverName eine neue Instanz von sich selbst

JDBC im Java-Applet

und registriert sich beim DriverManager, der alle geladen JDBC-Datenbank-Treiber verwaltet. Sollte beim Hochfahren etwas schiefgehen, zum Beispiel, wenn Java den Datenbank-Treiber nicht findet, dann meldet Java das durch eine Exception. Diese Exception behandelt das Applet gegebenenfalls und blendet in einem solchen Fall eine Meldung ein. Auch alle anderen, denkbaren Fehlersituationen meldet das JDBC-API über Exceptions. Deshalb schließt man notwendigerweise alle JDBC-Calls in einen try/catch-Block ein. Die Datenbank-Methoden der Klasse Person (Beispiel 7.8) leiten alle SQL-Exceptions an das aufrufende Applet weiter. Detaillierte Hintergrundinformationen zum Thema „Fehlerbehandlung mit Exceptions" finden Sie in Abschnitt 4.4 dieses Buchs.

SQL-SELECT mit JDBC

Befassen wir uns zunächst damit, wie man mit Hilfe von JDBC Datensätze aus einer relationalen Datenbank liest; zum Einsatz kommt dabei die SQL-Anweisung SELECT. Wenn der Anwender im Personal-Informationssystem den Suchen-Button drückt, dann wird die Methode findPersnr ausgelöst. Zur besseren Übersicht, wie die einzelnen Java-Methoden mit der Benutzeroberfläche verzahnt sind, betrachten Sie bitte Abbildung 7.4. (Dies ist eine Ansicht der Workbench von „Parts for Java".)

Abbildung 7.4:
Parts for Java Workbench-Window zu Abbildung 7.3

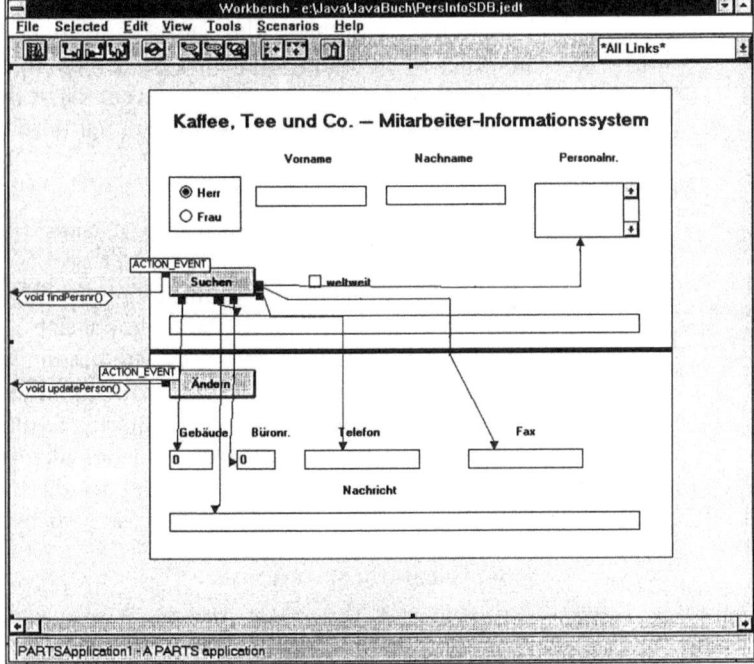

289

Die Methode findPersnr entnimmt aus der Benutzeroberfläche die Angaben zum Namen und zum Geschlecht des gesuchten Mitarbeiters. Anschließend fragt sie mit diesen Informationen die Datenbank ab und stellt die Resultate in der Instanzvariable persDB zur Verfügung. PersDB ist ein Objekt vom Typ Vector, der alle gefundenen Objekte vom Typ Person enthält. Außerdem blendet die Methode findPersnr die gefundenen Personalnummern in die entsprechende List-Box ein. Wenn der Benutzer dort eine Personalnummer auswählt, stellt das Applet die Werte im unteren Teil des Bildschirms dar. Wenn nur ein Datensatz die Kriterien erfüllt, erfolgt dieser Prozeß automatisch.

Das Lesen der gewünschten Datensätze geschieht in der Methode get der Klasse Person. Eine Datenbanktransaktion in Java läuft in der Regel so ab:

1. Öffnen der Verbindung zur Datenbank

2. Ausführen einer oder mehrer SQL-Anweisungen

3. Wenn alles geklappt hat: COMMIT

4. Schließen der Verbindung zur Datenbank

Wie lange eine Datenbankverbindung geöffnet bleibt, liegt in der Entscheidung des Entwicklers. Sie kann durchaus über mehrere Transaktionen offen sein. An dieser Stelle sollte man die bekannten Strategien der herkömmlichen Datenbankprogrammierung unter Mehrbenutzerbetrieb anwenden. Zu beachten ist, wie und wann das Datenbanksystem Sätze für den Zugriff sperrt und welches Antwortverhalten verlangt wird.

Mit der Anweisung

```
Connection con = DriverManager.getConnection(dbUrl);
```

nimmt das Programm Verbindung mit der relationalen Datenbank auf, die durch den Parameter dbURL angegeben ist. JDBC arbeitet hier ebenfalls mit URLs, die einen speziellen Aufbau haben (siehe Abschnitt 6.6 „Netz-Kommunikation"). An dieser Stelle wollen wir nur auf die typische Struktur einer JDBC-URL näher eingehen. Den größten Teil des akzeptierten Formats legt der Datenbank-Treiber fest. Dabei ist die folgende Grundform Vorschrift:

```
jdbc:<subprotocol>:<subname>
```

Bestandteil	Bedeutung
jdbc	Ist die konstante Protokollbezeichnung für eine JDBC-URL.
subprotocol	Repräsentiert in der Regel den Namen des Datenbank-Treibers.
subname	Unterliegt der internen Syntax des Datenbank-Treibers und identifiziert die angesprochene Datenbank; also zum Beispiel Directory-Informationen und Datenbanknamen.

Um die Aufgabe einfacher zu gestalten, kennt das Personal-Informationssystem keinen Benutzernamen oder Paßwortschutz. In einem realen System sind Datenbankzugriffe überwiegend durch solche Sicherheitsmechanismen geschützt. Wenn man für den Zugriff die Parameter User und Password benötigt, dann muß man sie beim Öffnen der Datenbankverbindung angeben:

```
Connection con = DriverManager.getConnection
                 (dbUrl, User, Password);
```

Wenn die Verbindung zu einer Datenbank einmal hergestellt ist, kann man sie anschließend benutzen, um SQL-Anweisungen an die Datenbank abzusenden. Dafür erzeugt man zunächst ein neues, noch leeres Statement-Objekt:

```
Statement stmt = con.createStatement();
```

Anschließend formt die Anwendung in einem String aus Variableninhalten und String-Literalen eine SELECT-Anweisung in SQL. Der Java-Quelltext liest sich dadurch im Programm üblicherweise sehr kryptisch. Das Programm in Beispiel 7.8 verwendet die SELECT-Anweisung von Beispiel 7.5 (siehe auch den Kommentar im Quelltext). Mit der Methode executeQuery, die ein Objekt vom Typ ResultSet zurückliefert, führt man die folgende Anweisung aus:

```
ResultSet rs = stmt.executeQuery(query);
```

Ein ResultSet arbeitet ähnlich wie ein Enumeration-Objekt (dt. Aufzählung). Dieses Objekt enthält eine Referenz auf die Datensätze, die die SELECT-Anweisung zurückbringt. Mit der Methode next erhält man jeweils den nächsten Satz aus der Resultatsmenge. Darum führt auch das Personal-Informationssystem eine Schleife über das gesamte ResultSet aus und extrahiert Satz für Satz. Da die SELECT-Anweisung alle Spalten der Tabelle PERSONAL ausgelesen hat, entspricht der Inhalt eines Satzes genau den Instanzvariablen in einem Objekt der Klasse Person. Dieses Objekt restauriert ein bestimmter Konstruktor in der Klasse Person. Er bildet aus dem Datenbanksatz ein neues Person-Objekt:

```
private Person ( ResultSet pRs)      throws SQLException
{ // Quelltext siehe Beispiel 7.8 }
```

Hinweis:

> Intern arbeitet ein ResultSet mit einem sogenannten Datenbank-Cursor, einem Zeiger auf den jeweils aktuellen Satz. Zu Anfang steht der Cursor **vor** dem ersten Satz des ResultSets. Durch einen initialen Aufruf von next erhalten Sie den ersten aktuellen Tabellensatz.

Wie bereits erwähnt, arbeiten relationale Datenbanken intern mit einer anderen Umsetzung der Datentypen als Java. Deshalb bietet die Klasse ResultSet verschiedene get-Methoden, mit denen man den Wert einer einzelnen Datenbank-Spalte aus dem Satz extrahieren kann. Es ist möglich, entweder den Spaltennamen oder den Spaltenindex (beginnend beim Index 1!) als Parameter anzugeben. Die entsprechende Datentypumwandlung wird hierbei gleich mit erledigt. Die folgende Tabelle stellt die empfohlenen get-Methoden für verschiedene SQL-Datentypen vor. Eine umfassendere Auflistung mit allen erlaubten Kombinationsmöglichkeiten finden Sie in der JDBC-Dokumentation von Sun.

SQL-Datentyp des RDBMS	Empfohlene get-Methode
BINARY	getBytes
CHAR	getString
DATE	getDate
DECIMAL	getBigNum
DOUBLE	getDouble
FLOAT	getDouble
INTEGER	getInt
NUMERIC	getBigNum
REAL	getFloat
TIME	getTime
TIMESTAMP	getTimeStamp
VARCHAR	getString

Als generische Methode zur Typumwandlung steht zusätzlich die Routine getObject zur Verfügung. In diesem Fall erhält das Resultatsobjekt, je nach Spaltentyp, den in der JDBC-Spezifikation festgelegten Java-Datentyp, oder die Methode liefert einen abstrakten Objekttyp zurück, der vorher durch den JDBC-Driver festgelegt wurde.

Eine Spalte in einem Datensatz darf in der Datenbank auch leer sein. Dies kennzeichnet SQL durch den besonderen Wert NULL. Die SQL-Variable NULL ist nicht identisch mit dem speziellen Java-Bezeichner null. Wenn eine Tabellenspalte den Wert NULL enthält, dann geben die get-Methoden einen Default-Wert zurück, der sich an der Bedeutung des jeweiligen Datentyps orientiert. Sicherer ist es, wenn man die Prüfung auf NULL selbst vornimmt, da man hier die Reaktion darauf selbständig steuern kann. Im JDBC-API ist das allerdings etwas merkwürdig gelöst, wie Beispiel 7.9 zeigt. Nach dem Lesen der gewünschten Spalte mit der get-Methode, im Beispiel getInt, ruft man die Methode wasNull des ResultSet auf. Sie überprüft die jeweils zuletzt gelesene Spalte auf den speziellen Datenbankwert NULL und gibt einen boolschen Wert als Ergebnis zurück.

Beispiel 7.9:
Abfrage auf den speziellen Wert NULL

```
gebaeudeNr = pRs.getInt("GEBAEUDENR");
if (pRs.wasNull())
    gebaeudeNr = 0;
```

Hinweis:

Ein Resultset bleibt solange gültig, bis das Resultset oder das übergeordnete Statement-Objekt durch Aufruf von close geschlossen wird.

Den Abschluß der SELECT-Verarbeitung bilden die drei nachfolgenden Anweisungen, die die offenen Ressourcen schließen und die Verbindung zur Datenbank beenden:

```
rs.close();
stmt.close();
con.close();
```

Wenn alles ordnungsgemäß verlief, dann liegt als Resultat der Methode get ein Vektor mit genau den Person-Objekten vor, die durch die SELECT-Anweisung bestimmt wurden.

Fehlerbehandlung beim Datenbankzugriff

Jetzt wollen wir uns mit dem Thema „Fehlerbehandlung beim Datenbankzugriff" näher befassen. Die hier gemachten Aussagen gelten gleichermaßen für den eben beschriebenen SELECT-Prozeß als auch für die UPDATE-Anweisung, die anschließend erläutert wird. Fehler beim Datenbankzugriff machen sich durch eine Exception vom Typ SQLException bemerkbar. Schwere Fehler erzeugen mitunter auch eine andere Java-Exception. Da trotz korrekter Vorgehensweise des Entwicklers SQL-Exceptions doch öfter einmal auftreten, empfiehlt sich das Abfangen dieser Exceptions und die Ausgabe einer entsprechenden aussagefähigen Nachricht. Die Methoden in der Klasse Person leiten die SQL-Exception an das aufrufende Applet weiter. Dort verarbeitet das Applet diese Fehler (siehe Beispiel 7.10). Es extrahiert den Meldungstext und gibt eine entsprechende Nachricht in der Meldungszeile der Benutzeroberfläche aus.

Beispiel 7.10: Verarbeiten einer SQLException im Applet

```
catch ( SQLException ex )
{
    String          sqlState, sqlMessage;
    sqlState = ex.getSQLState ();
    sqlMessage = ex.getMessage ();
    tfMessageLine.setText
        ("SQLException: " + sqlState + "  " + sqlMessage);
}
```

SQL-UPDATE mit JDBC

Nachdem Sie nun mit dem SELECT-Prozeß den Lesezugriff genau kennengelernt haben, soll jetzt erklärt werden, wie sich mittels einer UPDATE-Anweisung Datensätze in der Datenbank verändern lassen.

Wenn man einen bestimmten Mitarbeiter gesucht und gefunden hat, dann kann man für die Felder im unteren Teil der Anwendung (Gebäudenummer, Büronummer undsoweiter) neue Werte eingeben. Mit einem Klick auf den „Ändern"-Button schreibt die Applikation die Werte in die Datenbank. Bei einer korrekt durchgeführten Transaktion erscheint eine OK-Nachricht in der Meldungszeile (siehe Abbildung 7.5).

Der Action-Event des „Ändern"-Button löst die Methode updatePerson aus (siehe auch Abbildung 7.4). Diese Methode sucht die aktuelle Person aus dem Vektor PersDB heraus (Objekt eP), liest die Felder der Benutzeroberfläche aus, die sich eventuell verändert haben, und ändert die Werte im Objekt Person (eP).

JDBC im Java-Applet

Anschließend wird die Methode update innerhalb der Klasse Person aufgerufen (zur besseren Übersicht ist der Quelltext dieser Methode anschließend in Beispiel 7.11 nochmals dargestellt). Dort findet der Zusammenbau des UPDATE-Statements in SQL statt, um den entsprechenden Satz in der Datenbanktabelle PERSONAL zu modifizieren.

Abbildung 7.5:
Update auf die auf die Personaldatenbank

Die hier umgesetzte UPDATE-Anweisung entspricht dem SQL-Statement in Beispiel 7.6 (siehe auch den Kommentar im Quelltext in Beispiel 7.11). Als Identifikator für den zu ändernden Satz dient die Personalnummer, der Primärschlüssel der Tabelle. Innerhalb der Methode wird die UPDATE-Anweisung in einem String (Variable upd) mit Hilfe von String-Literalen und Variableninhalten zusammengesetzt, daher sieht der Quelltext hier etwas unübersichtlich aus.

295

Beispiel 7.11:
Methode update aus der Klasse Person

```
// Empfänger-Objekt (Receiver) dieser Methode ist ein Objekt
// vom Typ Person [etwa   einPerson.update ();]
// Die von der Aufgabe her veränderlichen Daten der Person
// (wie Telefon, Fax, EMail usw ,,,)
// werden in die Datenbank geschrieben, d.h.
// Änderung des betroffenen Datensatzes in der DB, der die
// Person repräsentiert.
public void update ()        throws SQLException {
    // Instanzvariable des Objekts hernehmen und SQL-UPDATE
    // zusammenbauen      Beispiel etwa:

    // UPDATE    PERSONAL
    // SET       GEBAEUDENR = 1,
    //           BUERONR    = 2,
    //           TEL        = '01234 5678',
    //           FAX        = '01234 4677',
    //           EMAIL      = 'CLAUDIA.PIEMONT@KAFFEE.TEE.DE',
    //           NACHRICHT  = 'FREUNDLICHE EMAILS WILLKOMMEN'
    //           WHERE      PERSONALNR = 1;

    String stel = "NULL";
    if (tel != null)
       stel = "'" + tel + "'";
    String sfax = "NULL";
    if (fax != null)
       sfax = "'" + fax + "'";
    String semail = "NULL";
    if (email != null)
       semail = "'" + email + "'";
    String snachricht = "NULL";
    if (nachricht != null)
       snachricht = "'" + nachricht + "'";
    String upd = "UPDATE PERSONAL SET " +
                 "GEBAEUDENR =" + String.valueOf(gebaeudeNr) +
                 "," +
                 "BUERONR =" + String.valueOf(bueroNr) + "," +
                 "TEL=" + stel + "," +
                 "FAX=" + sfax + "," +
                 "EMAIL=" + semail + "," +
                 "NACHRICHT=" + snachricht +
                 " WHERE PERSONALNR =" +
                 String.valueOf(personalNr);

    try {
        // Oeffne die Connection zu der Datenbank
        Connection con = DriverManager.getConnection(dbUrl);
        Statement stmt = con.createStatement();
```

(noch Beispiel 7.11)

```
                    // UPDATE mit executeUpdate ausführen
                    stmt.executeUpdate(upd);

                    // DB Connection beenden
                    stmt.close();
                    con.commit();
                    con.close();
                } catch (SQLException ex) {
                    // Weiterleiten einer eventuell enstandenen
                    // SQL-Esception
                    throw ex;
                } catch (java.lang.Exception ex)
                { // Unwahrscheinlich, sollte aber abgefangen werden   }
            }
```

Wie Sie es auch vom SELECT-Prozeß her kennen, ist die gesamte Datenbankverarbeitung in einen try/catch-Block eingeschlossen. Bei korrekter Durchführung wird der Satz in der Datenbank verändert. In dieser Routine macht es im Gegensatz zum SELECT-Ablauf keinen Sinn, Werte an das aufrufende Applet zurückzugeben.

Genau wie bei der Ausführung der SELECT-Anweisung meldet das JDBC-API hier eine mögliche Fehlersituation durch eine Exception. Diese leitet die Methode an das übergeordnete Applet weiter, wo sie behandelt wird.

Der UPDATE-Prozeß beginnt analog zum Lesevorgang mit dem Öffnen der Verbindung und dem Erzeugen eines Objekts vom Typ Statement. Die UPDATE-Anweisung selbst führt man mit der folgenden Anweisung aus:

```
stmt.executeUpdate(upd);
```

Parameter ist der String mit der UPDATE-Anweisung in SQL (im Beispiel ist das die Variable upd). Die Abschlußverarbeitung enthält diesmal den Aufruf der Methode commit, die ein SQL-COMMIT auf die Datenbank absetzt:

```
stmt.close();
con.commit();
con.close();
```

Die COMMIT-Anweisung schreibt die Änderungen, die sich bisher im Datenbank-Zwischenspeicher befunden haben, permanent in die Datenbank hinein (siehe Abschnitt 7.1.1 „Relationale Datenbanksysteme und SQL"). Dies wäre hier an dieser Stelle genaugenommen nicht nötig, da das JDBC-API beim Aufbau einer Datenbankverbindung per Default einen sogenannte Auto-Commit einstellt. Das Resultat jeder schreibenden SQL-Anweisung wird daher nach der Ausführung automatisch in der Datenbank permanent gemacht. Wenn man größere Transaktionsklammern selbst setzen möchte, dann muß man gleich nach dem Aufbau der Verbindung den Auto-Commit-Modus außer Funktion setzen. Das geht mit dem folgenden Methodenaufruf:

`con.setAutoCommit ( false );`

In diesem Fall sollte man allerdings die wichtigen `Commit`-Statements an den entsprechenden Stellen in den Quelltext einbauen, da sonst die Änderungen verloren gehen.

SQL-PREPARE mit JDBC

Neben der Möglichkeit, SQL-Anweisungen sofort auszuführen, erlaubt das JDBC außerdem, eine SQL-Anweisung zunächst über einen PREPARE zu kompilieren. Dies ist ein gängiges Verfahren in der Datenbankprogrammierung. Bei SQL-Anweisungen, die in einem Programm häufiger benötigt werden, kann man die Abarbeitung durch einen PREPARE beschleunigen. Der Datenbank-Treiber untersucht (parst) die SQL-Anweisung vorab und bestimmt intern einen optimalen Zugriffspfad, der abgespeichert wird. Bei jeder erneuten Ausführung der Anweisung kommt der interne Zugriffspfad statt der originalen SQL-Anweisung ins Spiel. Das spart Zeit. Im JDBC-API regelt die Klasse `PreparedStatement` diesen Vorgang. Über sogenannte IN-Parameter kann man innerhalb der SQL-Anweisung Variable setzen, die anschließend beim Starten der Anweisungen mit aktuellen Werten belegt werden können. Auf dieses Thema möchte ich allerdings hier nicht ausführlicher eingehen.

Wie Sie bereits gesehen haben, handelt es sich beim JDBC-API um ein transparentes Datenbank-Interface, das in der Hauptsache auf der Basis von SQL arbeitet. Die Betonung liegt hier auf Interface. Tatsächlich gibt es nur wenig ausprogrammierte Klassen im JDBC-API. Überwiegend handelt es sich um Java-Interfaces, die Spezifikationen, Methodennamen und Anforderungen festschreiben. Die echte Implementation findet erst im zugelieferten Datenbank-Treiber statt.

Probleme, die JDBC nicht löst:

Mehrbenutzerbetrieb und Transaktionskontrolle

Dadurch bleiben auch in Java alle Fragen und Probleme, die ein erfahrener Datenbank-Entwickler aus der Praxis kennt, erhalten. Man muß selbst dafür sorgen, daß im Mehrbenutzerbetrieb die Zugriffszeit stimmt, Blockierungen möglichst ausgeschlossen sind und jeder Anwender nur korrekte Daten erhält. Die Grundprinzipien, nach denen vorgegangen werden soll, kann jeder Datenbankadministrator in Zusammenarbeit mit dem Entwickler nach den Fähigkeiten der eingesetzten Datenbank selbst bestimmen.

Eine typische Problemstellung ist zum Beispiel diese:

Ein Benutzer ändert, hat die Daten aber noch nicht durch einen Datenbank-Commit permanent in die Datenbank geschrieben. Zur etwa gleichen Zeit liest ein anderer Anwender denselben Satz, den er später auch überschreiben möchte (Lost-Update-Problem).

Ich will auf diese Fragen der Concurrency-Control und Datenintegrität hier nicht näher eingehen, da sie wenig mit dem JDBC-API dafür aber um so mehr mit der Theorie relationaler Datenbanken zu tun haben. Eine Diskussion dieser Themen finden Sie in der weiterführenden Literatur zu RDBMS; ansatzweise auch in den am Anfang des Kapitels genannten Referenzen.

Wenn Sie nach der Lektüre dieses Abschnitts gerne tiefer in die JDBC-Programmierung einsteigen wollen, dann empfehle ich Ihnen die Original-Texte von Sun. Neben einem JDBC-Tutorial soll auch ein Referenzhandbuch publiziert werden.

7.2 Sicherheitsrestriktionen

Auch für den Einsatz des JDBC-API in Applets gelten die bekannten Sicherheitsregeln, so wie sie in Abschnitt 5.1 „Möglichkeiten und Einschränkungen von Java-Applets" näher erläutert sind. Diese Schutzmaßnahmen führen hinsichtlich des Einsatzes von relationalen Datenbanken zu einigen wichtigen Konsequenzen.

Java-Sandbox-Restriktionen

Heute muß man davon ausgehen, daß die meisten Web-Browser Java-Applets generell als „Untrusted Applets" (nicht vertrauenswürdige Applets) behandeln. Der Netscape Navigator kennt nur diesen Zustand und verfolgt ein sehr restriktives Sicherheitskonzept. Der Konkurrent Internet-Explorer unterscheidet zwischen „Trusted" und „Untrusted" Applets. Wie die Erfahrung zeigt, bringt das aber in Bezug auf den Einsatz von JDBC leider nichts.

Diese Situation dürfte sich mittelfristig ändern, schätzungsweise schon 1997 oder 1998. Bis dahin gelten aber die folgenden Hinweise:

Die Datenbank, auf die Sie via JDBC zugreifen wollen, muß auf dem gleichen Web-Server liegen wie das Applet selbst (gleiche Codebase). Eine Verbindung zu anderen Web-Hosts ist nicht möglich.

Wahl des Datenbank-Treibers

Verschiedene Architekturen

Eine richtungsweisende Entscheidung ist die Wahl des JDBC-Datenbank-Treibers. Wie schon im vorangegangenen Abschnitt erwähnt, handelt es sich bei dem JDBC-API hauptsächlich um eine Spezifikation von Java-Interfaces. Der eingesetzte JDBC-Datenbank-Treiber übernimmt in der Hauptsache die Implementation der geforderten Methoden. Einige Datenbank-Treiber basieren intern auf Dynamic Link Libraries (DLLs), vertrauen auf Hinweise in INI-Dateien und lokalen Betriebssystem-Registraturen oder kommunizieren mit Modulen, die mit anderen, systemnahen Programmiersprachen erstellt wurden. Ein Beispiel dafür ist die JDBC-ODBC-Bridge (ODBC ist die Abkürzung für Open Database Connectivity), die von Sun kostenfrei vertrieben wird. Leider können Sie Datenbank-Treiber mit diesen Merkmalen in Applets aus Sicherheitsgründen nicht einsetzen. Sie eignen sich derzeit nur für die Anwendung in Stand-Alone-Anwendungen.

Das eben beschriebene Szenario ist ein typisches Zwei-Ebenen-Konzept, so wie es in Abbildung 7.1 dargestellt ist. Dabei kommuniziert der JDBC-Datenbank-Treiber direkt mit der Datenbank auf dem Web-Server. Einige Datenbank-Hersteller und Softwarehäuser bieten JDBC-Datenbank-Treiber an, die 100% in Java implementiert sind und die keine anderen lokalen Ressourcen verwenden als das RDBMS selbst. Man nennt sie salopp auch „All-Java"-Driver. Diese Treibersysteme lassen sich in einem Java-Applet problemlos einsetzen. Sie haben jedoch den Nachteil, daß sie meist speziell auf einen bestimmten Datenbanktyp eines Herstellers ausgerichtet sind. Außerdem kann dieses Verfahren durch den „Alles in Java"-Ansatz ineffektiv sein.

Aus diesem Grund empfehlen Experten derzeit die Drei-Ebenen-Lösung, wie Abbildung 7.6 zeigt. Hier besteht der JDBC-Datenbank-Treiber in der Regel aus einer reinen Java-Klassenbibliothek. Sie ist sehr schlank gehalten, da sie nur für das Weiterreichen der Datenbank-Anforderungen an den DB-Middleware-Server zuständig ist. Der DB-Middelware-Server liegt auf dem Web-Host des Applets. Dabei handelt es sich um ein umfassendes Softwaresystem. Die Kommunikation zwischen

Applet und Middleware geschieht via TCP/IP, so wie es in Abschnitt 6.6 „Netz-Kommunikation" beschrieben ist. Da der DB-Middleware-Server eine eigenständige Anwendung ist, unterliegt er nicht den Einschränkungen von Java-Applets. Ihm stehen alle Funktionen von Java offen. So könnten Sie zum Beispiel auch den Datenbank-Server auf einem anderem Hardwaresystem plazieren als den Web-Server.

Viele DB-Middleware-Server unterstützen den Verbindungsaufbau zu RDBMS unterschiedlicher Hersteller. In der Regel verwenden dieses Pakete für den Datenbankzugriff bereits vorhandene, herkömmliche Datenbank-Treiber, die für guten Durchsatz sorgen. Oft bietet das Middleware-Paket zusätzliche Funktionen, wie die Bündelung von Datentransfers und das Zwischenspeichern von Abfrageresultaten auf dem Server. Der angebotene Funktionsumfang hängt natürlich vom einzelnen Produkt ab.

Sun veröffentlicht eine Liste verfügbarer JDBC-Datenbank-Treiber unter http://www.javasoft.com/jdbc/jdbc.drivers.html.

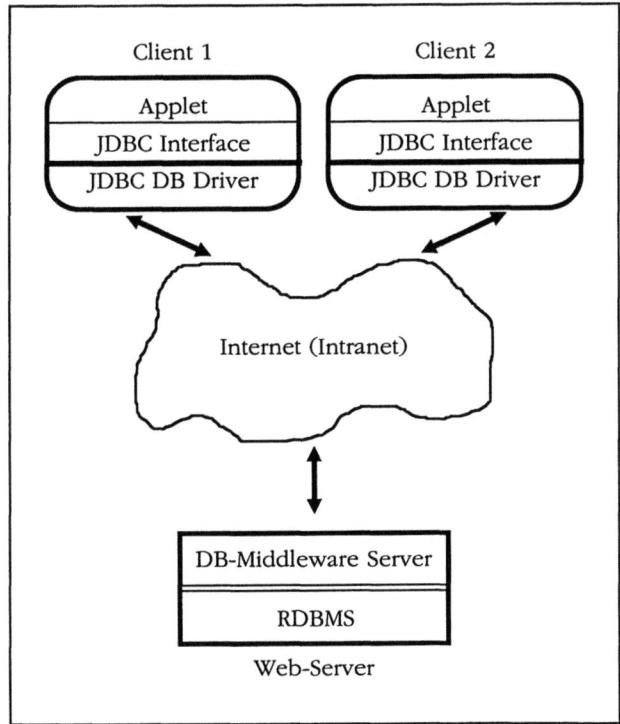

Abbildung 7.6:
JDBC im Applet
3-Ebenen-Ansatz

7.3 Andere Techniken für persistente Objekte

Neben relationalen Datenbanken gibt es noch weitere Verfahren, Objekte persistent zu speichern.

Object Serialization

Die einfachste Technik ist die sogenannte Object Serialization. Ein Java-Objekt wird über einen Byte-Stream in eine Datei geschrieben. Dies ist verglichen mit einer Datenbank eine sehr rudimentäre Schnittstelle. Sie ähnelt eher dem Umgang mit einem einfachen Dateisystem. Der Entwickler muß den Zugriff auf die Objekt-Dateien selbst steuern. Mehrbenutzerbetrieb, Transaktionskontrolle, Queries und Data-Dictionaries existieren in diesem Ansatz nicht.

Innerhalb eines Applets (unter dem sicheren Sandbox-Model) ist dieses Konzept wegen der bekannten Sicherheitseinschränkungen mit Schwierigkeiten verbunden. Object Serialization läßt sich hier nur über die Kommunikation mit einem Server-Programm lösen, das das Schreiben und Lesen der Objekte übernimmt. Selbstverständlich müssen die Objekt-Dateien auf dem eigenen Web-Server liegen. Eine lokale Speicherung ist nicht möglich.

Objektorientierte Datenbanken

Demgegenüber ist das Lesen und Speichern von Objekten in einer objektorientierten Datenbank (OODBMS) der sauberste und komfortabelste Ansatz. Dies ist ein Weg, Objekte transparent und ohne Methodenbruch zu nutzen, zu speichern und wieder zu lesen. Es gelten jedoch heute noch die gleichen Einschränkungen in bezug auf den sicheren Java-Einsatz wie bei relationalen Datenbanken (siehe vorherigen Abschnitt). OODBMS haben generell den Nachteil, daß sie in Unternehmen (im Gegensatz zu RDBMS) selten eingesetzt werden. Außerdem sind sie häufig nicht für die Verarbeitung von Massendaten geeignet und tun sich schwer bei der Umsetzung beliebiger Queries (eine Stärke relationaler Datenbanken).

Da Java eine recht neue Programmiersprache ist, bieten erst wenige Hersteller eine Java-OODBMS-Implementation an. Die Object Database Management Group (ODMG), ein Standardisierungsgremium für objektorientierte Datenbanken, hat soeben erst den neuen Standard für Java-OODBMS (Spezifikation der generell gültigen Java-Sprachanbindung) veröffentlicht.

8 Blick nach vorn

Mit rasender Geschwindigkeit hat sich Java als Internet-Dialekt am Markt durchgesetzt (siehe auch Abbildung 8.1). Selbst Suns CEO Scott McNealy ist erstaunt über den großen Erfolg, den Java schon jetzt vorweisen kann.

Wie Sie bereits gesehen haben, ist ein großes Paket an Java-Klassen zusammengekommen. Im Rahmen des JDK wird es auch in Zukunft noch einige Erweiterungen und Verbesserungen im Abstract Windowing Toolkit geben. Ebenfalls weiter ergänzt wird die Java Beans-Architektur.

Das Internet als Online-Handelsplatz erlangt immer größere Bedeutung, etwa im Direktvertrieb von Produkten und im Internet-Banking. Sun möchte diese Entwicklung mit dem Java Electronic Commerce Framework (JECF) vorantreiben, das sich derzeit in der Entwicklung befindet. Es enthält Verfahren für die Abwicklung sicherer Online-Transaktionen und berücksichtigt unterschiedliche Zahlungssysteme.

Neben diesem bedeutenden Projekt arbeiten die Java-Entwickler bei Sun an weiteren Bibliotheken. Abgetrennt vom JDK 1.1 ist derzeit die IDL-Definition für die Inter-Objektkommunikation via CORBA (IDL ist die Abkürzung für Interface Definition Language, CORBA ist die Bezeichnung für Common Object Request Broker Architecture). Die CORBA-Spezifikation ist ein Standard des internationalen Konsortiums Object Management Group (OMG).

In die Telekommunikation via Internet möchte Java mit der Java Telephony einsteigen. Multimedia-Anwendungen in Java sind mit den Klassenbibliotheken von Sun bisher nur sehr eingeschränkt umsetzbar. Viele Standards werden schlicht nicht direkt unterstützt. Videos kann man zum Beispiel nur mit Hilfe externer Software abspielen. Sun will jetzt auch in diesem Bereich ein eigenes API anbieten. Zunächst wird es den MediaPlayer geben, mit dem man unterschiedliche Multimedia-Inhalte (Formate) wiedergeben kann.

Abbildung 8.1:
Die Entwicklung von Java von 1995 bis zum Jahr 2000

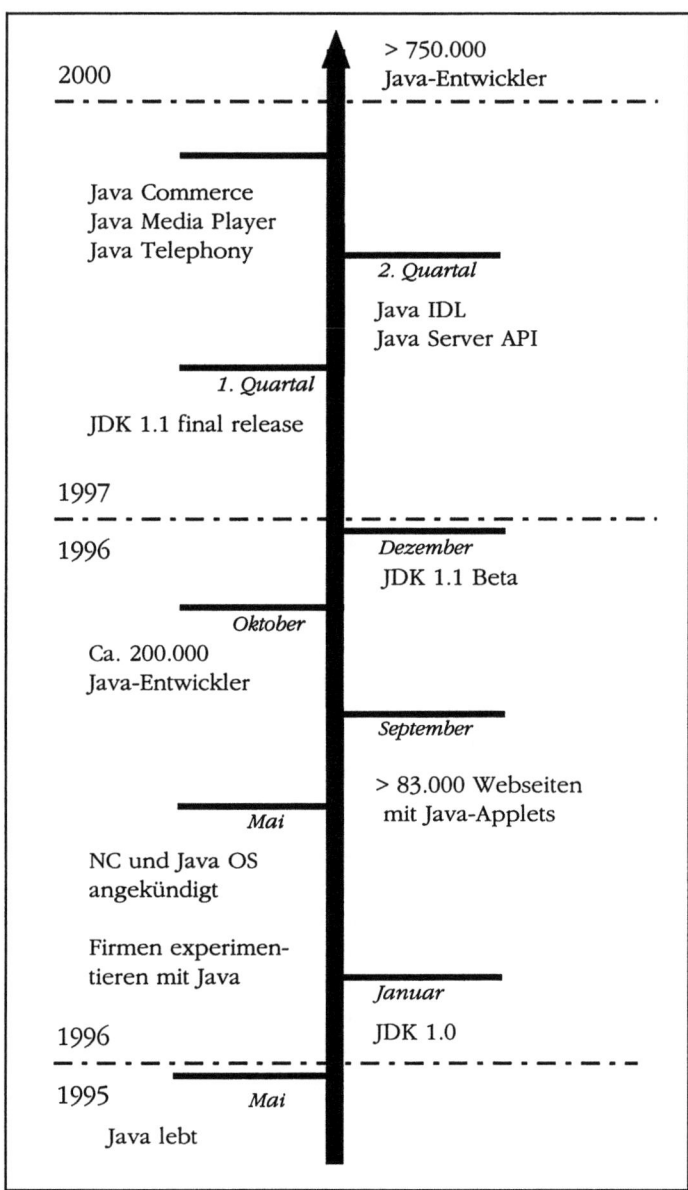

Der nächste Abschnitt stellt die hier kurz erwähnten Entwicklungsprojekte von Sun ausführlicher vor. Über den aktuellen Stand der Dinge und die weiteren Vorhaben können Sie sich auf JavaSofts Web-Server informieren:

http://www.javasoft.com/products/api-overview.html

Mittlerweile wirbt Sun für das Konzept des Netz-Computers (NC), einem Rechner ohne Festplatte mit Java-fähigem Betriebssystem und Web-Browser sowie direkter Ankopplung ans Internet, sozusagen der NC als modernes Internet-Terminal. In diesem Umfeld haben natürlich Java-Applets eine immanente Bedeutung als Lieferant von Anwendungen für den Endbenutzer. Sun geht so weit, das Betriebssystem gezielt an die Erfordernisse von Java anzupassen und eventuell einen Hardware-Chip für die Java Virtual Machine zu produzieren. Dieser Gedanke zielt bis zum Einsatz von Java in schlanken Internet-Kiosksystemen und in Softwaremodulen intelligenter Elektronik- und Haushaltsgeräte. Kioskanwendungen dienen zum Beispiel als Informationssysteme oder Web-Browser an öffentlich zugänglichen Orten; typische Beispiele sind Flughäfen, Bahnhöfe, Museen oder Messezentren. Ein anderes Produkt, das momentan durchaus ernsthaft für den Einsatz von Java im Gespräch ist, ist das Mobiltelefon.

Mit dieser hardwarenahen Entwicklung schließt sich der Kreis. Java begann ursprünglich sein Leben in den Köpfen der Designer als „leichte" Programmiersprache für schlaue Geräte und Apparate. Diese Idee ließ sich damals jedoch nicht wirtschaftlich vermarkten. Aber Sun verwandelte Java in den Internet-Dialekt von heute und landete einen Erfolg in unerwartetem Ausmaß.

8.1 Neue, geplante Java-APIs

Alle in diesem Abschnitt genannten Softwarearchitekturen sind Entwicklungen von Sun, zum Teil unter Beteiligung externer Partner. Derzeit liegen nur die technischen Spezifikationen vor. Vereinzelt hat Sun bereits erste Alpha-Releases zur Erprobung der neuen Techniken veröffentlicht. Nach Aussage von Sun sollen diese APIs noch 1997 in ihrer endgültigen Realisierung vorliegen.

Die Remote Method Invocation (RMI) ist die einfache Variante für eine Objekt-Kommunikation in homogenen, verteilten Java-Systemen. Mit dem CORBA-Standard hat die Object Management Group seit langem ein Konzept vorgelegt, wie man eine Objekt-Kommunikation auch in heterogenen Netzen realisieren kann. Hier können sich Objekte unabhängig von der gewählten Programmiersprache und der Betriebssystemplattform miteinander verständigen. Das Softwaresystem Object Request Broker fungiert also als eine Art Telefonzentrale für Objekte. Ein Telefonbuch, in dem Namen und die zugehörigen Objektreferenzen gespeichert sind, gibt es hier auch. Ein ORB realisiert daneben aber noch wesentlich mehr Funktionen, zum Beispiel eine generelle Regelung zum Objektlebenszyklus, persistente Speicherung, Namensvergabe und Transaktionskontrolle.

Java IDL

Um Objekttypen in einem ORB zu registrieren, bedient sich der CORBA-Standard einer eigenen Schnittstellensprache, der IDL. Die Form der IDL ist für C++ und Smalltalk in einem sogenannten Language Mapping festgelegt. Sun arbeitet an einer analogen Spezifikation für Java. Diese Festlegung war ursprünglich Bestandteil des JDK 1.1, wurde dann aber herausgelöst. Sie wird erst etwas später (nach der Abnahme durch die OMG) veröffentlicht werden.

Java Commerce Framework (JEFC)

Das Java Electronic Commerce Framework (JEFC) ist Suns Antwort auf die Ausbreitung der geschäftlichen Internet-Nutzung im „Consumer to Business"-Bereich. Wie Kapitel 2 „Erfolgreicher Business-Einsatz von Java – Eine Beispielsammlung" bereits gezeigt hat, gibt es heute schon verschiedene Anbieter, die Internet-Handelssysteme und Home-Banking-Software auf der technischen Grundlage von Java herstellen. Sun möchte in Zukunft eine eigene, standardisierte Architektur sowie verschiedene Klassenbibliotheken für diesen Zweck offerieren. Dabei liegt das Hauptziel von JEFC auf der Unterstützung von sicheren Online-Transaktionen im weltweiten Internet als auch in Firmennetzen (Intranet/Extranet). Alle derzeit im elektronischen Handel verwendeten Zahlungssysteme wie etwa Kreditkarten oder ECash sollen über das JEFC verfügbar sein. Außerdem ist die Spezifikation offen für zukünftig neu geschaffene Transaktionsverfahren.

Das Java Commerce API bildet die Basis-Klassenbibliothek im JEFC. Sie enthält Zugriffsroutinen für eine Anwender-Datenbank, in der die persönlichen Daten des Nutzers abgelegt sind, wie zum Beispiel die Kontonummer oder die Transaktionshistorie. Großen Wert legt das API hier auf eine sichere, private und für Unbefugte nicht zugängliche Speicherung der Informationen.

Innerhalb des Commerce API wird es verschiedene Standard-Transaktionsverfahren geben, die in sogenannten „Cassettes" (deutsch etwa Kassetten) verkapselt sind. Eine solche Kassette enthält ein spezifisches Online-Transaktionsprotokoll, wie zum Beispiel Kreditkartenzahlung oder Überweisung. Derzeit geplant ist die Nutzung von Kreditkarten über das „Secure Electronic Transaction"-Protokoll, das Mondex-Protokoll für Mondex Cash Cards und für die Umsetzung von Electronic Cash die „Cybercoin"-Technologie von Cybercash. Die Architektur des Frameworks ist offen gestaltet, so daß Geldinstitute eigene Cassettes für ihre Zahlungssysteme entwickeln und einsetzen können. Bei Stand-Alone-Systemen befinden sich die Cassettes fest installiert auf dem Anwendungsrechner. Bei einer netzorientierten Software fungiert ein Java-Applet (vorzugsweise das Java Wallet, siehe unten) als Benutzerschnittstelle; die Transaction Cassettes liegen hier auf dem Web-Server der Bank oder des Händlers und wickeln dort den Geschäftsprozeß ab.

Derzeit in Entwicklung befindet sich das Java Wallet, eine grafische Benutzeroberfläche für Handelssysteme, Bankanwendungen und Portfolio-Management. Zur Sicherung privater Daten setzt das Java Wallet auf Kryptographie-Verfahren und die Verwendung der digitalen Unterschrift.

Java Media API

Im Java Media API sind Architekturen und Klassenbibliotheken für Multimedia-Softwaresysteme zusammengefaßt. Technische Spezifikationen für das Abspielen von Multimedia-Dateien (Java Media Player) und die Integration von Telefon-Anwendungen in Java-Programme (Java Telephony) sind bereits vorhanden, andere werden noch entwickelt.

Ein Java-Media-Player ist ein Softwaresystem, das einen Media-Clip liest und darstellt, wobei eine Synchronisation verschiedener Ressourcen, zum Beispiel Video- und Audio-Wiedergabe, vorgesehen ist. Lokalisieren läßt sich die Media-Ressource wie in Java üblich durch die Angabe einer URL-Adresse. Geplant ist die mögliche Nutzung der folgenden Dateiformate: MPEG, Quicktime, AVI, WAV, AU und MIDI. Ein Media-Player besitzt standardmäßig das im Java Media API integrierte Default-Kontrollelement (Control Panel); aber auch der Einbau einer eigenen, visuellen Benutzeroberfläche ist zugelassen. Damit das Zeitverhalten bei der Wiedergabe in einem erträglichen Rahmen bleibt, setzen Multimedia-Applikationen im allgemeinen auf spezielle Softwaremodule oder Device-Driver innerhalb des Betriebssystems, sind also in der Regel keine 100%-Java-Anwendungen. Das wirft beim Internet-Einsatz allerdings wieder die bereits vielfach diskutierte Sicherheitsproblematik auf.

Java Telephony API

Das Java Telephony API (JTAPI) ermöglicht die Integration von Telefon-Anwendungen in Java-Softwaresysteme. Vorgesehen ist die Unterstützung von Desktop-Anwendungen, die Einbindung von Telefondiensten in Webseiten über Java-Applets als auch die Erstellung umfangreicher „Call-Center"-Lösungen. Das JTAPI besitzt eine direkte Schnittstelle zu den hardwarenahen Softwaremodulen spezieller Telefonbetreiber, kann aber auch wie eine

Schale über bereits eingeführte Telefontechnologien, wie zum Beispiel die Microsoft-Lösung TAPI, gelegt werden. Bei einer Server-Anwendung befindet sich die Telefon-Treibersoftware als untere Schicht auf dem Server; Stand-Alone-Applikationen nutzen die vorhandene Ausstattung des installierten Betriebssystems (etwa MS Windows).

Das Java Telephony API modelliert die Vorgänge beim Telefonieren aus objektorientierter Sicht und besteht aus verschiedenen Klassenbibliotheken. Die obligatorische Grundausstattung enthält Funktionen für das Initiieren und Annehmen eines Telefonanrufs. Einfache Telefon-Applikationen benötigen nur diese Basis-Bibliothek. Je nach Bedarf kann man verschiedene Erweiterungen hinzufügen, etwa um Weiterleitungen und Konferenzschaltungen zu realisieren.

A Strukturen des Java-API

Im Dokumentationsverzeichnis des JDK (`<base>\docs\api\`) finden Sie zu jeder Klasse ein HTML-Dokument, das eine kurze Beschreibung im Javadoc-Format enthält. Eine etwas detailliertere, textuelle Erläuterung aller Klassen mit Einsatzempfehlungen und Anwendungsbeispielen gibt das Buch:

Chan, Lee: The Java Class Libraries – An Annotated Reference, Addison-Wesley, 1996

Die Autoren behandeln hier allerdings noch die bereits veraltete API-Version 1.0.2.

Um den Zusammenhang der Java-Klassen schnell zu überblicken, leistet eine grafische Darstellung gute Dienste. In diesem Anhang finden Sie die wichtigsten Klassendiagramme, die die ausführliche Beschreibung des Java-API in den Programmierkapiteln 4-7 sinnvoll ergänzen. Die Abbildungen sind angelehnt an die Original-Klassenstrukturdiagramme, die Charles L. Perkins als erster Java-Entwickler öffentlich publiziert hat:

Charles L. Perkins: Java 1.1 Hierarchy Diagrams, Java Report, April 1997 (Poster zum Heft).

Alle gezeigten Klassen sind Subklassen von `Object` (diese Vererbungsbeziehung ist aus Gründen der Übersicht in den Diagrammen nicht dargestellt).

Alle Klassenstrukturdiagramme dieses Anhangs verwenden die folgenden grafischen Elemente:

Abbildung A.1:
Legende für die Klassenstrukturdiagramme

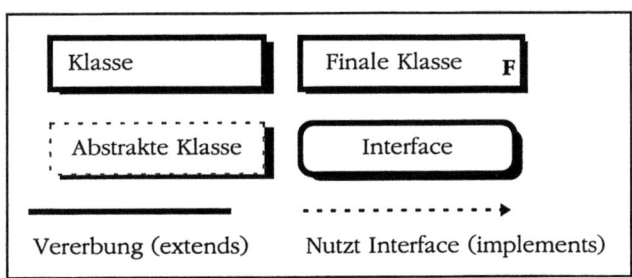

Strukturen des Java-API

Die Packages java.lang und java.util enthalten die Basisklassen und verschiedene wichtige Hilfsobjekte für die Programmierung in Java. In java.lang befinden sich auch die Klassen für die Thread-Steuerung (siehe Abschnitt 6.1 „Threads") und für die Ausnahmebehandlung (siehe Abschnitt 4.4 „Fehlerbehandlung mit Exceptions").

Abbildung A.2:
Basisklassen

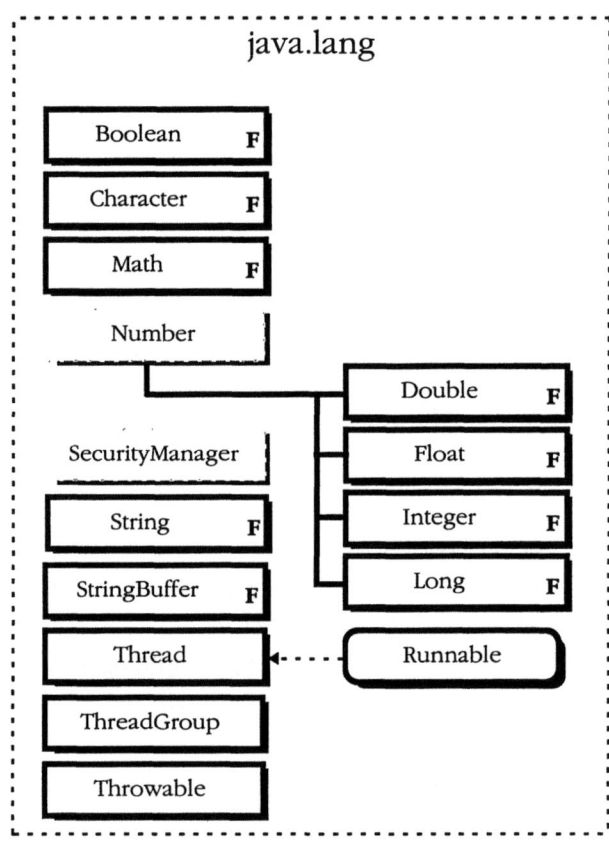

Strukturen des Java-API

Abbildung A.3:
Fehlerbehandlung mit Exceptions

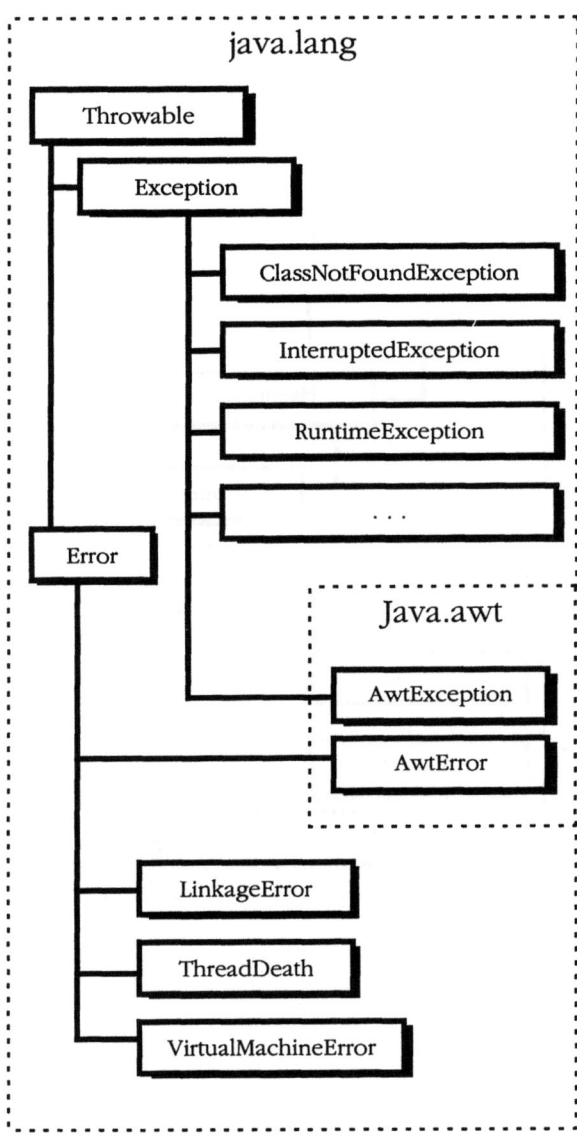

Abbildung A.4:
Dienstklassen im Package java.util

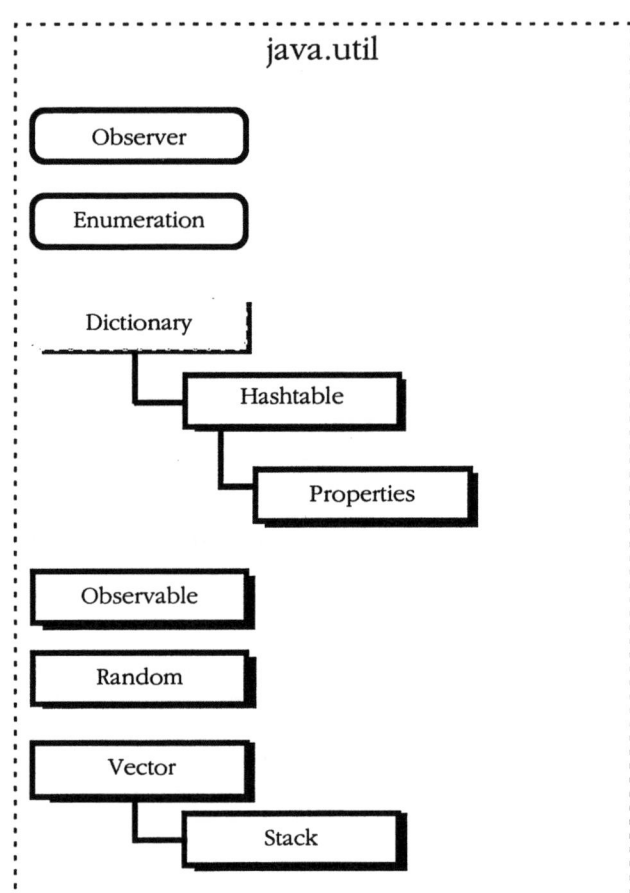

Die Klasse `Applet`, die die Superklasse aller Java-Applets darstellt, befindet sich im Applet-Package. Ein Applet ist selbst wieder eine Spezialisierung der Klasse `Panel` aus dem Abstract Windowing Toolkit. Daneben enthält das Applet-Package noch zwei häufig genutzte Interfaces: `AppletContext` und `AudioClip`. Den Umgang mit Applets erläutert ausführlich Kapitel 5 „Lebendige Java Applets".

Abbildung A.5:
Package java.applet

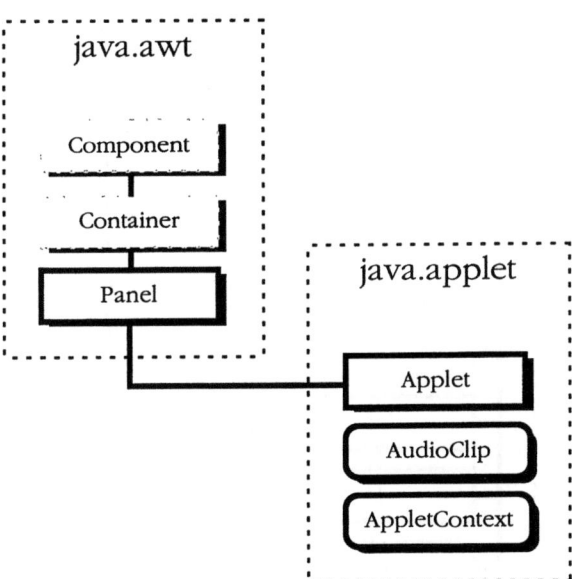

Die Klassen im Abstract Windowing Toolkit (AWT) sind für den Aufbau und die Steuerung der Applet-Benutzeroberfläche zuständig. Den Umgang mit dem AWT erläutert ausführlich Kapitel 5 und Kapitel 6. Ein wesentlicher Bestandteil dieses API sind die Benutzeroberflächenelemente (Components).

Abbildung A.6:
AWT-Komponenten

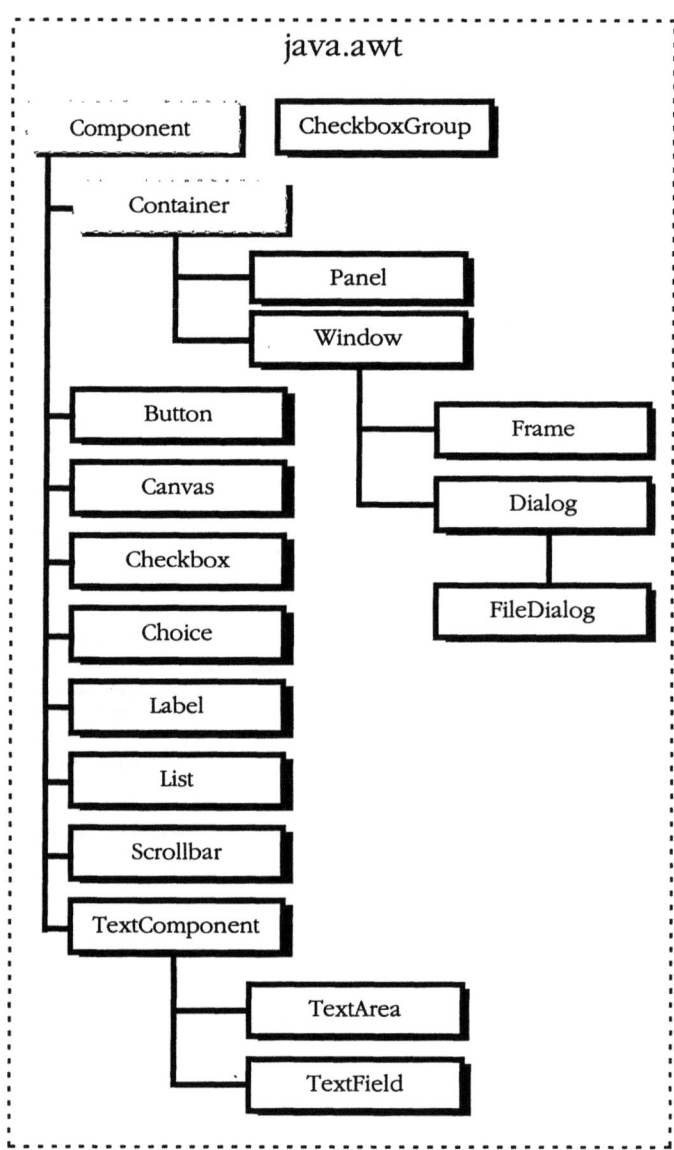

Es folgen die Klassen für die Eventbehandlung (Abschnitt 5.4.1):

Abbildung A.7:
Event-Behandlung
Event-Klassen

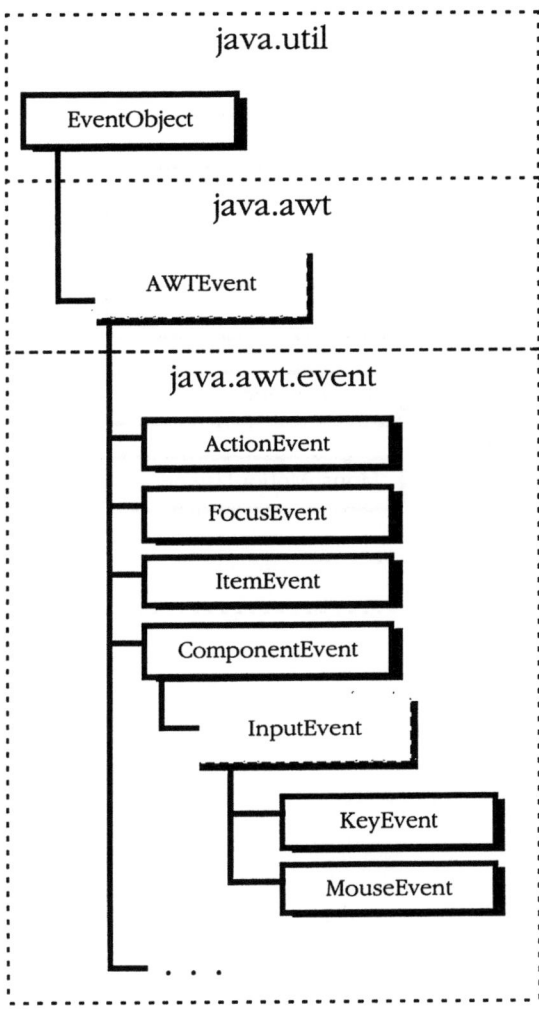

Abbildung A.8:
Event-Behandlung
Listener-Klassen

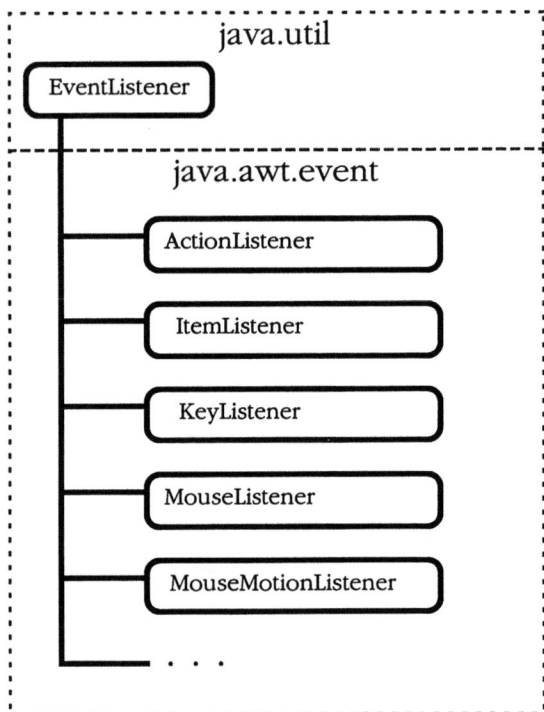

Hier sehen Sie die Struktur der Layout-Manager-Klassen (siehe Abschnitt 5.4.3):

Abbildung A.9:
LayoutManager

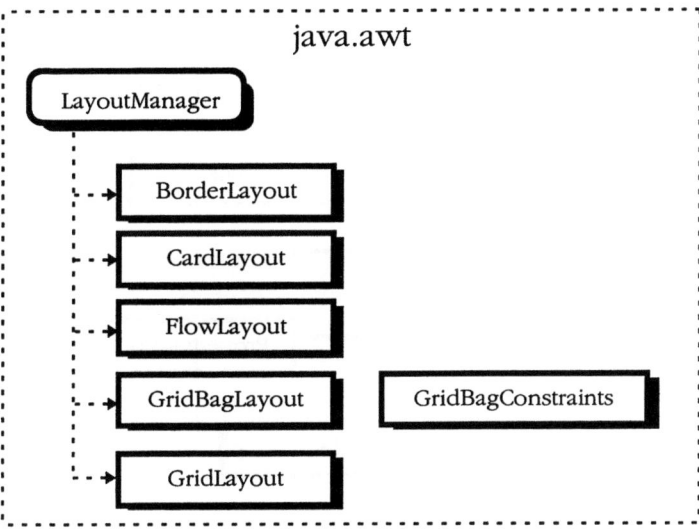

Die folgenden Klassen sind ebenfalls Bestandteil des AWT, existieren aber weitgehend eigenständig:

Abbildung A.10:
AWT

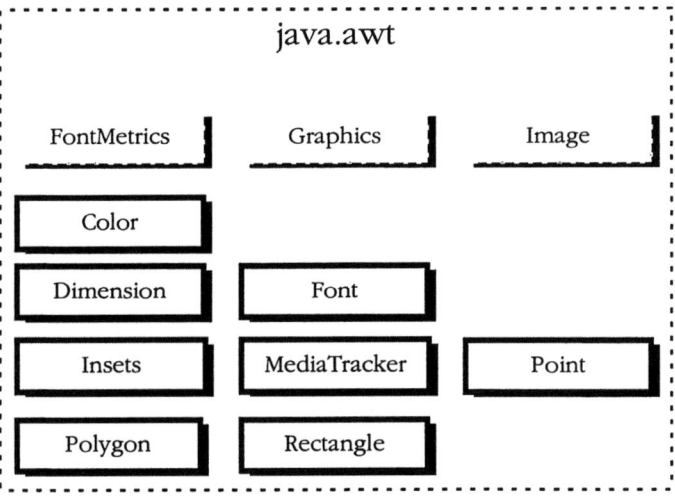

Die Klassen, die das Internationalization API realisieren (siehe Abschnitt 6.7 „Internationale Applets"), beanspruchen kein eigenes Package, sondern befinden sich ebenfalls unter den Utilities im Package java.util.

Abbildung A.11:
Internationalization

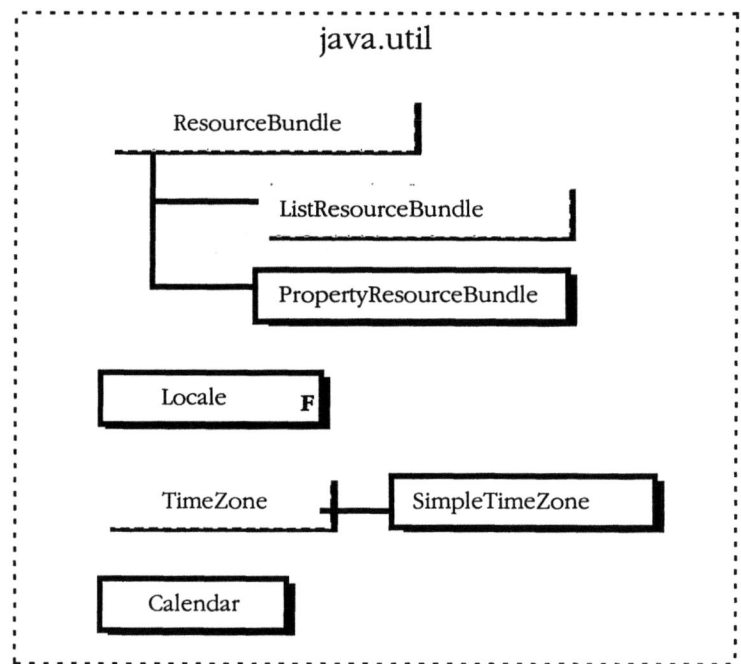

Strukturen des Java-API

Das untenstehende Diagramm zeigt das Java-Net-API, das Netzverbindungen herstellt und mit dem TCP/IP-Protokoll arbeitet. Hier finden Sie auch die Java-Umsetzung des Uniform Resource Locators. Welche Möglichkeiten Java in der Client/Server-Verarbeitung im Internet bietet, erläutert ausführlich Abschnitt 6.6 „Netzkommunikation".

Abbildung A.12:
Net-API

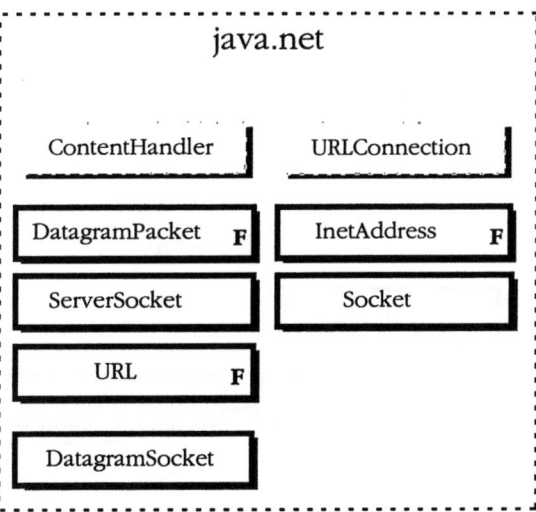

Mit dem JDBC-API können Sie aus Java heraus über SQL-Anweisungen mit relationalen Datenbanken arbeiten. Eine ausführliche Erläuterung der JDBC-Programmiertechniken liefert Kapitel 7. Überwiegend enthält das zuständige java.sql-Package eine Sammlung von Interfaces.

Der DriverManager ist eine wichtige reale Klasse. Er verwaltet die geladenen Datenbanktreiber und ordnet den richtigen Treiber zu, wenn das Programm eine Datenbankverbindung öffnet. Für den SQL-Zugriff war auch eine Neudefinition der Datentypen zu Datum und Uhrzeit aus dem java.util-Package notwendig. Die neuen Klassen für diesen Bereich sind Date, Time und Timestamp.

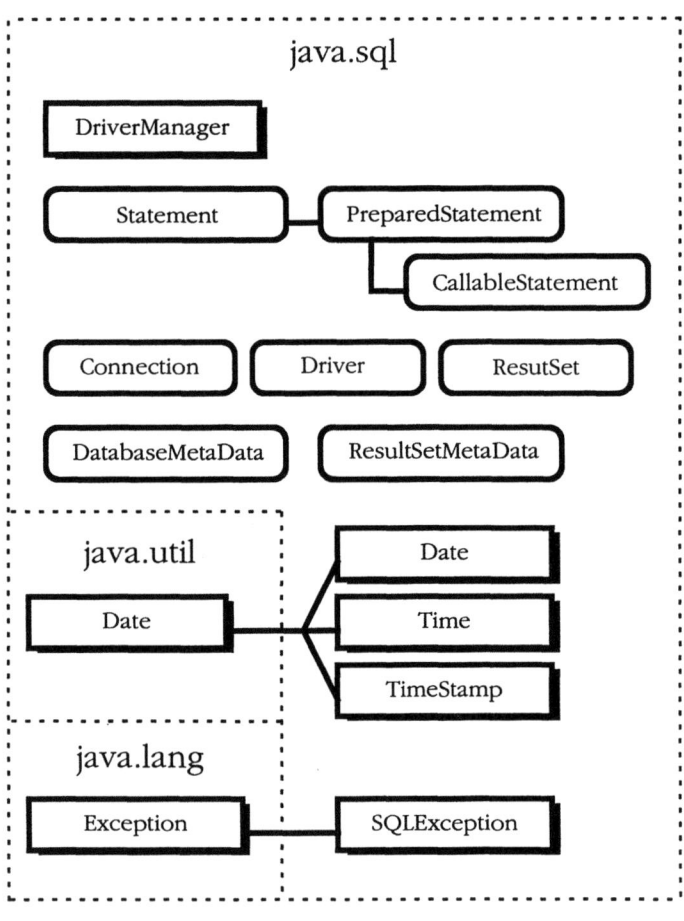

Abbildung A.13: JDBC-API

B Literaturverzeichnis

Zeitschriften

Aktuelle Beiträge rund um Java finden Sie in vielen deutschen Computerfachzeitschriften, die über die Technologie, die Anwendungsmöglichkeiten und die Java-Entwicklungswerkzeuge sowie neu entwickelte Anwendungssysteme ausführlich berichten. Einige Titel mit dem meiner Meinung nach besten Angebot möchte ich hier nennen:

- JavaSpektrum
- c't
- SE
- iX
- ObjektSpektrum

Im englischen Sprachraum gibt es sehr viele IT-Publikationen. Eine wesentliche Ressource für Java-Interessierte stellt das Online-Magazin JavaWorld (http://www.javaworld.com/) dar. Neben Hintergrundartikeln und aktuellen Nachrichten bietet diese elektronische Zeitung einen Katalog verfügbarer Java-Entwicklungswerkzeuge sowie eine Reihe von Verweisen auf andere, wichtige Java-Ressourcen im WWW. Neueste Informationen der Firma Sun über Java, inklusive Dokumentationsmaterial und dem Original Java-Tutorial, finden Sie unter http://www.javasoft.com/ im WWW.

Bei den gedruckten Zeitschriften befassen sich vor allem die Hefte aus dem Verlag SIGS Publications mit Java:

- Java Report
- Object Magazine
- Journal of Object Oriented Programming

Von Zeit zu Zeit bringt auch das amerikanische PC Magazine Artikel zum Thema Java.

Literaturverzeichnis

Buchtitel

Nach dem „realen" Java-Boom befindet sich nun auch der Markt für Java-Texte in einem ungeahnten Aufschwung. Ständig werden neue Titel verlegt. Eine laufend aktualisierte Zusammenstellung aller erhältlichen deutschen und englischen Java-Lehrbücher finden Sie im WWW auf den „Java Book Pages" unter http://lightyear.ncsa.uiuc.edu/~srp/java/javabooks.html.

Die folgende Liste von Titeln soll Ihnen helfen, aus der Flut der Java-Texte eine sinnvolle Auswahl für Ihren eigenen Bücherschrank zu treffen (die meisten behandeln in der hier genannten Auflage allerdings noch das alte JDK 1.0.2):

Deutsche Texte (häufig Übersetzungen des englischen Originals):

K. Arnold, J. Gosling: Die Programmiersprache Java, 1996

M. Campione, K. Walrath: Das Java Tutorial, Addison-Wesley, 1996

J. December: Java-Einführung und Überblick, Markt & Technik, 1995

David Flanagan: Java in a Nutshell, deutsche Ausgabe, O'Reilly, 1996

James Gosling et al: Java API - Die Basispakete, Bd. 1, Addison-Wesley, 1996

James Gosling et al.: Java API - Das Window Toolkit und Applets, Bd 2, Addison-Wesley, 1996

A. van Hoff et al.: Java-Applets erstellen und nutzen, Addison-Wesley, 1996

L. Lemay, C. Perkins: Java in 21 Tagen, Markt & Technik, 1996

Englische Texte (meines Wissens bisher noch nicht auf Deutsch erschienen):

P. Chan, R. Lee: The Java Class Libraries - An Annotated Reference, Addison-Wesley, 1996

M. Hughes et al.: Java Network Programming, Manning, 1996

Doug Lea: Concurrent Programming in Java: Design Principles and Patterns, Addison-Wesley, 1996

G. McGraw, E. Felten: Java Security: Hostile Applets, Holes and Antidotes, Wiley, 1996

B. Simpson et al: Making Sense of Java, A Guide for Managers and the Rest of Us, Manning, 1996

Lernsoftware

Die amerikanische Firma MindQ bietet einige Java-Titel als Multimedia-Lernsystem auf CD-ROM an. Eine genaue Information über das verfügbare Angebot finden Sie auf der Home-Page dieser Firma im WWW (http://www.mindq.com/).

Weitere Online-Ressourcen

In Applet-Katalogen können Sie nach bereits vorhanden Softwarebausteinen bei Gamelan (http://www.gamelan.com/) und beim Applet Rating Service Jars (http://www.jars.com/) recherchieren.

Als weitere Quelle für Informationen und als Kommunikationsplattform bei Fragen und Problemen dienen die verschiedenen Java-Newsgroups. Es gibt zwei deutschsprachige Newsgroups für Java und Javascript:

```
de.comp.lang.java
```

```
de.comp.lang.javascript
```

Weil das Nachrichtenaufkommen in der englischen Java-Newsgroup exorbitant hoch war, wurde die Gruppe vor einiger Zeit nach Themen in mehrere, verschiedene Unterforen gegliedert. Inzwischen gibt es:

```
comp.lang.java.advocacy, .announce, .beans, .databases, .gui,
.help, .machine, .programmer, .security, .softwaretools
```

Die englische Newsgroup für JavaScript finden Sie hier:

```
comp.lang.javascript
```

C Glossar

Siehe auch Suns Java-Glossar unter:
`http://www.javasoft.com/docs/glossary.html`

Abstrakte Klasse

Eine abstrakte Klasse kann nicht direkt instantiiert werden.

API

Abkürzung für Application Programming Interface; Programmierschnittstelle, gleichbedeutend mit der Summe der öffentlichen Methoden aller Objekte aus der Klassenbibliothek.

Applet

Ein Java-Programm, das in einer Web-Seite (HTML-Dokument) enthalten ist und in einem Web-Browser ausgeführt wird.

Applet Viewer

Ein Tool, das ein Applet außerhalb eines Web-Browsers ausführen kann.

AWT

Abstract Windowing Toolkit; eine Zusammenstellung von Klassen zum Aufbau einer graphischen Benutzeroberfläche. Das AWT ist ein Bestandteil des JDK.

Beans

Java-spezifische Komponententechnologie.

Bytecode

Plattformunabhängige, vorkompilierte Darstellung eines Java-Programms, die sich anschließend mit der Java Virtual Machine interpretieren, das heißt ausführen läßt; gleichbedeutend mit einer Class-Datei.

CGI

Abkürzung für Common Gateway Interface; eine Schnittstellenverarbeitung, an die sich CGI-Skripte halten. Dies sind kleine Programme auf dem Web-Server, die von HTML-Dokumenten aus gestartet werden kann. Heute wichtigste Nutzung ist die Übertragung von Daten aus HTML-Formularen zum Web-Server.

Cookie

Kleine Informationseinheit, die der Web-Browser in einer speziellen Cookie-Datei auf dem Client-Rechner ablegt.

CORBA

Abkürzung für Common Object Request Broker Architecture; ein Standard der OMG für die „Objekt zu Objekt"-Kommunikation in heterogenen Netzen.

Client

Ein Programm, das mit einem Server-Programm (meist auf einem anderen, entfernten Rechner) kommuniziert.

Codebase

Ein Attribut des HTML-APPLET-Tags, das die Lokation (Verzeichnis) der zu ladenden Klassen beschreibt.

Event-Handling

Die Verarbeitung von Ereignissen wie zum Beispiel eines Mausklicks.

Event-Listener

Übernimmt die Ereignisbehandlung für einen bestimmten Event-Typ; führt zur Technik der delegationsbasierten Event-Behandlung.

Exception

Eine Unterbrechung, die die sequentielle Ausführung von Instruktionen abbricht.

Exception Handler

Ein Programmteil, der ausgelöste Exceptions bearbeitet.

Extranet

Ausweitung eines Intranet auf externe Geschäftspartner.

FAQ

Abkürzung für Frequently Asked Questions; Eine Zusammenstellung von häufig wiederkehrenden Fragen und Antworten zu einem bestimmten Themenbereich

FTP

Abkürzung für File Transfer Protocol; eine Möglichkeit des Austauschs von Dateien zwischen zwei Systemen im Internet.

Garbage Collection

Nicht mehr benutzte Instanzen von Klassen werden aus dem Speicher entfernt; anschließend steht der freie Speicher wieder zur Nutzung zur Verfügung

GUI

Abkürzung für Graphical User Interface; Java stellt für den Aufbau der graphischen Benutzeroberfläche das Abstract Windowing Toolkit (AWT) zur Verfügung.

HTML

Abkürzung für Hypertext Markup Language; eine Auszeichnungssprache zum Erstellen von Webseiten.

Hypertext

In einem Dokument gespeicherte Verweise auf andere Dokumente und Ressourcen, die der Web-Browser bei der Selektion des Verweises automatisch anzeigt oder ausführt.

Instanz

Ein konkretes Objekt, das zu einer bestimmten Klasse gehört.

Interface

Schnittstellendefinition von Methoden (ohne Implementation), die von einer Klasse genutzt (implementiert) werden können; Ersatzprinzip für mehrfache Vererbung.

Internationalization

Framework, das das Entwickeln von mehrsprachigen Java-Anwendungen möglich macht, wobei die sprachabhängigen Teile konzeptuell vom Rest des Programms getrennt sind.

Intranet

„Firmen-Internet"; geschlossenes, TCP/IP-basiertes Netz innerhalb eines Unternehmens.

IP-Adresse

Eindeutige Adresse eines Rechners im Internet.

JavaScript

Eine Skriptsprache, die in HTML-Seiten eingebettet werden kann und von Web-Browsern interpretiert wird.

JDBC

Abkürzung für Java Database Connectivity; ein API zum Zugriff auf relationale Datenbanken aus Java.

JDK

Das Java Development Kit.

Klassenbibliothek

Eine Zusammenfassung von einzelnen Klassen.

Konstruktor

Eine Methode zur Initialisierung von Instanzen einer Klasse, die automatisch ausgeführt wird.

Layout-Manager

Sorgt für eine logische Positionierung der Oberflächenelemente in der Benutzeroberfläche; steht im Gegensatz zur absoluten Anordnung über Bildschirmkoordinaten (Pixel).

OMG

Abkürzung für Object Management Group; ein internationales Konsortium unter Beteiligung bekannter Hardware- und Softwarehersteller. Ziel ist die Förderung der objektorientierten Technologie und die Entwicklung entsprechender Standards auf diesem Gebiet.

Package

Eine Zusammenfassung von Klassen für einen bestimmten Bereich; Klassen des gleichen Packages können erweiterte Zugriffsrechte untereinander haben.

RDBMS

Abkürzung für Relational Database Management System; Softwaresystem, das eine relationale Datenbank verwaltet.

Relationale Datenbank

Speicher für Unternehmensdaten, in dem Informationen in Form von Tabellen abgelegt sind.

RMI

Abkürzung für Remote Method Invocation; gestattet die „Objekt zu Objekt"-Kommunikation in reinen Java-Client/Server-Systemen.

Server

Ein Programm, das Daten oder Funktionen zur Verfügung stellt, auf die Client-Programme zugreifen können.

TCP/IP

Abkürzung für Transmission Control Protocol/Internet Protocol; Basisprotokoll, nach dem Daten im Internet übertragen werden.

Thread

Eigenständiger Ausführungszweig in einem Java-Programm, der innerhalb einer virtuellen Java-Maschine abläuft; erlaubt Parallelverarbeitung in einer Anwendung.

Unicode

Ein 16-Bit Zeichensatz, der die gebräuchlichsten Zeichen in der Welt zusammenfaßt; Mehrfachnutzungen von bestimmten Werten für unterschiedliche nationale Zeichen werden dadurch eliminiert. Java nutzt Unicode in Character- und String-Werten.

URL

Abkürzung für Uniform Resource Locator; adressiert ein Element innerhalb des WWW. Ein Element kann z.B. eine bestimmte Web-Seite, eine Graphik oder eine Multimedia-Ressource sein.

Vererbung

Spezialisierung einer Klasse; die spezialisierte Klasse erbt Methoden und Daten der Klasse, von der sie abgeleitet wird. Das Verhalten in der abgeleiteten Klasse kann modifiziert werden.

Virtuelle Maschine

Die Laufzeitumgebung, in der ein Java-Programm abgearbeitet wird; die Virtuelle Maschine stellt die Verbindung zwischen Java und der genutzten Betriebssystem-Plattform her.

Visual Basic Script

Proprietäre Skriptsprache für Web-Browser von Microsoft; wird im Internet Explorer eingesetzt und ist in der Syntax der Programmiersprache Visual Basic ähnlich.

Web-Browser

Ein Programm zur Anzeige von HTML-Dokumenten im World Wide Web.

Web-Server

Verwaltet die HTML-Dokumente eines Informationsanbieters im WWW und stellt diese zum Zugriff bereit.

(World Wide) Web, WWW

Die Gesamtheit der im Internet vorhandenen Hypertext-Dokumente.

Index

A

Abstract Windowing
   Toolkit 154
abstrakte Klasse 120
Access Modifier 124
Action-Event 171; 181 *ff*
ActionListener 171
Aggregation 123
Aktienkurse 56
Animation 202
Ankreuz-Schaltelement 174
Anweisung 98
Applet 84
   Lebenslauf 152
Applet-Kommunikation 240
Appletviewer 75
Array 92
Audio 228
Ausdruck 95
Auswahlknopf 175

B

Bank 24 53
Border-Layout 188 *ff*
break 100 *f*
Button 168
Byte-Code 75

C

Canvas 219
case 99; 103
Castanet 70
catch-Block 131
CGI 17
Chat-Applet 70
Checkbox 174
CheckboxGroup 175
Choice 179

Client/Server 250
COMMIT-Anweisung (SQL) 277
Common Gateway Interface 17
Component 167
Consors 56
continue 101
Controlling 63
Cookies 18
Copyright bei Applets 146
CORBA 252; 305
Corel Office for Java 72

D

Datenbank-Treiber 279
Datentyp 91; 104
do-while 100
Druckknopf 168
dynamic binding 121

E

Eingabefeld 185
Elektronische Post 7
elektronische Unterschrift 142
EMail 7
Error 133
Event-Handling 157; 224
Event-Listener 157
Exception 130
Expression 95
extends 118
Extranet 3

F

File Transfer 9
final Class 120
final method 121

333

Flow-Layout 188 *f*
for 100
Forschung und Entwicklung 58
Fossila-Applet 57
FTP 9

G

Gamelan 43
Garbage Collection 113
Generalisierung-Spzeialisierung-Beziehung 115
Gourmet Direct 52
Grafik 218
GridBag-Layout 192
Groupware 68
GUI-Builder 155

H

Hornblower & Fischer 56
Hostile Applets 145
HTML 13
    Einbindung v. Applets 148

I

IDL 305
if..then..else 99
ImageMap-Applet 46
implements 126
import 102
Instanz 107
Instanzmethode 107
Instanzvariable 107
Interactive Image Format 50
Interface 125
Internationalization 253
Internet Relay Chat 11
Internet Shopping Applet 51
Internet-Telefonie 12
Inter-Objekt-Kommunikation 252
Intranet 2
IRC 11
Item-Event 174 *ff*
ItemListener 178

J

JARS 44
Java Beans 232
Java Commerce Toolkit 55
Java Developers Kit 75
Java Electronic Commerce Framework 306
Java IDL 305
Java Media API 307
Java Telephony API 307
Java Wallet 55; 307
javac 87
Java-Compiler 75
javadoc 76; 89
Java-Media-Player 307
JavaScript 27; 30
Java-Trader 56
Javid-Applet 47
JDBC 268
JDK 75
JEFC 306
JScript 27
JTAPI 307

K

Klangdatei 228
Klasse 104
Klassenmethode 110
Klassenvariable 110
Kommentar 89
Komponentenmodell 232
Konstante 92; 111
Konstruktor 112
Kritischer Abschnitt 214

L

Label 181
late binding 121
Layout-Manager 188
List 181
List-Box 181
Literal 90
Locale 253

Index

M

Marimba 70
Marketing 45
Middleware-Server 300
Monitor 214

N

Networking 235
Netzprogrammierung 234
new 111
News 10

O

Oberflächenelemente 160
  Übersicht 154
Objekt 91; 104
objektorientiert 102
OOP 103
Operator 95

P

Package 128
Panel 184
Parts for Java 87; 169; 173
Photo-CD 51
Polymorphismus 121
private 124
Programmblock 98
Programmprozeß 201
Promondia-Applet 68
protected 124
Prozedurale
  Programmanweisungen 89
public 124

R

Radio-Button 175
Redefinition 120
Remote Method Invocation 252
Resource Bundle 255
Runnable-Interface 204

S

Sandbox-Modell 141
Scheduling 208
Secure Socket Layer 19
SELECT-Anweisung
  JDBC 289
  SQL 274
setBackground 167
setEnabled 167
setForeground 167
setLabel 168
setVisible 167
Sicherheit 140
Sound 228
SQL 271
SSL-Protokoll 19
Stadtplan 50
String 93
Subklasse 115; 118
super 120
Superklasse 115
switch 99
Synchronisation 208
synchronized 214

T

TextArea 185
TextComponent 185
TextField 185
this 114
Thread 201
throw 136
Throwable 136
throws 132
Transaktion 276
trusted Applets 142
try-Block 131
Type-Wrapper-Klasse 94

U

überschreiben 120
Unicode-Zeichensatz 89
UPDATE-Anweisung
  (SQL) 276
URL 235

335

V

Variable 90
VBScript 27
Vektor 92
Vererbung 115
Vertrieb 45
Video 47
Virtual World Enterprises 52
Virtual-Reality-Modelle 62
Visible Human Viewer 59
VRML 61

W

Web 13
WebSeQueL 65
Wertpapier-Kurse 56
Wetterdaten 49
while 100
World Wide Web 13
WWW 13

X

XPresso Security Package 54

Z

Zertifikate für Applets 143

Alle neuen Medien auf einen Blick!

Neue Wege des Publizierens
Das Handbuch zu Einsatz, Strategie und Realisierung aller elektronischen Medien

von Gerhard Andreas Schreiber
1997. XII, 270 S. Geb.
ISBN 3-528-05561-8

Aus dem Inhalt: Information als Ware - Die Entwicklung des Marktes - Offline-Medien, Strategieentwicklung, Herstellung - Online-Publishing im Internet - Marketing im Netz - Märkte, Produkte und Business Cases - Strategieentwicklung und Projektmanagement - Digitaler Rundfunk - DAB und DVB

"Neue Wege des Publizierens" stellt aktuell und umfassend den Einsatz, die Strategie und die Realisierung neuer Medien im Offline- und Online-Bereich dar. Es bietet Entscheidungs- und Planungshilfen für die Projektplanung und -realisierung in den Medien-Märkten der Zukunft. Anhand von Praxisbeispielen werden die Chancen und Fallstricke dieser Märkte aufgezeigt. Das Buch ist eine komplette Darstellung aller derzeit gängigen Medien in einem Werk unter besonderer Einbeziehung betriebswirtschaftlicher Kenngrößen. Es umfaßt dabei sowohl die technischen und betriebswirtschaftlichen Hintergründe als auch konkrete Business Cases für so aktuelle Geschäftsfelder wie Digital Video Broadcasting oder Prozeßoptimierung durch Einsatz von Online-Systemen. Parallel zum Buch werden stets aktuell gehaltene Zusatzinformationen online angeboten werden.

Abraham-Lincoln-Str. 46, Postfach 1547, 65005 Wiesbaden
Fax: (06 11) 78 78-4 20, http://www.vieweg.de

Änderungen vorbehalten.
Erhältlich im Buchhandel oder beim Verlag.

Business Online-Guide für Unternehmen

Business im Internet
Erfolgreiche Online-Geschäftskonzepte

von Frank Lampe
Hrsg. von Ramm, Frederik.
1996. X, 265 S. Geb.
ISBN 3-528-05544-8

Aus dem Inhalt: Einführung in die wichtigsten Internet-Dienste - Systematische Aufbereitung der gewerblichen Nutzungsmöglichkeiten - Bestimmung von Markt- und Zielgruppengrößen inklusive Nutzeranalysen - Informationsbeschaffung und Kommunikation via Internet - Marketing und Marktforschung im Internet bzw. im World Wide Web - Beispiele der kommerziellen Nutzung und Hinweise auf Problembereiche - Hinweise und Tips für Einstieg und Nutzung des Internet - Adressen wichtiger Organisationen

Das Buch stellt die Geschäftskonzepte im Internet, die sich für Unternehmen jeder Größe im Internet ergeben, verständlich und gut strukturiert dar.
Es zeigt sinnvolle Chancen und Wege der Realisierung in den Bereichen Informationsbeschaffung, Kommunikation und Marketing. Der Leser erhält klare, hin und wieder auch kritische Hinweise, worauf zu achten ist. Die Darstellung zeichnet sich durch ein hohes Maß an Sachlichkeit aus und verzichtet auf die häufig anzutreffende Internet-Euphorie. Chancen und Wege zum Erfolg nutzen, dabei Sackgassen vermeiden ist die Botschaft dieses praxisorientierten Business Online-Guides für Unternehmen.

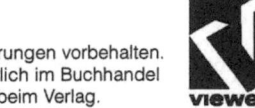

Abraham-Lincoln-Str. 46, Postfach 1547, 65005 Wiesbaden
Fax: (06 11) 78 78-4 20, http://www.vieweg.de

Änderungen vorbehalten.
Erhältlich im Buchhandel
oder beim Verlag.

Professionell im Internet

Recherchieren und Publizieren im World Wide Web
Mit HTML-Referenz inkl. HTML 3.0 und Netscape Navigator 2.0

von Frederik Ramm
2., neubearb. u. erw. Aufl. 1996. VIII, 326 S. Geb.
ISBN 3-528-15513-2

Aus dem Inhalt: Das Internet und seine Dienste - Internetzugang - Software - Such- und Katalogsysteme - Wie man WWW-Seiten schreibt (Hypermedia Publishing mit HTML) - HTML-Grundlagen - HTML, Netscape und HTML 3.0 - HTML-Formulare und CGI-Programme - Java und JavaScript - Installation eines WWW-Servers - Hilfsprogramme für HTML-Autoren

Auch die 2. Auflage dieses erfolgreichen Buches bietet zunächst einmal praktische Anleitung für jedermann, der auf dem Information-Superhighway schnell und zielsicher fündig werden möchte. Vom Internet-Zugang über geeignete und leistungsfähige World Wide Web-Browser bis hin zur zielgerichteten und effizienten Recherche im Internet werden leicht gangbare Wege aufgezeigt.Schwerpunkt des Buches ist jedoch die Erstellung von Hypertext-Dokumenten mit HTML (Hypertext Markup Language). HTML wird hierbei vollständig und mit vielen praktischen Beispielen beschrieben. In diesem Zusammenhang werden auch zahlreiche Neuerungen aus HTML 3.0 und die Erweiterungen des Netscape Navigators 2.0 dargestellt.

Abraham-Lincoln-Str. 46, Postfach 1547, 65005 Wiesbaden
Fax: (06 11) 78 78-4 20, http://www.vieweg.de

Änderungen vorbehalten.
Erhältlich im Buchhandel
oder beim Verlag.

vieweg

MIX
Papier aus verantwortungsvollen Quellen
Paper from responsible sources
FSC® C105338

If you have any concerns about our products,
you can contact us on
ProductSafety@springernature.com

In case Publisher is established outside the EU,
the EU authorized representative is:
**Springer Nature Customer Service Center GmbH
Europaplatz 3, 69115 Heidelberg, Germany**

Printed by Libri Plureos GmbH
in Hamburg, Germany